Christian Saehrendt
Kunst als Botschafter
einer künstlichen Nation

PALLAS ATHENE

Beiträge zur Universitäts- und Wissenschaftsgeschichte

Herausgegeben von
Rüdiger vom Bruch und
Lorenz Beck

Band 27

Christian Saehrendt

Kunst als Botschafter einer künstlichen Nation

Studien zur Rolle der bildenden Kunst in der Auswärtigen Kulturpolitik der DDR

Franz Steiner Verlag Stuttgart 2009

Umschlagabbildung: Plastik von Fritz Cremer, die zum Gedenken an die internationalen Brigaden im Spanischen Bürgerkrieg 1968 in Berlin errichtet worden war (Foto: Autor).

Bibliografische Information der Deutschen Nationalbibliothek
Die Deutsche Nationalbibliothek verzeichnet diese Publikation in der Deutschen Nationalbibliografie; detaillierte bibliografische Daten sind im Internet über <http://dnb.d-nb.de> abrufbar.

ISBN 978-3-515-09227-2

Gedruckt auf säurefreiem, alterungsbeständigen Papier.

Druck: Printservice Decker & Bokor, München
Printed in Germany

INHALTSVERZEICHNIS

GRUSSWORT

„Die moderne bildende Kunst hat in der Auswärtigen Kultur- und Bildungspolitik des Auswärtigen Amtes einen hohen Stellenwert und ist neben den Sparten Musik, Theater, Literatur und Film ein zentrales Instrument in unserem Werben für den Kulturstandort Deutschland. Dabei geht es nicht nur um unsere Präsentation im Ausland. Spätestens seit den 1970er Jahren ist die Auswärtigen Kultur- und Bildungspolitik des Auswärtigen Amtes als Zweibahnstraße angelegt mit dem Ziel eines Austauschs und Dialogs. In der Umsetzung seiner Politik stützt sich das Auswärtige Amt wesentlich auf Mittlerorganisationen, die die fachlichen Empfehlungen wissenschaftlicher Beiräte in ihre Arbeit einbeziehen. Für uns ist die wissenschaftliche Begleitung unserer Arbeit wichtig. Dazu gehören auch der kritische Rückblick und die Analyse. Die Frage, die Sie untersuchen, wie die Politik das Spannungsfeld zwischen Freiheit der Kunst und außenpolitischen Zielvorgaben ausgefüllt hat, um ein bestimmtes Bild und Verständnis von Deutschland zu erzeugen, oder vielleicht nur den Zeitgeist reflektiert, ist bisher wissenschaftlich nur vereinzelt behandelt worden. Ihre Studie schließt eine Lücke."

Ludwig Linden, Leiter des Referates Kulturprogramme im Auswärtigen Amt
Berlin, im Juli 2006.

EINLEITUNG

Im Oktober 2009 jährt sich die Gründung der Deutschen Demokratischen Republik zum 60. Mal. Gleichzeitig erinnern wir uns an den Mauerfall im Herbst 1989, der ihr Ende markierte. Vierzig Jahre lang versuchte die DDR, sich als handlungsfähigen und respektablen Mitspieler auf dem internationalen Parkett zu etablieren. Ihr außenpolitischer Spielraum war gering. Sie bewegte sich stets auf einer Achse zwischen Moskau und Bonn: Einerseits war die Staatsführung politisch und militärisch von der Sowjetunion abhängig, andererseits fühlte sich die große Mehrheit der Bevölkerung von Lebensart, Kultur und Wirtschaftskraft der Bundesrepublik angezogen. Versuchte sich die DDR von Moskau zu lösen, etwa infolge der sinkenden wirtschaftlichen Unterstützung durch die Sowjetunion, geriet sie rasch in neue Abhängigkeit zur Bundesrepublik. Zudem stand die Außenpolitik unter dem hemmenden Primat der sozialistischen Gesellschaftsordnung mit all ihren bürokratischen und ideologischen Reglementierungen.

Mittels eines selektiven Rückgriffs auf die deutsche Geschichte und Kultur versuchten führende Ideologen der Sozialistischen Einheitspartei Deutschlands ein spezifisch sozialistisches Nationalbewusstsein zu entwickeln. Alle Elemente, Traditionen und historischen Ereignisse, die zur Legitimierung des Realsozialismus verwertet werden konnten, wurden aus ihrem Kontext herausgelöst und glorifiziert. Historische Belastungen und ideologische Altlasten konnten auf diese Weise abgespalten werden. Nation und Nationalismus galten per se als gut, wenn sie nur auf einer sozialistischen Grundlage angesiedelt waren. Die Künste waren in der DDR nach stalinistischem Muster aufgefordert, neue „nationale Traditionen“ zu schaffen. Der Versuch, durch selektive Erbeaneignung und durch neue, synthetische, realsozialistische Kulturtraditionen eine eigenständige „Sozialistische deutsche Nationalkultur“ zu schaffen, war ein hochgradig forciertes Unternehmen. Obwohl jeder Nationalismus im Kern ein historisch-politisches Konstrukt ist, also etwas menschengemachtes und Künstliches, liegt im Fall der DDR eine besonders artifizielle und fragile Nationsbildung vor. Das Territorium der DDR war ein willkürlich aus dem deutschen Staatsgebiet herausgetrenntes Gebilde gewesen – ein Ergebnis von Demarkationslinien und Absprachen zwischen den Alliierten. Eine traditionelle regionale Identität hat es nie gegeben. Die Nationsbildung hätte erfolgreich sein können, wenn der DDR langfristig wirtschaftlicher Erfolg und ein Lebensstandart beschieden gewesen wären, weit höher als in der Bundesrepublik. In diesem Fall hätte sich der Begriff der „Sozialistischen Nation“ mit materieller Verheißung aufgeladen. Ergebnis wäre ein Nationalbewusstsein gewesen, vergleichbar mit dem selbstgefälligen Wohlstandschauvinismus der Bundesrepublik. Da der wirtschaftliche Erfolg hinter dem der Bundesrepublik zurückblieb, mussten den eigenen Bürgern und der Weltöffentlichkeit als Ersatz immaterielle Identifikationsangebote gemacht werden.

Folglich waren die Insignien staatlicher Souveränität für die DDR immer immens wichtig gewesen: Flaggen, Wappen, Grenzen, Botschaften. Auf dem Feld des

Sportes wurden durch legale und illegale Trainingsmethoden enorme Erfolge erzielt, wie die Medaillenwertungen der Olympiaden zeigten. Weniger bekannt ist, dass die DDR seit Ende der 1970er Jahre auch auf dem Gebiet der bildenden Kunst große Anstrengungen unternahm, „sozialistische Kunst“ in den Westen zu exportieren und repräsentative Beiträge zu internationalen Großausstellungen wie der *documenta* in Kassel oder der Biennale von Venedig zu liefern. Damit sollte die Leistungsfähigkeit und „Überlegenheit“ des Sozialismus in den klassischen Gattungen Malerei und Plastik demonstriert werden. Zu den Schwerpunktländern dieser internationalen Kunstpolitik zählten neben der Bundesrepublik, die westlichen Alliierten Frankreich, Großbritannien und die USA. Parallel weitete sich die Aktivität des staatlichen Kunsthandels aus, der auf internationalen Messen und in zahlreichen Verkaufsgalerien Werke von DDR-Künstlern anbot – vor allem Arbeiten der Maler Willi Sitte, Bernhard Heisig, Werner Tübke und Wolfgang Mattheuer, die unter dem Begriff *Leipziger Schule* bekannt wurden.

Der Begriff der Moderne steht sinnbildlich für Aktualität, Beschleunigung und Wechsel. In den Künsten entstand in der Moderne ein Pluralismus der Stile und Formen. Mit moderner Kunst verknüpften sich seitdem positive und negative Eigenschaften. Zu den positiven zählen: Reflexibilität, Vielfältigkeit, Vergeistigung, Aufgeschlossenheit, Innovationsfähigkeit. Wer sich mit moderner Kunst identifiziert, demonstriert geistige Beweglichkeit und einen innovativen Führungsstil. Moderne Kunst hat daher in den letzten Jahrzehnten an gesellschaftlichem Ansehen und wirtschaftlichem Gewicht gewonnen. Die Werbung und PR-Arbeit greifen heute in starkem Umfang auf Kunst zurück. In der Außendarstellung von Unternehmen, Kommunen, Regionen und Nationen nimmt sie eine wichtige Rolle ein. Versuchte die DDR in den 1970er und 1980er Jahren auf ähnliche Weise, positive Assoziationen von einer modernen und vielfältigen Kunst auf das eigene politische System zu übertragen? Bot die bildende Kunst ein eleganteres, erfolgreicheres Propagandainstrument, zeitgemäßer als die plumpe Flugblatt-Rhetorik des Kalten Krieges? Und schließlich: Welche Wirkung entfaltete die Kunst aus der DDR in den westlichen Ländern? Hat sie gar das Leben des SED-Regimes verlängert?

Im Zentrum dieser Studien steht die Rolle der bildenden, vor allem zeitgenössischen Kunst im Rahmen der Auswärtigen Kulturpolitik der DDR, die sich auf die Schwerpunktländer Frankreich, Großbritannien, die USA und die Bundesrepublik konzentrierte. Dabei sollen die Besonderheiten der DDR-Auslandskulturarbeit herausgestellt werden, besonders im Vergleich zu den westlichen Ländern: Das Fehlen von nichtstaatlichen Akteuren, die eingeschränkte Öffentlichkeit und der allgegenwärtige Konkurrenzgedanke zur Bundesrepublik. Zudem geht es um die historische Einordnung dieser Politik. An welche Traditionen des Deutschen Reiches und der Weimarer Republik knüpfte die DDR an? Gab es konzeptuelle Kontinuitäten oder verfolgte die DDR nach sowjetischem Muster einen völlig anderen außenpolitischen Ansatz?

Mein herzlicher Dank geht an alle Interviewpartner sowie an Chelsea Mannix, Christopher Sauder, Helmut Saehrendt und Annette Filitz für ihre Hilfe bei Übersetzung, Korrektur und Bildbearbeitung.

Kapitel I:
VON DEN ANFÄNGEN BIS ZUR PROFESSIONALISIERUNG DER AUSWÄRTIGEN KULTURPOLITIK IN DER WEIMARER REPUBLIK

Auswärtige Kulturpolitik begleitet die Außenpolitik Deutschlands seit über 100 Jahren. Auch die bildende Kunst, einschließlich zeitgenössischer Künstler, gehört seitdem zu den nationalen Selbstdarstellungsmitteln[1], wenngleich der Reichsetat zur Unterstützung zeitgenössischer Kunst verschwindet gering war: In den Jahren 1891/92 betrug er nur 20.000 RM und das Thema „moderne deutsche Kunst" war zwischen 1875 und 1906 nur viermal im Reichstag debattiert worden.[2] Seit dieser Zeit sind akademische Austauschprogramme, Gaststudentenwerbung, Auslandsschulwesen, Sprachpolitik sowie Beiträge zu internationalen Technik- und Kunstausstellungen Bestandteile außenpolitischer Konzeptionen. Für den Zeitraum von 1871 bis heute lässt sich dabei kaum von einer Kontinuität der Auswärtigen Kulturpolitik sprechen: Die Kriege, Wirtschaftkrisen und Systemwechsel zwischen Monarchie, Republik, Diktatur und Demokratie haben alle einheitlichen Linien auswärtiger kultureller Beziehungen unterbrochen. In dieser Studie wird dennoch nach Systemübergreifenden Elementen gesucht und der Frage nachgegangen, in welchem Umfang moderne Kunst als diplomatisches Mittel in den einzelnen Epochen eingesetzt wurde.

1 Die deutsche Auslandskulturpolitik ist in den letzten Jahrzehnten gut erforscht worden, besonders hinsichtlich der Institutionsgeschichte des Auswärtigen Amtes (AA), des Deutschen Akademischen Austauschdienstes (DAAD) und des Institutes für Auslandsbeziehungen (ifa) und des Goethe-Instituts. Der Bereich „Kunstausstellungen als Mittel auswärtiger Kulturpolitik" blieb jedoch innerhalb dieses Forschungsgebietes relativ klein, wie ein Blick in die Spezialkataloge der Bibliothek des Instituts für Auslandsbeziehungen zeigt: Nur einige neuere Arbeiten behandeln einzelne Kunstausstellungen oder bilaterale Kunst-„Beziehungen" Deutschlands. Ekkehard Mai, Expositionen. Geschichte und Kritik des Ausstellungswesens, München 1981; Christoph Kivelitz, Propagandaausstellungen in europäischen Diktaturen. Konfrontation und Vergleich: Nationalsozialismus in Deutschland, Faschismus in Italien, die UdSSR zur Stalinzeit, Bochum 1999. Annette Lagler und Christoph Becker, Biennale Venedig: der deutsche Beitrag 1895–1995, Stuttgart 1995. Carolin Schober, Kulturelle Außenbeziehungen der Weimarer Republik am Beispiel amtlicher Kunst- und Kunstgewerbeausstellungen in Frankreich, Italien und Großbritannien im Spiegel der deutschen Diplomatischen Missionen, Düsseldorf 2001 (Diss.). Siehe auch zur Ausstellung deutscher Kunst in Oslo: Markus Lörz, Neuere deutsche Malerei. Oslo 1932, Heidelberg 2002 (Magisterarbeit); Boguslaw Drewniak, Polen und Deutschland 1919–39. Wege und Irrwege kultureller Zusammenarbeit, Düsseldorf 1999; Anne Schulte, Kunstausstellungen als Mittel auswärtiger Kulturpolitik, Hildesheim 2001 (bezieht sich auf die Bundesrepublik); Ursula Zeller, Kunst als Vehikel des interkulturellen Dialogs, in: Ludger Hünnekes (Hg.), Dissimile (Katalog), Baden-Baden 2003.

2 Christoph Becker, „Die Biennale von Venedig und die deutschen Beiträge 1895–1942", in: Ursula Zeller (Hg.), Die deutschen Beiträge zur Biennale von Venedig, Köln 2007, S. 63–89, hier: S. 64

Auswärtige Kulturpolitik avancierte schon vor 1914 zu einem diskursiven Feld, das von konträren politischen Kräften besetzt wurde, die Spannweite reichte vom Reichsmarineamt und alldeutschen Aktivisten bis zu akademischen Pazifisten.[3] Frankreich diente damals als Vorbild für auswärtige Kulturpolitik. Bereits vor dem Ersten Weltkrieg bestand dort ein gut organisiertes und zentral gesteuertes System privater Organisationen und staatlicher Einrichtungen, in dem die kulturpolitischen Interessen Frankreichs gebündelt wurden. Im Außenministerium gab es eine Abteilung *Service des Oeuvres francaise à l'Etranger*. Sprache, Kultur und Lebensart galten als nationaler Konsens und waren uneingeschränkt exportfähig, während Deutschland damals hauptsächlich mitwirtschaftlichen Erfolgen renommierte. Im Bereich auswärtiger Kulturpolitik hatte das Deutsche Reich Nachholbedarf. Die künstlerischen Beiträge zu den Weltausstellungen 1900 oder 1904 waren selbst im eigenen Land umstritten gewesen. Einerseits wollte man dem dominierenden französischen Einfluss auf die Kunst etwas entgegensetzen, andererseits hemmten der konservative Kunstgeschmack des Kaisers und der Provinzialismus konkurrierender Künstlerverbände eine konzeptuell starke Präsentation deutscher Kunst.[4] Ausgesprochen verärgert reagierte der Kaiser beispielsweise 1905 auf die Besichtigung des deutschen Beitrags zur Biennale von Venedig, wo seine Favoriten Adolph von Menzel, Anton von Werner und Hermann Knackfuß fehlten und er stattdessen Werke von Liebermann u. a. modernen Künstlern zu ertragen hatte.[5]

3 Kurt Düvell und Werner Link (Hg.), Deutsche auswärtige Kulturpolitik seit 1871. Geschichte und Struktur, Köln/Wien 1981 (Beiträge zur Geschichte der Kulturpolitik Bd. 1), Rüdiger vom Bruch, Gesellschaftliche Beziehungen in den auswärtigen Kulturbeziehungen Deutschlands vor 1914, in: Kurt Düvell und Michael Rehs (Hg.), Interne Faktoren auswärtiger Kulturpolitik im 19. und 20. Jahrhundert, Stuttgart 1981 (ifa), S. 43–67;
Fritz von Twardowski, Anfänge deutscher Kulturpolitik zum Ausland, Bonn 1970 (internationes); Auswärtiges Amt (Hg.), 100 Jahre Auswärtiges Amt. 1870 –1970, Bonn 1970; Rüdiger vom Bruch, Weltpolitik und Kulturmission. Auswärtige Kulturpolitik und Bildungsbürgertum in Deutschland am Vorabend des Ersten Weltkriegs, Paderborn 1982; Klaus Schwabe (Hg.), Das deutsche diplomatische Korps 1871 – 1945, Boppard 1985; Jürgen Kloosterhuis, Friedliche Imperialisten: Deutsche Auslandsvereine und auswärtige Kulturpolitik 1906–1918, Frankfurt 1994. Als zeitgenössische Schriften seien erwähnt: Paul Rohrbach, Deutschland unter den Weltvölkern, Berlin 1908; Karl Lamprecht, Über auswärtige Kulturpolitik, Stuttgart 1913; J. J. Ruedorffer (Kurt Riezler), Grundzüge der Weltpolitik in der Gegenwart, Stuttgart/Berlin 1914. Als zeitgenössische Schriften zur neuen Kulturpolitik nach 1918 seien erwähnt: Carl Heinrich Becker, Kulturpolitische Aufgaben des Reiches, Leipzig 1919; Paul M. Rühlmann, Kulturpropaganda. Grundsätzliche Darlegungen und Auslandsbeobachtungen, Berlin 1919; Hans Freytag, Über deutsche Kulturpolitik im Ausland, in: *Deutsche Rundschau*, Nr. 55 1929, S. 105; Heinrich Michaelis, Deutsche Kunst im Ausland, in: *Süddeutsche Monatshefte* 1930/31, S. 252– 256.

4 Ekkehard Mai, Präsentation und Repräsentativität. Interne Probleme deutscher Kunstausstellungen im Ausland, in: Kurt Düvell und Michael Rehs (Hg.), Interne Faktoren auswärtiger Kulturpolitik im 19. und 20. Jahrhundert, Stuttgart 1981 (ifa), S. 107–123.

5 Christoph Becker, „Die Biennale von Venedig und die deutschen Beiträge 1895–1942“, in: Ursula Zeller (Hg.), Die deutschen Beiträge zur Biennale von Venedig, Köln 2007, S. 63–89, hier: S. 69

Die Schweiz als beispielhaftes Versuchsfeld für den diplomatischen Einsatz der Kunst

Nach dem Ersten Weltkrieg kam es notgedrungen zum einen Ausbau und einer Professionalisierung der Auswärtigen Kulturpolitik, weil traditionelle außenpolitische Instrumente nicht mehr zur Verfügung standen. Ein internationaler Boykott auf allen Feldern von Kultur und Wissenschaft isolierte das deutsche Geistesleben im Krieg und nach Kriegsende.[6] Voll Ingrimm mussten deutsche Beobachter hinnehmen, dass der deutsche Pavillon in Venedig sogar dem neuen Erzfeind, der jungen polnischen Republik zur Verfügung gestellt wurde – das Deutsche Reich blieb 1920 zunächst von der Biennale ausgeschlossen. Dennoch sollte mit Hilfe der bildenden Kunst der Versuch gemacht werden, die Boykott-Front zu lockern. 1920 entstand im Auswärtigen Amt eine eigenständige Kulturabteilung, geleitet vom Gesandten Hans Freytag, die die auswärtige Kulturpolitik professionalisierte und aus dem Fahrwasser der Propaganda herausführte. Diese Abteilung beobachtete das Kulturleben der einzelnen Länder, die kulturpolischen Aktivitäten konkurrierender Mächte und die Wirkung deutscher Kultur.[7] Im Referat C befasste man sich mit Fragen der bildenden Kunst und des internationalen Ausstellungswesens. Kulturpolitik wurde jetzt stärker als Politik im Sinne kultureller Selbstinterpretation verstanden, künstlerische Autonomie und Qualität gewannen an Gewicht.[8] Der Leiter des Referates, Johannes Sievers, fasste sein kunstpolitisches Konzept wie folgt zusammen: „Die gesamte kunstpolitische Werbearbeit darf nicht als Propaganda bezeichnet werden, wodurch ihr Nutzen von vornherein illusorisch gemacht würde. Es handelt sich vielmehr um eine in der Stille planmäßig und Schritt für Schritt unter Beachtung aller Eigenheiten des betreffenden Landes geführte Werbearbeit für die deutsche Kultur."[9] Sievers resümierte zufrieden: Vor 1914 hätten die deutschen Botschaften kaum Interesse an kulturellen Fragen ge-

6 Karl Kerkhoff, Der Krieg gegen die deutsche Wissenschaft, Berlin 1922.
Bereits am 10. Januar 1917 wurde in Stuttgart das *Museum und Institut zur Kunde des Auslanddeutschtums und zur Förderung deutscher Interessen im Ausland* gegründet. Noch im Gründungsjahr wurden Museum und Institut in *Deutsches Ausland-Institut* (DAI) umbenannt. Die Finanzierung wurde gesichert durch öffentliche Gelder (vom Auswärtigen Amt, vom Innenministerium, vom Land Württemberg und von der Stadt Stuttgart), aber auch durch Spenden und Mitgliedsbeiträge. Das DAI beriet in dieser Zeit Auswanderungswillige, betreute die Auslandsdeutschen, organisierte Ausstellungen, gab eine Zeitschrift heraus (*Der Auslanddeutsche*) und wurde seinem wissenschaftlichen Charakter durch die auslandskundliche Fachbibliothek, einen eigenen Pressedienst und ein Archiv gerecht.

7 Vgl. a. die „Propaganda-Ausstellung" auf Schloss Rosenstein anlässlich der „Stuttgarter Woche" vom 22. bis 28. 6. 1925, in deren Rahmen Veranstaltungen zur französischen, britischen und amerikanischen Kulturpropaganda stattfanden.

8 Leiter des Referates C wurde 1920 Legationsrat Dr. Johannes Sievers (1880–1966). Der Kunsthistoriker hatte am Kaiser-Friedrich-Museum gearbeitet und war seit 1912 Fachreferent für Kunstangelegenheiten im Preußischen Kultusministerium gewesen. 1918 wechselte er in den Propagandaapparat des Auswärtigen Amtes. Unveröffentlichtes Maschinengeschriebenes Manuskript: J. Sievers, Aus meinem Leben, Berlin 1961–66.

9 Denkschrift Sievers vom 24. 2. 1933, in: Politisches Archiv im Auswärtigen Amt (PA AA) R 60798.

habt. Auf seine Abteilung, die stets durch Spezialberichte der Auslandsvertretungen über das Kunstgeschehen in den jeweiligen Ländern informiert werde, sei es zurückzuführen, das viele junge Diplomaten jetzt für kulturelle Belange sensibilisiert worden seien.[10] Von den deutschen Gesandtschaften und Konsulaten erhielt das Referat nun häufig detaillierte kunstpolitische Lageberichte, wobei besonders die Aktivität des französischen Rivalen und die Rezeption französischer Kunst im jeweiligen Gastland beobachtet wurden. Frankreich ging bereits ab 1922 dazu über, mit anderen Staaten Kulturverträge abzuschließen und wirkte damit als Vorbild für das Deutsche Reich.

War die Strategie, die künstlerische Qualität allein für sich sprechen zu lassen, erfolgreich? Da kein langfristiger Frieden in Europa erreicht wurde, kann man auch schwer den Beitrag der Kunst zum internationalen Ausgleich ermessen. Auf jeden Fall lässt sich feststellen: Waren vor 1918 deutsche Künstler kaum international bekannt gewesen, wurde das Kulturleben der Weimarer Republik, insbesondere Berlins, zu einem Synonym für Modernität, das auch in den USA wahrgenommen wurde: Architektur, Design, Theater wirkten international, in den Museen verstärkte sich die Präsenz deutscher Kunst. Größter Erfolg war in dieser Hinsicht der deutsche Auftritt beim Pariser *Salon des Artistes Décorateurs* 1930, der von Walter Gropius arrangiert worden war. Diese günstige Entwicklung war auch der Tatsache zu verdanken, dass kompetente Museumsleute zu Kommissaren der Auslandsausstellungen bestellt wurden und der Einfluss der rückwärtsgewandten und zerstritten deutschen Künstlerverbände auf die deutschen Auslandsausstellungen eingedämmt wurde. Doch auch im diplomatischen Korps mussten noch viele Widerstände gegen die moderne Kunst überwunden werden, wie folgende Aussage eines deutschen Gesandten in Amsterdam zeigt: „Gerade heute hängt es davon ab, dass wir uns im Ausland nur durch solche Künstler repräsentieren lassen, die bereits in der Welt Rang und Namen haben. Nur jetzt keine Experimente mit diesen lächerlichen neuen Kunstrichtungen!“[11] Der Erfolg deutscher Kunstausstellungen im Ausland hing auch stark vom Engagement der jeweiligen Botschafter ab. Während beispielsweise der Deutsche Botschafter in Paris, Leopold von Hoesch, sich federführend und fördernd bei deutschen Ausstellungen betätigte, blieb der Botschafter in Rom, Constantin von Neurath, hinsichtlich des Vorhabens, moderne Kunst zu präsentieren, reserviert. Er fürchtete die negative Reaktion des konservativen italienischen Publikums.[12] In den Augen republikanischer Diplomaten und Politiker war Kulturpolitik zudem Ausdruck der neuen politischen Verhältnisse: Nicht mehr die Geheimdiplomatie der Dynastien sollte wie vor 1914 dominieren, sondern die Völker sollten mittels ihrer kulturellen Selbstdarstellungen direkt miteinander kommunizieren. Der Krieg habe eben auch eine

10 Denkschrift Sievers 24. 2. 1933. PA AA R 60798.

11 Der Amsterdamer Gesandte Rosen, zitiert nach Edwin Redslob, Von Weimar nach Europa, ND Jena 1998 (Hg.: Paul Raabe), S. 134. Redslob war auch verantwortlich für den deutschen Beitrag zu einer internationalen Kunstausstellung anlässlich der Olympiade in Amsterdam 1928. Sein Bildprogramm von Liebermann bis Willy Baumeister wurde positiv aufgenommen. S. 141f.

12 Carolin Schober, Das AA und die Kunst in der Weimarer Republik, Frankfurt 2003, S. 36.

kulturelle Befreiung vom Wilhelminismus gebracht: „Die ewigen Kulturwerte des deutschen Lebens wurden überdeckt, vielleicht sogar verfälscht durch Überbetonung staatlich-machtbewußter Aktivität.“[13] Gleichzeitig wurde die deutsche Identität als fragil empfunden, Geschlossenheit und Selbstbewusstsein wurden als Grundlage einer deutschen „Kulturwerbung“ angemahnt, die sich zwischen dem überkommenen französischen Ästhetizismus und dem „seelenlosen“, pragmatischen Kapitalismus der Angloamerikaner behaupten müsse.[14]

Der preußische Kultusminister Carl Heinrich Becker betonte 1926 in einer Rede „Kulturpolitik in der modernen Demokratie“: „Betreiben wir eine nichtaggressive und nur mit dem inneren Wert der deutschen Kultur arbeitende Kulturpropaganda unter anderen Völkern.“ Dies sei kein geistiger Imperialismus, aber freiheitlicher Wettbewerb mit anderen großen Kulturvölkern.[15]

Die USA im Visier

Die Vereinigten Staaten gerieten bald ins Blickfeld der Kulturpolitiker der Wilhelmstraße. Im Gegensatz zur neutralen Schweiz, die deutschen Kulturaktivitäten ein korrektes und freundliches Umfeld bot, waren die USA „Feindgebiet“. Die USA hatten durch ihren Kriegseintritt den Ersten Weltkrieg für die Alliierten entschieden. Einerseits war man nach 1918 in Deutschland enttäuscht, dass der amerikanische Friedensplan nun doch in einer für Deutschland Nachteilhaften Weise umgesetzt wurde, anderseits galten die USA als Hoffnungsträger, der in der Lage war, mäßigend auf das rachsüchtige Frankreich einzuwirken. Daher kam es aus deutscher Sicht darauf an, maßgebliche Teile der amerikanischen Öffentlichkeit für Deutschland zu gewinnen. Das deutsch-amerikanische Verhältnis war bei weitem nicht so vergiftet wie die Beziehungen zu Frankreich oder Polen: Länder, auf deren Gebiet gekämpft worden war. Länder, die deutsche Gebiete annektiert hatten und Rache fürchtend, anti-deutsche Militärbündnisse aufbauten. Für die Amerikaner hatte der Krieg in weiter Ferne stattgefunden, die Zahl der Toten hielt sich in Grenzen, verglichen mit den europäischen Nationen. Schon im Laufe der 1920er wuchs die Aufgeschlossenheit der amerikanischen Gesellschaft gegenüber Deutschland auf den Gebieten der Wirtschaft und Wissenschaft. Die USA galten wiederum aus deutscher Sicht als junge, dynamische Nation mit besten Zukunftsaussichten – eine Macht, mit der man rechnen musste. Im Auswärtigen Amt setzte man auf die ethnische Karte und hoffte, die deutschstämmigen Amerikaner könnten als Resonanzraum deutscher Kulturarbeit dienen. Zudem glaubten Wissenschaftler und Mitarbeiter des AA, die Nachkriegskrise in Deutschland werde zu

13 Heinrich Konen, Amtliche deutsche Politik und Kulturpolitik, in: Sonderheft „Deutsche Kulturpolitik im Ausland“ der *Süddeutschen Monatshefte* München Januar 1931, S. 226.

14 Sonderheft „Deutsche Kulturpolitik im Ausland“ der *Süddeutschen Monatshefte*, München Januar 1931, S. 225.

15 Abschrift im AA 2. 3. 1926. PA AA R 64853.
Zur neuen preußischen Kunstpolitik im inneren siehe: Kristina Kratz-Kessemeier, Kunst für die Republik. Die Kunstpolitik des preußischen Kultusministeriums 1918–1932, Berlin 2007.

einer neuen großen Auswanderungswelle in die USA führen, wie aus einer Denkschrift des AA zur „Deutschen Kulturpropaganda in Nordamerika" hervorgeht: Demnach sei die deutsche Kultur zum Untergang verurteilt, wenn sie keine Mission und Wirkung außerhalb der Landesgrenze habe. Deutsche Kulturgüter müssten wie Exportartikel ausgeführt werden. Hohe Qualitätsstandards dieser Produkte und ein taktvolles, konziliantes Auftreten der Protagonisten seien unabdingbar. In diesem Sinne sei der kriegsmäßig belastete Begriff „Kulturpropaganda" unbedingt zu vermeiden. Auch dürfe keine Scheu davor bestehen, deutsche Kulturarbeit in englischer Sprache zu betreiben, denn der Verlust der Muttersprache bei deutschen Einwanderern sei ab der zweiten Generation unvermeidlich. Letztlich käme es darauf an, „daß möglichst viele amerikanische Bürger kulturell für uns zählen, unabhängig von Staatsangehörigkeit und Abstammung."[16]

Konzerte und Ausstellungen bildender Kunst schienen als kulturpolitische Instrumente geeignet, mussten jedoch gegen einen dominierenden französisch geprägten Kunstgeschmack positioniert werden. Zudem war die moderne deutsche Kunst durch Krieg und Nachkriegszeit den Amerikanern unbekannt geblieben. So berichtete das deutsche Konsulat in San Francisco, die reichen, gesellschaftlich führenden Kreise Kaliforniens seien gänzlich von der französischen Kunst eingenommen und beschrieb als Beispiel erfolgreicher französischer Kulturpropaganda den *California Palace of the Legion of Honor*, ein Kunstmuseum, das auch als Kriegerdenkmal diente: Das Gebäude trug die Inschrift: „Gewidmet von Frankreich den kalifornischen Helden, die zur Verteidigung von Recht und Freiheit gefallen sind: 1783–1919". Das Museum beherbergte eine ständige Sammlung von Plastik und Malerei und diente französischen Wanderausstellungen als Station.[17] Private Galerien organisierten erste Nachkriegsausstellungen mit deutscher Kunst wie etwa im Oktober 1923. Damals hatten die Galeristen Möller und Valentiner in der New Yorker Galerie Anderson die Ausstellung „Modern German art" mit 273 Exponaten veranstaltet. Langsam wuchs das Interesse an deutscher Kunst: Für seine 24. Internationale Malerei-Ausstellung bot das Carnegie-Institut in Pittsburgh das preußische Kultusministerium um Leihgaben. Einen ersten Erfolg konnten deutsche Künstler 1927 im Rahmen einer internationalen Ausstellung in den Grand Central Art Galleries in New York feiern. Die amerikanischen Veranstalter legten Wert darauf, die nationalen Unterschiede der Beiträge hervorzuheben, wandten sich aber strikt gegen jede Art von vulgärem Nationalismus. Die Wanderausstellung war zuvor in Berlin, Bern, Paris und London zu sehen gewesen.[18] Ein offenes Ohr hatte die Leitung des New Yorker Museum of Modern Art für die moderne deutsche Kunst. 1930 zeigte man dort Wilhelm Lehmbruck in einer Doppelausstellung mit Maillol und 1931 hatte die deutsche Moderne in New

16 Denkschrift Kulturabteilung VI, Referat Schulwesen/Minderheiten. Undatiert, um 1925. PA AA R 61130.

17 Deutsches Konsulat San Francisco an AA 6. 12. 1927. PA AA R 61130.

18 Catalogue of multinational exhibition of works by American, British, French, German, Swiss and Mexican artists, Grand Central Art Galleries New York, March 1927. Stark vertreten war dabei die deutsche Moderne mit Beckmann (1), Dix (2), Grosz (2) und den Expressionisten Heckel, Schmidt-Rottluff, Pechstein, Nolde und Otto Mueller (mit je einer Arbeit).

York ihren großen Auftritt – eine glänzende Zusammenstellung von Malerei und Plastik, die in dieser Kombination unwiederbringlich war.[19] Der preußische Kultusminister Grimme zierte das Ehrenkomitee für die Schau. Das amerikanische Publikum reagierte allerdings nicht so euphorisch wie die Nach- und Fachwelt. Diese Erfahrung mussten deutsche Museumsleiter häufiger machen: Moderne, radikale Kunst aus Deutschland konnte im Ausland negative Reaktionen hervorrufen, wenn das dortige Publikum und die Presse konservativ gestimmt waren.[20]

Klimaverbesserung beim feindlichen Nachbarn – Die Deutsche Kunstausstellung in Warschau 1929

Die Kulturabteilung im Auswärtigen Amt suchte jetzt planmäßig die Zusammenarbeit mit Künstlern, Museen, privaten Geldgebern und Kunstvereinen, um repräsentative Ausstellungen deutscher Kunst für das Ausland zusammenzustellen. Schwerpunkt der Arbeit waren zunächst, in der Tradition des Kaiserreichs, die neutralen Länder in Europa, Ostasien, Brasilien und Argentinien, wo viele deutsche Auswanderer lebten. Erst nach der Friedenkonferenz von Locarno und dem Eintritt in den Völkerbund war auch Kulturarbeit in den ehemaligen Feindstaaten möglich. Widerstände galt es dennoch zu überwinden: Gegen eine 1927 geplante Liebermann-Ausstellung protestierte die französische Presse, weil Max Liebermann 1914 den kriegspropagandistischen Aufruf von 93 deutschen Künstlern und Wissenschaftlern „An die Kulturwelt" unterzeichnet hatte.[21] So gelang es erst 1929, eine offizielle deutsche Kunstausstellung in Frankreich zu präsentieren.

Ähnlich brisant war das Projekt einer offiziellen deutschen Kunstausstellung in Polen. Das Verhältnis der Weimarer Republik zur wieder entstandenen polnischen Republik war äußerst belastet. Die deutschen Gebietsverluste, die polnischen Aufstände, Grenzkämpfe und ein unerklärter Wirtschaftskrieg markierten einen Zustand permanenter politischer Spannung. Mit Hilfe des Völkerbundes versuchte die deutsche Regierung einen international wirksamen Minderheitenschutz zu installieren, der vor allem der deutschen Minderheit in Polen zugute kommen sollte. Auswärtige Kulturpolitik bedeutete aus deutscher Sicht vor allem, die deutsche Minderheit in den an Polen gefallenen Gebieten zu unterstützen. Dabei stand das Schul- und Bibliothekswesen im Vordergrund. Fast eine Million Deutsche waren nach 1919 aus den an Polen gefallenen Gebieten abgewandert.

19 Catalogue Museum of Modern Art, Wilhelm Lehmbruck and Aristide Maillol, New York 1930.
Die Übersichtsschau zur deutschen Moderne (13. 3. bis 2. 4. 1931) versammelte Werke von Nolde (2), Schmidt-Rottluff (2) Kirchner (4), Otto Mueller (2), Hofer (6), Franz Marc (4), Beckmann (6), Dix (4), Georg Schrimpf (2), George Grosz (2) Kolbe (3), Barlach (1), Renee Sintenis (1), Belling (2), Gerhard Marcks (1), Ernest de Fiori (3), Paula Modersohn-Becker (1), Kokoschka (2), Campendonk (2). Catalogue Museum of Modern Art, German painting and sculpture, New York 1931.

20 So bei einer Ausstellung von Künstlern der Gruppe „Der Sturm" in Göteborg 1923. Nach Kratz-Kessemeier, S. 561.

21 Schober, 2003, S. 58ff.

Die verbliebene Minderheit mit ihren Kulturorganisationen und Schulvereinen[22] wurde vom Reich unterstützt, indem Künstler und Wissenschaftler dort auftraten.[23] Repräsentative Selbstdarstellungen deutscher Kunst und Kultur auf offizieller Ebene erschienen dagegen lange Jahre undenkbar, bis 1929 eine große Ausstellung deutscher Kunst in Warschau stattfinden konnte.

Mit der erneuten Machtergreifung Pilsudskis im Mai 1926 und nach der Enttäuschung über die Konferenz von Locarno im Jahr 1925, die nur die Garantie der französischen Ostgrenze, nicht aber der polnischen Westgrenze erbrachte, löste sich Polen vorsichtig vom engen Bündnis mit Frankreich und strebte eine größere Unabhängigkeit an. Nun war das Klima für wirtschaftliche und kulturelle Beziehungen zu Deutschland etwas günstiger geworden. Im Mai 1927 schlug der Berliner Kunsthistoriker Alfred Kuhn dem Auswärtigen Amt vor, die von ihm zusammengestellte und in Spanien und der Schweiz gezeigte Ausstellung deutscher Graphik auch in Polen zu zeigen: „Da Frankreich gerade in diesem Lande so energisch tätig ist, dürfte es empfehlenswert sein, dort, wo noch aus der Zeit vor dem Kriege Verbindungen mit deutscher Kultur bestehen, sich auch wieder etwas bemerkbar zu machen." Dabei sollte nur die „neueste und modernste" Kunst gezeigt werden.[24] Dem Auswärtigen Amt gelang es, die polnische Seite mit dem

22 Einige Beispiele: *Deutsche Wissenschaftliche Gesellschaft für Polen*, *Deutsche Gesellschaft für Kunst und Wissenschaft Bromberg*, *Kopernikusverein Thorn*.

23 Die Deutsche Gesandtschaft berichtete, Auftritte von deutschen Künstlern in den abgetrennten Gebieten würden durch die polnischen Konsulate in Deutschland behindert, die keine Visen oder nur zögerlich Visen erteilten, während die lokalen polnischen Behörden schon die Einreisegenehmigung erteilt hätten. Brief an das AA, 23. 8. 1924. PA AA R 64881.
Ihrerseits entwickelte die Republik Polen Ansätze einer auswärtigen Kulturpolitik, indem die Ministerien des Äußeren, der Religiösen Bekenntnisse und der Volksaufklärung die *Towarzystwo Szerzenia Sztuki Polkiej wsod Obcych* (Gesellschaft zur Verbreitung polnischer Kunst unter den Ausländern) gegründeten. Durch Kunstausstellungen, Übersetzungen von Literatur und wissenschaftlichen Texten und durch die Gründung von Länderabteilungen und Zweigstellen sollte die Auslandsarbeit bewerkstelligt werden. Aus dem Propagandafonds des staatlichen Budgets wurden der Gesellschaft jährlich mehrere Hunderttausend Zloty zur Verfügung gestellt. Nach den Beratungen in der Budgetkommission des Sejm am 12. 12. 1928 sollte der Propagandafonds 1929 425.000 Zloty enthalten. Dt. Gesandtschaft Warschau an das AA , 17. 12. 1928. PA AA R 61159.
Zudem wurde 1927 ein Nationaler Kulturfonds gegründet und beim Ministerpräsidenten etatisiert, der künstlerische und wissenschaftliche Stipendien vergab. Die Ausgaben für auswärtige Kulturpolitik waren in der Zwischenkriegszeit generell ein Politikum.1935 erwog die das nationalsozialistische RMVAP sogar, die Gestapo mit dem Auftrag zu betreuen, „das Maß der polnischen Kulturpropaganda genau zu erfassen. Damit würde für die deutsche Kulturpropaganda in Polen eine bessere Verhandlungsgrundlage geschaffen sein." Niederschrift einer Besprechung im RMVAP, Abt. IX vom 11. 9. 1935. PA AA Warschau 196 Bd. 1, Bl. 5.
Mit einer großen Landesausstellung in der Messestadt Posen versuchte die Republik 1929 das Interesse des Auslands auf die polnische Wirtschaftskraft und Kultur zu lenken. Ausländische Politiker und Delegationen wurden in den neuen Westgebieten herumgeführt, um die Modernität und Leistungsfähigkeit des Landes zu demonstrieren. In dieser Region wurde auch die kulturelle Verbundenheit mit Frankreich besonders gepflegt. In Posen waren die *Alliance Francaise* und die *Towarzcystwo Polsko-Francuskie* präsent.

24 Kuhn an Sievers 18. 11. 1927. PA AA Warschau 28.

Angebot einer Gegenausstellung in Berlin für das Vorhaben zu gewinnen. Der deutsche Botschafter in Warschau, Rauscher konnte nun diesbezüglich mit Alexander Guttry und Wladyslaw Skoczylas von der *Towarzystwo Szerzenia Sztuki Polkiej wsod Obcych* und mit Franciszek Siedlecki vom polnischen Graphikerverband in Verhandlungen treten.[25]

Mit Kuhns Reise nach Warschau im Juni 1928 wird das Projekt, nunmehr als große, allgemeine deutsche Kunstausstellung, besiegelt. Er traf dort deutsche Diplomaten und Pressevertreter, polnische Künstler, Wissenschaftler und Herausgeber von Kunstzeitschriften Kuhn berichtete dem AA ausführlich über die kulturpolitische Lage in Polen. Demnach wirke die politische Propaganda der Alliierten sehr stark, doch sei die Bereitschaft vieler Polen erkennbar, Kunst und Politik zu trennen. Frankreichs Kulturpropaganda habe stark nachgelassen. Derzeit seien nur ältere Wissenschaftler als Gastprofessoren präsent, Kunstausstellungen habe es schon längere Zeit nicht mehr gegeben. Daher sei die Gelegenheit günstig, mit einer Ausstellung moderner Kunst das strategische Konzept der „vielhundertjährigen Kulturgemeinschaft“ von Polen und Deutschen zu erneuern. Kuhn betonte, diese erste große Ausstellung einer westlichen Großmacht in Warschau müsse optimal vorbereitet und großzügig finanziert werden, wobei er sicher auch sein Honorar vor Augen hatte: „Eine mickrige, aus Sparsamkeitsgründen diktierte Veranstaltung würde das Gegenteil bewirken.“ Er schlug vor, intensiv und frühzeitig Pressearbeit zu betreiben und hatte bereits mit einigen polnischen Kunstzeitschriften Absprachen über Artikel zur deutschen Gegenwartkunst getroffen. Ein illustrierter Katalog in polnischer Sprache[26], Ausstellungsbegleitende Vorträge und vor allem „systematisch lancierte“ Texte und Abbildungen der Kunstwerke in der polnischen Presse sollten den Erfolg garantieren. Als künstlerische Berater benannte Kuhn Max Pechstein und Rudolf Belling.

Kuhn formulierte als kulturpolitisches Ziel der Ausstellung: „Es soll der Eindruck eines gefestigten, hochkultivierten, sachlichen Deutschlands vermittelt werden. Seine friedlichen, durchaus unrevolutionären, europäischen Ideen werden überall betont werden. Daher werde ich die Generation der ‚Brücke' bewusst zurückdrängen, wie überhaupt den Expressionismus nur mit sehr gereiften und gemilderten Werken zu Wort kommen lassen. Es gilt, zwei ganz verschiedene Gruppen von Betrachtern zu gewinnen. Die kultivierte polnische Gesellschaft auf der einen Seite und die jüngere Künstlerschaft auf der anderen Seite. Der von mir oft betonte Notwendigkeit, die künstlerische Wahrheit zu Gunsten der politischen Zweckmäßigkeit zu korrigieren, wird hier in Polen besonders Rechnung getragen.“[27] Kuhn entwickelte ein Modell, in dem der Impressionismus für die Vorkriegszeit, der Expressionismus für die chaotische Nachkriegszeit und die Neue Sachlichkeit für die Konsolidierung eines nunmehr sachlichen und friedlichen Deutschlands standen. Damit bekam der Expressionismus eine eindeutig negative Konnotation, Kuhn hielt ihn für die Versinnbildlichung der deutschen Katastrophe von 1918/19 und wollte ihn deshalb entschärfen. So erwähnt er in seiner Eröff-

25 Rauscher an AA, 7. 1. und 21. 5. 1928. PA AA Warschau 28.

26 Wystawa niemieckiej sztuki wspólczesnej w Warszawie, Berlin 1929.

27 Kuhn an Sievers 18. 6. 1928.

nungsrede auch die „Zeitkritiker Dix und Grosz, geboren aus Krieg und Revolution", sein pathetisches Lob gilt aber den „Künstlern der Neuen Sachlichkeit, die, nachdem die Ekstasen der Revolution abgeklungen, der Rauch der Überhitzung sich verzogen, von Neuem die Welt der Erscheinungen mit Leidenschaft ergreifen, gleichsam als wollten sie die zerstörte Welt freudig bejahend mit dem Jubel der Jugend neu erbauen."[28] Die *Vossische Zeitung* kritisierte Kuhns Konzept, das „die expressionistische Kunst als Ausdruck der deutschen Krisenjahre und eine sehr tolerante Auswahl von teilweise reichlich gefälligen Vertretern der sog. Neuen Sachlichkeit als das zunächst letzte Wort des deutschen künstlerischen Schaffens vorstellt."[29]

Obwohl sich das Klima zwischen den beiden Staaten Ende 1928 verschlechterte, wurden die Ausstellungsvorbereitungen davon nicht gestört. Im Dezember 1928 hatte es bei der Ratssitzung des Völkerbundes in Lugano eine schwere Auseinandersetzung der beiden Außenminister Stresemann und Zaleski um die Rechte der deutschen Minderheit gegeben.

Die Ausstellung von mehreren Hundert Arbeiten deutscher Künstler, darunter Heckel, Pechstein, Nolde, Mueller, Kokoschka, Barlach, Feininger und Klee fand im Frühjahr 1929 in den Räumen der Resursa Obywatelska statt. Die polnische Regierung bezahlte die Saalmiete, der Kultusminister Switalski übernahm die Schirmherrschaft. Ein Arbeitsausschuss traf auf polnischer Seite die organisatorischen Vorbereitungen, seine Mitglieder schrieben auch in der Presse über die Ausstellung. Nach etlichen organisatorischen Problemen und der Überschreitung des deutschen Ausstellungsbudgets um fast 50% konnte die Ausstellung endlich eröffnet werden. Den Arbeitsausschuss bildeten Wladyslaw Skoczylas, Franciszek Siedlecki, Jakob Mortkowicz, Mieczyslaw Treter und Alexander Guttry. Das Ehrenkomitee bildeten u. a. die Minister für Kultur, Switalski und für Äußeres, Zaleski. Bei der Eröffnung am 21. Februar 1929 erschien ein hochkarätiges Publikum, darunter der polnische Ministerpräsident Bartel, Außenminister Zaleski, Kultusminister Swatelski, das diplomatische Korps, und viele weitere Repräsentanten aus Politik, Wirtschaft und Kultur. Neben dem deutschen Botschafter, der seine Rede auf Französisch hielt, sprachen der polnische Kultusminister und der Kurator, der einerseits betonte, „jede große Kunst ist national", anderseits die „Kunst als gemeinsames Terrain" aller Nationen, fern ab der Politik, bezeichnete. Die Ausstellung wurde zum herausragenden kulturellen Ereignis, über das landesweit berichtet wurde[30], dabei sprach die sozialdemokratische Zeitung *Robotnik*

28 Rede Kuhns bei der Eröffnung der Ausstellung in der Resursa Obywatelska am 21. 2. 1929. Abschrift PA AA Warschau 28.

29 *Vossische Zeitung* 16. 3. 1929.

30 *Dzien Polski* 24./26. 2. 1929 (Beitrag Siedlecki); *Nasz Przeglad* 3. 3. 1929; *Kurjer Warszawski* 22. 2. 1929; *Epoka* 22. 2. 1929 (Regierungsblatt). Die Zeitungen *Glos Prawdy* 3. 3. 1929, *Kurjer Polski* 22. 2. 1929 und *Gazeta Lwowska* 21. 2. 1929 brachten Interviews mit Kuhn. Vgl auch Mieczyslaw Sterling, Wystawa niemieckiej sztuki wspólczesnej w Warszawie, in: *Wiadomosci Literackie* (Warschau) 6/1929, Nr. 13, S. 3. Generell berichteten die Zeitungen positiv und voller Anerkennung für die gezeigten Werke. PA AA Warschau 28. Vgl. auch *Vossische Zeitung* 16. 3. und 23. 2. 1929.

von einer „Demonstration für eine deutsch-polnische Verständigung."[31] In drei Wochen sahen 10.000 Besucher die Schau. Das Warschauer Nationalmuseum kaufte mehrere Graphiken an und die polnische Regierung erhielt als Dank für ihre Bemühungen Kolbes Bronzestatuette „Die Kniende", die das AA für 2.000,- Mark ankaufte. Auch in Lodz und Krakau bestand Interesse, die Ausstellung zu beherbergen. So plante die *Vereinigung der Kunstfreunde Krakau* die Werke im ehrwürdigen Palac Sztuki zu zeigen. Das deutsche Konsulat sah großes Interesse und ein günstiges politisches Klima in der Stadt, „weil viele hiesige Künstler in Berlin, München und Breslau studiert haben."[32] Das AA lehnte jedoch aus Kostengründen ab, „zumal der Haupterfolg schon und nur in der Hauptstadt erzielt wurde und werden konnte."[33] Nach diesem Erfolg kamen ungünstige außenpolitische Entwicklungen den Planungen für die polnische Gegenausstellung in Berlin in die Quere. Probleme mit der beiderseitigen Ratifizierung eines deutsch-polnischen Handelsvertrages und polnische Zollbeschlüsse trübten das Klima im Jahr 1930. Der deutsche Außenminister Curtius lehnte die Übernahme der Schirmherrschaft für die polnische Ausstellung ab, woraufhin die polnische Seite die Verhandlungen abbrach.[34] Es sollte noch einige Jahre dauern, bis die Ausstellung unter völlig anderen politischen Rahmenbedingungen zustande kam.

Die vom Völkerbund verwaltete deutsche Stadt Danzig wurde mit wirtschaftlichen und kulturellen Mitteln von Polen und Deutschland umworben. Sie sollte durch vielfältige Kulturarbeit an das Deutsche Reich gebunden werden. Aber auch Polen versuchte, durch kulturelle Aktivitäten den neutralen Status des Freistaates zu betonen und Ansprüche auf eine polnische Oberhoheit zu festigen. 1929 wählte der *Deutsche Museumsbund* Danzig als Tagungsort, um die Verbundenheit mit den Kollegen im Freistaat zu betonen. Der Berliner „Bund für Kunsterziehung" stellte 1929 eine Ausstellung zusammen „Deutsche Kunst für deutsche Schulen", die im abgetrennten Memelgebiet gezeigt wurde und nun auch in Danzig Station machen sollte. Diese Ausstellung war keine herkömmliche Verkaufsausstellung, sondern sollte „erzieherisch wirken und das Verständnis für gute deutsche Kunst wecken und pflegen."[35] Werke von Kolbe, Lederer, von König, Liebermann, Slevogt, Pechstein, Orlik, Kollwitz u. a. gehörten zur Kollektion, die in Danzig nicht gezeigt werden konnte, da der Senat die Finanzierung ablehnte. Diese Entscheidung erstaunt umso mehr, als höchste staatliche Stellen im Frühjahr 1930 im Danziger Stadtmuseum eine umfangreiche Ausstellung zeitgenössischer polnischer Kunst veranstalteten. Als staatlicher Ausstellungskommissar war der Warschauer Kunsthistoriker Treter bestellt worden, er versammelte 250 Ge-

31 *Robotnik* 22. 2. 1929. Vgl. auch den ausführlichen Bericht über die Ausstellerin Käthe Kollwitz am 18. 2. 1929, ebenda.

32 Dt. Konsulat Krakau an Dt. Botschaft Warschau 27. 2. 1929. PA AA Warschau 28. Zur polnischen Kunst in der Zwischenkriegszeit allgemein: Romana Schuler u. a. (Hg.), Der neue Staat. Polnische Kunst 1918 – 39. Zwischen Experiment und Repräsentation, Ostfildern 2003.

33 AA an die Dt. Botschaft Warschau, 12. 3. 1929. PA AA Warschau 28.

34 Aufzeichnung von Curtius über ein Gespräch mit dem polnischen Botschafter Knoll am 10. 4. 1930. PA AA Warschau 28.

35 Brief der *Deutsche Stiftung* an das Generalkonsulat Danzig 17. 2. 1930. PA AA Danzig 131/132 Bd. 2.

mälde, Aquarelle und Graphiken mit landschaftlichen und volkskundlichen Motiven. Die Ausstellung wurde weitgehend von der polnischen Rezeption des Impressionismus bestimmt[36], doch waren auch Ansätze erkennbar, einen neuen „expressiven Nationalstil" zu kreieren, der auf der Basis volkstümlicher Kunst den Brückenschlag zur Moderne ermöglichen sollte. Hier trat besonders der Warschauer Akademiedirektor und Kopf der Künstlergruppe „Rytm", Wladyslaw Skoczylas hervor mit seinem „dekorativen Verismus, der anknüpft an die primitiven volkstümlichen Holzschnitte."[37] Die Danziger Presse besprach die Ausstellung respektvoll, nachdem Treter bei der Eröffnungsrede um ein „objektives, wenn auch rücksichtsloses, doch ehrliches Urteil" gebeten hatte. Die *Danziger Neuesten Nachrichten* schrieben, was in der Politik noch nicht möglich wäre, versuche die Kunst: „Die Anbahnung gegenseitigen Verständnisses für einander fremdes Volkswesen." Offenbar hielt sich der Besuch trotz der Präsenz polnischer Schulklassen jedoch in Grenzen. So schrieb das deutsche Konsulat, die Ausstellung sei so schwach besucht, „daß selbst die polnische Presse von einem Mißerfolg spricht."[38] Erst zwei Jahre später antwortete die deutsche Seite mit einer repräsentativen Ausstellung von Aquarellen und Zeichnungen im Danziger Stadtmuseum, veranstaltet von *Deutschen Künstlerbund*. Es war die erste große Ausstellung deutscher Kunst im Freistaat, der bislang sein Augenmerk auf technische und wirtschaftliche Präsentationen wie die Hafen- und Schifffahrtsausstellungen von 1932 gelenkt hatte.

Verschärfte Konkurrenz in der Schweiz

Nicht nur in den ehemaligen Feindstaaten musste die auswärtige Kulturarbeit mit Fingerspitzengefühl ausgeführt werden. Auch auf der neutralen Bühne, in Südamerika, in Schweden oder in der Schweiz war vorsichtiges Vorgehen angezeigt. Neutrale, Länder wie die Schweiz waren die nahe liegenden Ziele der deutschen Auslandskulturarbeit. Am Beispiel dieses Landes lassen sich Methodik und Praxis der deutschen Auswärtigen Kulturpolitik der Zwischenkriegszeit hervorragend veranschaulichen. Die Schweiz mit ihrer dichten, international orientierten Museums- und Galerienlandschaft bot sich für einen außenpolitischern Einsatz der Kunst geradezu an. Die Schweiz war aus deutscher, aber auch aus französischer Sicht ein besonders brisantes Objekt auswärtiger Kulturpolitik. Sie war ein bedeutender Finanzplatz, wahrte strikte politische Neutralität und war in wirtschaftli-

36 Hier ist der verstorbene Direktor der Krakauer Akademie, Juljan Falat zu nennen, der die älteste polnische Künstlergruppe Sztuka gegründet hatte, sowie Leon Wiczolkowski.

37 *Danziger Volksstimme*, zitiert in der Presseübersicht zur Ausstellung der *Freien Stadt Danzig* 29. 4. 1930. Ein Katalog mit 35 S. erschien in deutscher Sprache: Polnische Kunstausstellung: Land und Volk. Alte Volksholzschnitte, Holzplastik, Bücher, Danzig 1930.

38 Generalkonsulat Danzig an Krahmer-Möllenberg, Deutsche Stiftung, 13. 6. 1930. PA AA Danzig 131/132 Bd. 2. Die Ausstellung wurde in ähnlicher Form 1936 in Stettin gezeigt. Katalog: Ehrenausschuß der polnischen Kunstausstellung (Hg.), Polnische Kunst. Volksholzschnitte, moderne Graphik, Holzplastik, Textilien, Stettin 19. 1. bis 16. 2. 1936.

cher und kultureller Hinsicht nach beiden Seiten offen. Doch im Gegensatz zu anderen neutralen Ländern gab es hier eine deutschsprachige und eine französischsprachige Bevölkerungsgruppe, die sich auf der politischen Ebene institutionell arrangiert hatten, auf der kulturellen Ebene jedoch um die Hegemonie kämpften. Frankreich und Deutschland suchten seit Beginn des 20. Jahrhunderts die Westschweizer bzw. die Deutschschweizer mit Hilfe einer vielschichtigen Kulturpolitik zu beeinflussen und somit machtpolitisch zu funktionalisieren. Aus Schweizer Sicht war es dagegen notwendig, die kulturellen Beziehungen möglichst vielseitig, und bezogen auf die großen Nachbarn, möglichst paritätisch zu gestalten.

Der Ausgang des Ersten Weltkriegs isolierte Deutschland auf wirtschaftlichem, wissenschaftlichem und kulturellem Gebiet. Zu den wenigen Möglichkeiten, diesen Boykott zu unterlaufen, zählte die Organisation von Kunstausstellungen, die teils mit humanitären Projekten verknüpft waren. Schon 1917 hatte es in der Schweiz „Ausstellungen deutscher Künstler gegen die Hungerblockade gegeben."[39] Daran wurde ab 1919 angeknüpft. Schweizer Museen erhielten Kunstwerke aus deutschen städtischen Sammlungen als Leihgabe und Dank für geleistete humanitäre Hilfe. Nun durften von deutscher Seite aber keine politischen oder propagandistischen Aktionen in der Schweiz gestartet werden, die den Zorn der französischen Siegermacht herausforderten. Zudem hatte der frankophile Teil der Schweizer Elite starken Rückenwind. Dies erforderte ein geschicktes Leisetreten offizieller deutscher Stellen, die kaum selbst Ausstellungen und Vorträge initiieren konnten, sondern auf Schweizer Anfragen angewiesen waren. In der Regel ging die Initiative dann auch von Schweizer Museumsleuten oder Künstlern aus, die via Berner Gesandtschaft durch die Kulturabteilung des Auswärtigen Amtes unterstützt wurden. Das Auswärtige Amt und die Berner Gesandtschaft wirkten auf deutsche Leihgeber für Kunstwerke ein und das AA zahlte Zuschüsse aus einem speziellen Fonds; organisatorisch wirkten die Konsulate mit den veranstaltenden Schweizer Museen zusammen. Jede Art von Plumpheit oder chauvinistischem Gebaren erzeugte sofort Gegendruck und war kontraproduktiv. Viele Ausstellungen deutscher Kunst in der Schweiz gingen auf Schweizer Initiativen zurück. Oft suchten Schweizer Museumsleute im Sinne strikter Neutralitätspolitik nach Gegengewichten zu französischen Ausstellungen. Ein für die deutsche Seite interessantes Projekt war das Angebot des Direktors des Genfer Musée d'Art e d'Histoire, Louis Gielly, anlässlich der Genfer Völkerbundsversammlung im September 1931 eine Ausstellung alter und neuer deutscher Malerei zu veranstalten.[40] In Erwartung eines internationalen Publikums wäre das eine sehr gute Gelegenheit für Deutschland gewesen, sich kulturpolitisch zu präsentieren. Sievers wollte das Projekt vertraulich behandelt wissen[41], traf sich 1929 mit Gielly in Berlin und schlug diesem vor, eine Übersicht über die deutsche Malerei der letzten 40 Jahre zu konzipieren, „das Extreme und Abstruse" vermeidend. Mittel sollten von der *Deutschen Kunstgesellschaft* aufgebracht werden. Transport und Versicherung

39 Barch R 901 Auswärtiges Amt Nr. 71934.
40 Das Deutsche Konsulat Genf an das AA 5. 7. 1929. PA AA Bern 2225b.
41 Sievers an das Dt. Konsulat Genf 2. 8. 1929. PA AA Bern 2225b.

gingen zu Lasten Deutschlands, alles Übrige zu Lasten Genfs.[42] Obwohl Gielly zustimmte und besonders von der deutschen Praxis, einen Kunsthistoriker als Kurator zu bestimmen, angetan war, verschleppte man die Planung. Schließlich kam die Ausstellung nicht mehr zustande.[43]

Besonders engagiert zeigte sich auch die *Zürcher Kunstgesellschaft*, die in Zusammenarbeit mit dem Direktor Wilhelm Wartmann zahlreiche Ausstellungen deutscher Kunst im Kunsthaus Zürich organisierte: So gab es Einzelausstellungen Pechsteins (1924), Liebermanns (1925), Kokoschkas (1927), Hofers (1929) und Beckmanns (1930). 1929 fand eine Ausstellung statt von 300 deutschen Grafiken, die zuvor in Paris gezeigt worden war.[44]

Der deutsche Beitrag zur Zürcher Internationalen Kunstausstellung 1925 war hingegen nicht im Sinne der Diplomaten ausgefallen. Konsul Rheinboldt klagte über das uneinheitliche Erscheinungsbild und Niveau des deutschen Parts. Zwar gebe es Spitzenleistungen von Heckel, Liebermann u. a., aber: „Leider waren auch die meisten schlechten unausgegorenen Farbenversuche und formale Phantastereien deutschen Ursprungs. Demgegenüber war besonders bei den Franzosen und Italienern ein hohes und gutes Gleichmaß zu verzeichnen." Zudem berichtete Rheinbold von einem „Taktfehler": Corinths Portrait von Ebert sei, obwohl virtuos gemalt, derartig „brutal", dass es in keine repräsentative deutsche Ausstellung gehöre: „Es ruft bei dem internationalen Zürcher Publikum Kommentare hervor, unter denen Bemerkungen mit dem Wort ‚Boche' noch die mildesten sind."[45] Somit war für das Erscheinungsbild der deutschen Kunst noch einiges zu tun.

Die deutschen Konsulate beobachteten aufmerksam das gesamte Ausstellungsgeschehen in der Schweiz sowie internationale Ausstellungen, bei denen die Schweiz oder Deutschland vertreten waren. Die Berichte über die Wirkung deutscher Kultur und Kunst im Gastland, aber auch über die Aktivitäten und Rezeption konkurrierender, ausländischer „Kulturpropaganda" in der Schweiz gingen bei der Abteilung VI C des AA ein und wurden dort ausgewertet. Naturgemäß wurden die französischen Aktivitäten in der Schweiz argwöhnisch beobachtet. Die Konsulate erhielten Informationen von Vereinigungen Auslandsdeutscher, aber auch von völkischen und alldeutschen Kreisen und Einzelpersonen. Aus kunstpolitischer Sicht wurde immer dann agiert und reagiert, wenn repräsentative französische Ausstellungen in Schweizer Städten geplant wurden. In diesen Fällen ging es darum, den französischen Ausstellungen zeitlich zuvorzukommen oder Gegengewichte zu setzen. Die Ausstellung des Französischen Impressionismus in Basel z. B. wurde 1921 mit der Thoma-Ausstellung gekontert. Im Juli 1927 sollte die Ausstellung „Neue deutsche Grafik" in der Berner Kunsthalle einer im Herbst ge-

42 Abschrift Sievers nach dem Treffen am 1. 8. 1929 im AA. PAA Bern 2225b.

43 Gielly beklagte sich im Brief an den Generalkonsul Völckers am 9. 2. 1931 über mangelnde Unterstützung aus Berlin (seine Briefe seien unbeantwortet geblieben) und sagte das Projekt im Blick auf seine Jahresplanung ab. Grundsätzlich sei er jedoch noch an einer Zusammenarbeit interessiert und werde sich später wieder an das AA wenden. PA AA Bern 2225b.

44 Dt. Konsulat Zürich an das AA 27. 7. 1929. PA AA Bern 2225b.

45 Dt. Konsulat Zürich an das AA 22. 9. 1925. PA AA Bern 2224a.

planten großen französischen Kunstausstellung zuvorkommen.[46] Die französische „Kulturpropaganda" wurde von den deutschen Diplomaten als intensiv empfunden. Einerseits agierten Nationalisten wie Charles Maurras von der *Action francaise* mit Hilfe privater Spenden in der Schweiz, um die welschen Kantone in einem „Kulturkampf" gegen die Deutschschweiz aufzuwiegeln und zu unterstützen, andererseits gab es auch im Deutschschweizer Bürgertum ein traditionelles Streben nach französischer Bildung, das von Frankreich geschickt genutzt wurde: „Damen aus besseren Kreisen, die im Familienverkehr Schwyzerdütsch sprechen, erklären, dass sie sich lieber auf Französisch statt auf Hochdeutsch unterhalten", stellte das Zürcher Konsulat fest.[47] Auch die italienische Einflussnahme im Tessin war Gegenstand deutscher Besorgnis, wie der Bericht der Dt. Gesandtschaft zeigt: „Alles in allem würde das geistige Leben im Tessin völlig stagnieren, wenn nicht die italienische Propaganda einen frischen Zustrom gebracht hätte." Der Kanton sei völlig am kulturellen Ideal Italien orientiert und zähle zum Gebiet der italienischen Irredenta. Von dort kämen Mittel zur Erforschung der Tessiner Kunstdenkmäler und der Direktor des Luganer Kunstmuseums, der Maler Prof. Berta sei feste Stütze dieser Politik. Hingegen würden sich die jüngeren Maler eher nach Paris orientieren. Boshaft vermerkte der Autor über die Künstlerkolonie Monte Veritá bei Ascona, „die einen guten Teil der revolutionären Größen Europas vor dem Kriege und während des Krieges beherbergt hat", sei völlig vom „Jüdisch-Bolschewistischen Geist" erfüllt, habe aber eine „merkwürdige Berühmtheit" erlangt. Hier geht der Kulturbericht über in eine politische Diffamierung, die die 70 Intellektuellen der Künstlerkolonie als politisches Sicherheitsrisiko darstellte.[48]

Deutsche Beiträge zu internationalen Ausstellungen – eine Erfolgsbilanz für die Weimarer Republik

Die neutralen, Deutschland eher freundlichen gesonnenen Staaten Schweiz, Niederlande und Schweden ermöglichten die ersten Auslandsausstellungen deutscher Kunst in den frühen 1920er Jahren. Schritt für Schritt konnte der Kulturaustausch auch auf die ehemaligen Feindstaaten ausgedehnt werden. Seinen Höhepunkt erreichte er Anfang der 1930er Jahre, als die Weimarer Republik ihr Auswärtige Kulturpolitik aus finanziellen Gründen wieder einschränken musste. Zwischen 1922 und 1932 beteiligte sich Deutschland mehrmals an den Biennalen in Vene-

46 Dt. Gesandtschaft Bern an das AA 24. 3. 1927. PA AA Bern 2224b.

47 Dt. Konsulat Zürich an Dt. Gesandtschaft Bern 13. 6. 1929. PA AA Zürich 69. Französische Internate und Hauswirtschaftsschulen lockten mit günstigen Preisen, und Schweizer Lehrerinnen gaben ihren Schülern oft die Empfehlung, eine französische Ausbildung zu absolvieren Dt. Konsulat an das AA 23. 5. 29. PA AA R 61209.

48 Von der Schulenburg, Bericht über die kulturellen Vorgänge im Tessin, März 1919. Brief der Gesandtschaft Bern an das AA 24. 4. 1919. PA AA R 64852.

dig[49] und organisierte u. a. repräsentative Ausstellungen deutscher Malerei und Plastik in Den Haag (1922), Stockholm (1922, Leitung: Gustav Pauli), in Rio (Kirchliche Kunst 1922, Leitung: August Hoff), in Rom (1923 und 1925), in London (auf Einladung der Royal Academy 1925, Leitung: Erich Waldmann), Wien (1926, Leitung: Friedrich Dörnhöffer), Tokio (1927), Amsterdam (im Rahmen der Olympischen Spiele 1928, Leitung: Edwin Redslob), in Warschau (1929, Leitung: Alfred Kuhn), in Belgrad und Zagreb (1931, Leitung: Kuhn) und Oslo (1932, Leitung: Ludwig Thormählen). Ausstellungen deutscher Graphik waren zu sehen in Japan (1922), in der Schweiz (1925), in Spanien (1925), in Italien (1928) und in Frankreich (auf Einladung der Nationalbibliothek 1929, anschließend in der Schweiz und den Niederlanden, Leitung: Glaser). Kleinere Ausstellungen deutscher Kunst gab es, teilweise organisiert von der *Deutschen Kunstgesellschaft*, u. a. in Argentinien und Brasilien (1928/29). Die Deutsche Kunstgesellschaft unter Vorsitz von Günther Fürst von Schönburg-Waldenburg und Heinrich Michaelis war den Auslandsvertretungen vom AA per Erlass 1929 vorgestellt worden. Weitere wichtige Mitglieder waren Johannes Sievers und der Direktor der *Deutschen Bank und Disconto-Gesellschaft,* von Strauss. Im Jahresbericht 1930/31 wurden bereits 234 Veranstaltungen in 17 Ländern und 79 Städten aufgezählt.[50] Die *Kunstgesellschaft* war vom AA als rechtlich unabhängige Organisation gegründet und finanziert worden. Sie sollte kulturelle Aktivitäten in einer Art durchführen, die nicht als staatliche Propaganda ausgelegt werden konnte. Das Amt sicherte sich durch diese vorgeschaltete Körperschaft gegen Kritik ab, die sich im In- und Ausland bei Fehlern und Misserfolgen einstellen konnte.[51] Leider blieb die finanzielle Ausstattung dieser halbprivaten Organisation mangelhaft. Hinzu kamen Einzelausstellungen deutscher Künstler, wobei das Auswärtige Amt daran interessiert war, rechtzeitig von allen Plänen und Initiativen für deutsche Ausstellungen zu erfahren, um Qualitätsstandards zu garantieren. Man war der Meinung, rein zu Verkaufszwecken organisierte Ausstellungen deutscher Kunst könnten dem Ansehen des Landes u. U. schaden. 1930 wurde der Höhepunkt der deutschen Ausstellungstätigkeit erreicht: In Monza und Paris fanden Kunstwerbeausstellungen (Leitung Walter Gropius), in Venedig und Stockholm Ausstellungen bildender Kunst statt. Die Etatmittel für auswärtige Kulturpolitik waren bis dahin von jährlich drei Mio. RM auf über acht Mio. gestiegen und hatten damit französische

49 Übersicht von Sievers „Die dt. Kunst- und Kunstgewerbeausstellungen im Ausland des Jahres 1930", 24. 2. 1931. PA AA Bern 2225c.

50 Rundschreiben der *Deutschen Kunstgesellschaft* an alle Auslandsvertretungen 27. 10. 1931. PA AA Danzig 109.
Zu deutschen Kunstausstellungen in Brasilien und Argentinien siehe die Aktivitäten von Theodor Heuberger, Kunsthändler, und Beauftragter des Deutschen Werkbundes und der Deutschen Kunstgesellschaft, Mitbegründer der Deutsch-Brasilianischen Vereinigung „Sociedad pro Arte". Er zeigte in den 1920er Jahren mehrfach Ausstellungen u. a. mit Werken von Pechstein, Schmidt-Rottluff, Nolde, Liebermann in Südamerika. Stefan Rinke, Der letzte freie Kontinent. Deutsche Lateinamerikapolitik im Zeichen transnationaler Beziehungen 1918–1933, Bd. 2, Stuttgart 1996, S. 484f.

51 PA AA R 60849 *Deutsche Kunstgesellschaft.*

Größenordnungen erreicht.[52] Die schwere Wirtschaftskrise und die finanzielle Lage des Reiches schränkte die kulturpolitische Auslandsarbeit Anfang der 1930er Jahre wieder stark ein. Hans Freytag betonte, „alle Unternehmungen, die als Ausdruck einer guten Finanzlage und als Luxus von einer übel wollenden Propaganda ausgenutzt werden können", müssten unterlassen werden. Speziell Ausstellungen seien verschoben worden. Dies sei umso bedauerlicher, da in der Kulturpolitik „die Stetigkeit des Aufbaus und die Systematik für den Erfolg unerlässlich sind und Positionen, die einmal aufgegeben werden, nicht wieder gewonnen werden können."[53] Probleme bereitete auch die Gewissenhaftigkeit vieler deutscher Museumsdirektoren, die ihre Kunstwerke ungern auf Auslandsreise schickten. Ausländische Museen seien in dieser Frage oft konzilianter, klagte Freytag.[54] Ausdruck dieses Problems ist auch eine „Schwarze Liste" der Berliner Nationalgalerie mit Werken, die unter keinen Umständen verliehen werden sollten. Die Liste wurde 1927 vom AA den Botschaften bekannt gegeben.[55] Hatten deutsche Auslandsausstellungen eine schlechte Presse, verstärkte sich der Unwille privater Sammler und der Museen, Werke zu leihen. Besondere Aggressivität entwickelte die italienische Pressehetze gegen moderne deutsche Kunst. Bei der Biennale 1922 waren sogar vier deutsche Gemälde durch Messerstiche beschädigt worden.[56] Mit besonderer Aggressivität gingen die faschistische italienische Presse und rechtsextrem eingestellte, in Italien lebende deutsche Künstler gegen die Präsentationen moderner deutscher Kunst in Italien vor. Der deutsche Beitrag von 1930 (u. a. Werke von Beckmann, Grosz, Dix, Baumeister, von den Malern der „Brücke") stand besonders im Kreuzfeuer der faschistischen italienischen Presse. Der deutsche Kommissar Hans Posse verteidigte sich mit dem Verweis auf eine besondere „nordische Ästhetik", die in Italien nicht verstanden werde. Sievers klagte über eine regelrechte antisemitische Hetze gegen die deutsche Kunst und die Kulturabteilung des AA.[57] Ein weiteres Problem stellten unzufriedene deutsche Künstler und Künstlerverbände dar, die vom AA Mitspracherechte bei großen Auslandsausstellungen forderten.[58] Sievers antwortete 1931 auf entsprechende Eingaben, dass viele Ausstellungen, wie z. B. die große Ausstellung deutscher Kunst im New Yorker MoMA im Jahr 1931 auf privater Initiative beruhten. Das AA finanziere eigentlich nur noch den Biennale- Pavillon.[59] Voller Neid blickte

52 Etatmittel für auswärtige Kulturpolitik aus den beiden Kulturfonds für deutsches Schulwesen und Pflege der kulturellen Beziehungen mit dem Ausland. 1924: 3 Mio. RM; 1925: 3,3 Mio. RM; 1926: 4,7 Mio. RM; 1927: 6 Mio. RM; 1928: 6 Mio. RM; 1929: 8,25 Mio. RM, 1930: 7,25 Mio. RM. Vgl. Oeuvres francaises im französischen Außenministerium im Jahr 1928: 31,9 Mio. frs (ca. 5 Mio. RM). Zahlen nach Schober, S. 83.

53 Freytag im Rundschreiben an die dt. Auslandsvertretungen 2. 1. 1932. PA AA Thorn 108.

54 *Deutsche Rundschau* Heft 11/1930, S. 105.

55 Im Anhang vom Rundschreiben Sievers' an die Auslandsvertretungen am 7. 4. 1927. PA AA Danzig 131/132 Bd. 1.

56 Schober, 2003, S. 102.

57 Sievers, Aus meinem Leben, S. 312.

58 Eingabe an das AA, 29. 4. 1931. SAdK PrAdK 2.1/014 (Nr. 940), Bl. 334.

59 Sievers Brief an den Reichsverband bildender Künstler 15. 6. 1931. SAdK PrAdK 2.1/014 (Nr. 940), Bl. 334.

man im AA auf die USA, deren Kulturarbeit weitgehend aus privaten Quellen finanziert werden konnte.

Insgesamt blieben die Aufwendungen des Deutschen Reiches für auswärtige Kulturpolitik weit hinter dem Mitteleinsatz Großbritanniens, der USA, Italiens oder des Hauptkonkurrenten Frankreich zurück. Sogar die Republik Polen unternahm erhebliche Anstrengungen für eine Auswärtige Kulturpolitik. Ihre Aufgabe bestand vor allem darin, polnische Kunst im Ausland bekannter zu machen und die nationale Identität der Auslandspolen, vor allem in Deutschland, zu festigen. Die Ausgaben für auswärtige Kulturpolitik waren in der Zwischenkriegszeit generell ein Politikum und wurden häufig verschleiert, da sich viele Staaten in dieser Hinsicht gegenseitig belauerten und miteinander konkurrierten. Innenpolitisch mussten die Ausgaben auch stets gegenüber einer nationalistischen Klientel gerechtfertigt werden, die das nationale Ansehen nicht ausreichend gewahrt sah und der jeweiligen Regierung Verschwendung und Ineffektivität vorwerfen konnte. Trotz mancher Erfolge fehlten der Weimarer Republik die Mittel und die finanzstarken privaten Partner, um den anderen Nationen auf dem Gebiet der Kultur wirkungsvoll entgegenzutreten. Gleichwohl erzielte das Deutsche Reich Achtungserfolge: Im Bereich der Kunst, des Designs und der Architektur galt Deutschland als führend. Zunehmend wurde die Weimarer Republik mit Begriffen wie Moderne, Dynamik und Liberalismus assoziiert. Berlin gewann als Kulturmetropole internationale Ausstrahlungskraft. Diese Errungenschaften der Weimarer Republik, dieser Kredit an internationaler Reputation, die die Künste erarbeiteten, wirkten sich selbst in den ersten Jahren des „Dritten Reiches" noch positiv aus, bis totalitäre Umstrukturierungen und Kriegsdrohungen das diplomatische Erbe gänzlich verspielten.

Kapitel II
KUNST IN DER AUSWÄRTIGEN KULTURPOLITIK DES „DRITTEN REICHES“

Die relative Staatsferne zu den Mittlerorganisationen, der halbprivate Charakter der *Kunstgesellschaft* und anderer Initiativen waren Errungenschaften der Weimarer Republik. In einem totalitären System war diese Art von Kulturarbeit nicht denkbar. Sie wurde dann auch im Verlauf des „Dritten Reiches“ Schritt für Schritt suspendiert.[1] Im „Dritten Reich“ ergab sich durch die Ansprüche des neu geschaffenen Reichsministeriums für Volksaufklärung und Propaganda eine uneffektive Doppelung außenpolitischer Kulturarbeit, die ja auch weiterhin vom AA geleistet wurde. Hinzu kamen nun weitere Körperschaften der NSDAP und nach Kriegsbeginn die Wehrmacht mit eigenen Propagandaaktivitäten auf dem Gebiet der Kunst. Das RMVAP übernahm im August 1933 das Referat C für Kunst und die Zentrale Pressestelle vom AA. Die *Deutsche Kunstgesellschaft* wurde 1934 aufgelöst. Bald existierten parallel Kulturreferenten des AA und vom RMVAP bestimmte Kulturattachées.

In gewisser Weise war der völkische Faktor, d. h. die Anwesenheit deutschstämmiger Bevölkerungsgruppen in den Zielländern, sowohl in der Zeit der Weimarer Republik als auch verstärkt im „Dritten Reich“ als Grundlage einer erfolgreichen Rezeption deutscher Kunst angesehen worden. Die Ausgrenzung der Juden äußerte sich in diesem Zusammenhang, indem jüdische Künstler nicht mehr zu Auslandsausstellungen zugelassen wurden – ebenso wie bekannte Sympathisanten der Kommunisten. So berichtete Sievers über neue „Vertrauensleute“ des gleichgeschalteten Preußischen Kultusministeriums, die deutsche Auslandsausstellungen vor der Eröffnung zu prüfen hatten. Im Frühjahr 1933 fuhr Sievers in Begleitung von zwei SA-Männern zur Internationalen Ausstellung für angewandte Kunst nach Mailand. In der deutschen Abteilung spielte sich dann folgendes ab: „Die beiden nahmen alles, was nur im Entferntesten mit Juden zu tun haben konnte, aus den Rahmen und Vitrinen. Sie richteten sich einfach nach dem Klang der Namen.“[2]

Das Konzept großer Auslandsausstellungen wurde aber mit verändertem Inhalt weitergeführt. Hier sind vor allem Aktivitäten in den USA (1936), in der Schweiz

1 Allgemeine Literatur zur Kulturpolitik des „Dritten Reiches“ und zu einzelnen Institutionen: Katja Gesche, Kultur als Instrument der Außenpolitik totalitärer Staaten, Köln 2006; Frank Rutger Hausmann, Auch im Krieg schweigen die Musen nicht. Die deutschen *Wissenschaftlichen Institute* im Zweiten Weltkrieg, Göttingen 2001; Eckard Michels, Das Deutsche Institut in Paris, Stuttgart 1993; Edgar Harvolk und Wolfgang Schlicken, Die Deutsche Akademie in München, München 1990; Elke Fröhlich, Die kulturpolitische Pressekonferenz des RMVAP, in: *Vierteljahreshefte für Zeitgeschichte*, Heft 4, 1974, S. 347–381; Jan-Pieter Barbian, „Kulturwerte im Zeitkampf“. Die Kulturabkommen des „Dritten Reiches“ als Instrumente nationalsozialistischer Außenpolitik, in: *Archiv für Kulturgeschichte*, 1992, S. 415–459.

2 Sievers, Aus meinem Leben, 1966, S. 365ff.

(1936/37) und Polen (1938) zu nennen sowie die Beteiligungen an der Biennale in Venedig (1934) und an der Pariser Weltausstellung 1937. In diesen Ausstellungskonzeptionen stand die Nazi-Ideologie nicht im Vordergrund – zumal weiterhin Kunsthistoriker aus der Zeit der Weimarer Republik daran beteiligt waren. Ausgesprochen unzufrieden zeigte sich Hitler beispielsweise nach dem Besuch der Biennale von Venedig 1934. Der deutsche Pavillon erschien ihm vergleichsweise ärmlich ausgestattet, zudem waren noch umstrittene Künstler wie Ernst Barlach dort präsent, die bald als „entartet" stigmatisiert werden sollten. Zudem ergaben sich mit dem italienischen Bündnispartner kunstpolitische Konflikte, weil dort die futuristische Kunst weiterhin geduldet wurde.[3] Erst 1935 schlossen sich die Lücken im Netz der nationalsozialistischen Kulturpolitik, so dass nur noch Mitglieder der Reichskulturkammer im Ausland ausstellen durften. Goebbels berief Eberhard Hanfstaengl als Kommissar für den deutschen Beitrag zur Biennale von 1936, war aber mit dem Ergebnis nicht zufrieden: „Biennale. Kunstausstellung: bei den Italienern einiges Gute. Aber rar. Bei uns geradezu trostlos. Kein Stück, das sich zu kaufen lohnte."[4] Im Folgejahr übernahm Adolf Ziegler, der auch für die Durchführung der Beschlagnahmeaktion „Entartete Kunst" zuständig war, die Zusammenstellung des deutschen Biennale-Beitrags. Ab jetzt dominierte Blut-und-Boden-Malerei und heroische Plastik. Spätestens ab 1937 galt abstrakte und expressionistische Kunst als unwürdig, das „Dritte Reich" im Ausland zu vertreten. Statt moderner Kunst zeigte man lieber Werke aus dem Biedermeier, aus der Zeit der Romantik und des Klassizismus.

Trotz der „Woge antideutscher Propaganda" Kulturarbeit in den USA

Nach der Machtübertragung an die NSDAP wurden die Bedingungen für deutsche Kulturarbeit in den USA wieder ungünstiger. Dennoch böte die neue Situation auch Chancen, betonte ein amerikanischer Sympathisant des NS-Regimes in seinem „Vertraulichen Memorandum über deutsche Kulturarbeit in Nordamerika", das er im April 1933 an Alfred Rosenberg sandte: Trotz der „Woge antideutscher Propaganda" sei die Situation günstig, denn „die mit diktatorischen Vollmachten ausges-

3 Am 14. 2. 1933 musste Hermann Göring in Anwesenheit des italienischen Botschafters im Berliner Kronprinzenpalais notgedrungen eine Ausstellung mit neu erworbenen modernen italienischen Werken eröffnen, darunter von Modigliani, der wegen seiner jüdischen Herkunft der NSDAP eigentlich als untragbar galt. Die Arbeiten waren während der Weimarer Republik durch Tausch nach Berlin gelangt.
Eine heftige ideologische Kontroverse entfachte auch 1934 die Ausstellung futuristischer Werke unter dem Titel „Italienische futuristische Flugmalerei" in Berlin. Die Ausstellung „Italienische Kunst von 1800 bis zur Gegenwart, die 1937 in der Preußischen Akademie der Künste in Berlin gezeigt wurde, sorgte wegen der Futuristenabteilung ebenfalls für Zündstoff zwischen den Bündnispartnern. Andrea Hoffend, Zwischen Kulturachse und Kulturkampf. Die Beziehungen zwischen dem „Dritten Reich" und dem faschistischen Italien, Frankfurt 1998, S. 259–263.

4 Zitiert nach Christoph Becker, „Die Biennale von Venedig und die deutschen Beiträge 1895–1942", in: Ursula Zeller (Hg.), Die deutschen Beiträge zur Biennale von Venedig, Köln 2007, S. 63–89, hier: S. 82f.

tattete Roosevelt-Regierung ist im Prinzip der deutschen Hitler-Regierung durchaus geistesverwandt.“[5] Deutsche Kunstausstellungen konnten nur realisiert werden, wenn von amerikanischer Seite die Einladung dazu erging und Unterstützung gewährt wurde. Die liberale *Carl-Schurz Memorial Foundation* regte Mitte der 1930er Jahre an, eine repräsentative Ausstellung deutscher Kunst für die USA zu konzipieren. In den Jahren 1936 und 1937 war die Ausstellung „Deutsche Meisterwerke aus vier Jahrhunderten“ in Brooklyn, Chicago, Cleveland und Philadelphia zu sehen. Das Metropolitan Museum hatte abgelehnt, so dass die Ausstellung im weiter abgelegenen Museum am Eastern Parkway in Brooklyn gezeigt werden musste. Weitere Anfragen anderer Städte waren aus konservatorischen und leihvertragsrechtlichen Gründen abgelehnt worden. Kurator war der Direktor der Berliner Nationalgalerie, Eberhard Hanfstaengl, der gänzlich auf moderne Kunst verzichtete und manchen deutschen Museumsleiter zunächst überzeugen musste, Werke ins „feindliche“ Ausland auszuleihen. So fragte der Direktor des Germanischen Nationalmuseums: „Sind die Bilder auch gegen Beschädigungen durch die radaulustige antideutsche kommunistische Partei in Amerika versichert?“[6]

Hanfstaengl betonte in seinem abschließenden Bericht über die Ausstellungstournee den politischen Charakter der Veranstaltung: „Die Möglichkeiten, unter den augenblicklichen politischen Stimmungen in Amerika für Deutschland erfolgreich zu werben, scheinen sich fast ganz auf das kulturelle Gebiet zu beschränken.“ Eine Ausstellung wie diese, die von 300.000 Menschen besucht wurde, habe viel breitere Propagandawirkung als etwa Konzerte oder Vorträge. Dadurch würde die Bedeutung der deutschen Kultur betont, „die oft durch Verständnislosigkeit gegenüber der heutigen politischen Entwicklung in Deutschland überschattet ist, und die Presse muss, bei aller Böswilligkeit, positiv berichten.“ Dabei sei es besonders günstig, dass die Ausstellung nicht von offizieller deutscher Seite, sondern von einer unpolitischen amerikanischen Gesellschaft initiiert wurde. Hanfstaengl sah in den amerikanischen Mittelschichten ein wachsendes Interesse an Kunst. Hingegen sei kein nationaler Kunststil erkennbar. Damit gäbe es eine strategische Chance, den amerikanischen Kunstgeschmack, der traditionell stark an Frankreich orientiert war, zu beeinflussen oder gar zu prägen, indem man die Amerikaner stärker mit der deutschen Kunst bekannt mache. Auch Hanfstaengl glaubte, „der starke Prozentsatz deutsches Blutes ebnet dem Verständnis deutscher Kunst den Weg.“ Die Ausstellung habe dem zahlenmäßig starken, aber vielfach aufgesplitterten deutschen Bevölkerungsteil in seinem Nationalbewusstsein einen neuen Rückhalt gegeben.[7]

Ähnlich äußerte sich sein Mitarbeiter Alfred Hentzen über die Ausstellungsstationen Chicago und Cleveland. In Chicago mit seinen 500.000 deutschstämmigen Einwohnern sei die Ausstellung sehr gut besucht gewesen und habe das Deutschtum selbstbewusster werden lassen: „Andererseits erinnert die Ausstellung die Ameri-

5 Der Dozent der Rutgers University of New Jersey, Emil L. Jordan, an Alfred Rosenberg, Leiter der Abteilung Außenpolitik der NSDAP, 4. 4. 1933. Jordan schlug die Gründung und Finanzierung eines deutsch-amerikanischen Institutes für Kulturbeziehungen vor, dessen Leitung er selbst übernehmen wollte. PA AA R 61130.

6 Direktor Zimmermann, Germanisches Nationalmuseum Nürnberg an Hanfstaengl 2. 9. 1936. Zentralarchiv Staatliche Museen zu Berlin (ZA) I NG 820, Bl. 345.

7 Bericht Hanfstaengl, ohne Datum. ZA I NG 820, Bl. 388ff.

kaner daran, was deutsche Kultur ist und dämpft die Wirkung der z. T. sehr bösartigen Pressemeldungen über Deutschland.“[8] In Cleveland habe der Museumsdirektor Milliken einen anonymen Brief erhalten, der ihn warnte, mit der Ausstellung nationalsozialistische Propaganda zu machen. Milliken habe jedoch in Gesprächen mit jüdischen und antifaschistischen Organisationen den unpolitischen Charakter der Veranstaltung betont und diese von Gegenaktionen abhalten können.[9]

Über den Erfolg deutscher Kulturarbeit in den USA lässt sich aufgrund des bald folgenden Krieges wenig sagen. In jedem Fall hinterließen die deutschen Bemühungen bei amerikanischen Regierungsstellen einen starken Eindruck, dass die USA ihrerseits kulturpolitische Aktivitäten erheblich verstärkten und schon 1936 Kulturabkommen mit lateinamerikanischen Staaten abschlossen, um dem deutschen Einfluss auf diese Länder vorzubeugen. In der AKP der USA spielten private Stiftungen wie die *Carnegie Corporation* oder die *Rockefeller Foundation* eine große Rolle. Ab 1943 wurden den Botschaften Kulturattachées zugeteilt. Die volle Wirkung eines Kultur- und speziell Kunstexports nach Europa entfaltete sich aber erst in den 1950er Jahren.[10] Ebenfalls stark beeindruckt von der deutschen Propaganda zeigte sich Großbritannien, dass seinerseits das *British Commitee for relations with other nations* (später: *British Council*) ins Leben rief, um faschistischer wie kommunistischer Propaganda im Commonwealth und auf der internationalen Bühne entgegenzutreten. Während des Zweiten Weltkriegs fand der BC sein wichtigstes Aufgabenfeld im eigenen Land. Es galt, die sozialen und kulturellen Beziehungen der unterschiedlichen Flüchtlingsgruppen, Exilregierungen und Militärs untereinander und zur britischen Gesellschaft zu fördern. Es zeigt sich, dass in den 1930er Jahren überall eine internationale „Aufrüstung“ der auswärtigen Kulturpolitik erfolgte. Angestoßen von nationalsozialistischer Propaganda und von den Aktivitäten der Kommunistischen Internationale entwickelten auch Länder wie die USA, Großbritannien, Polen oder die Schweiz Programme zur Auswärtigen Kulturpolitik mit entsprechenden Etaterhöhungen.

Irritationen in der Schweiz

Während die kulturpolitischen Aktivitäten des „Dritten Reiches“ in den USA Interesse, aber auch misstrauische Wachsamkeit hervorriefen, lösten sie in den kleineren europäischen Nachbarstaaten wie der Schweiz Sorge aus.[11] Für die Deutschschweizer bedeutete es, sich verstärkt einer regionalen Identität zu widmen und sich vom deutschen Kulturraum abzugrenzen, um einer völkischen Vereinahmung durch

8 Bericht von Alfred Hentzen, 27. 1. 1937. Er erwähnt 56.000 Besucher in Chicago. ZA I NG 820, Bl. 454ff.

9 Bericht Hentzen 16. 11. 1936. ZA I NG 820, Bl. 465ff. Vgl. den Bericht über die Ausstellung in Brooklyn, die am 3. 4. 1937 eröffnet wurde. Bl. 441ff.

10 Klaus Kipphan, „Deutsche Propaganda in den USA 1933–41“, in: *Beihefte zum Jahrbuch für Amerikastudien*, Heft 31, Heidelberg 1971, S. 201–204.

11 Christian Saehrendt, Kunstausstellungen in der Schweiz als Mittel auswärtiger deutscher Kulturpolitik der Weimarer Republik und des „Dritten Reichs“ 1919–1939, in: *Schweizerische Zeitschrift für Geschichte* Nr. 4/2004, S. 426–438.

Berlin entgegen zu wirken.[12] Auch gab es Stimmen, die nun die Deutschschweiz als eigentliche Bewahrerin einer deutschen Kulturtradition sahen, die im Deutschen Reich von der Barbarei des Faschismus bedroht und zerstört wurde.[13]

Den Nationalsozialisten ging es darum, zunächst die in der Schweiz lebenden Reichsdeutschen zu organisieren und danach deutschvölkische Einstellungen im ganzen Land zu verbreiten.

Parallel dazu ging die traditionelle Kulturarbeit weiter, die mit Kunstausstellungen operierte. Die Ausstellung „La gravure Francaise contemporaine“ in der Graphischen Sammlung der ETH 1934 und offizielle Courbet-Ausstellung im Kunsthaus Zürich 1936 setzten die deutsche Seite unter Zugzwang. Die Ausstellung „Deutsche Malerei im 19. Jahrhundert“ wurde im Frühjahr 1936 gemeinsam von der Leitung der Kunsthalle und der deutschen Gesandtschaft in Bern organisiert. Letztere schilderte ihr Konzept wie folgt: „Der Schein einer Propaganda konnte weitgehend dadurch vermieden werden, dass wir der Leitung der Berner Kunsthalle, also dem Gastland, bei der Vorbereitung aller Einzelheiten freie Hand ließen (...). Die Klippe der Nichtarier wurde durch eine sachliche Abgrenzung vermieden.“[14] Eine Ausstellung deutscher Malerei des 19. Jahrhunderts ohne Liebermann zu veranstalten, erscheint heute absurd. Der Direktor der Berner Kunsthalle, Max Huggler, hatte auch ursprünglich nach Liebermann-Leihgaben aus deutschen Museen gebeten und war im RMVAP in Berlin vorstellig geworden. Das RMVAP lehnte ab. Für den Fall, dass Huggler Liebermannwerke aus Schweizer Besitz ausstellt, drohte das RMVAP, seine Unterstützung zu verweigern.[15] Huggler verzichtete auf

12 Mitte der 1930er Jahre wuchs in der Schweiz das Unbehagen über die verschärfte Konkurrenz der Großmächte, die sich auch auf dem Gebiet der Kultur bemerkbar machte. Im Herbst beriet man im Bundeshaus auf Initiative der *Neuen Helvetischen Gesellschaft* über die Bildung einer Enquete-Kommission, die untersuchen sollte, welche Staaten in der Schweiz eine „systematische Kulturpropaganda“ betreiben, welche Mittel, Methoden und Gelder sie dabei einsetzen und ob sie aggressiv oder defensiv vorgingen. Im Blickfeld standen dabei vor allem die Nachbarn Frankreich, Deutschland, Italien und Österreich, aber auch Polen und die Sowjetunion. Demgegenüber müsse die Schweiz im In- und Ausland stärker ihre nationalen Eigenheiten betonen. „Ausländische Kulturpropaganda in der Schweiz? Verteidigung Schweizerischer Eigenart!“ Über die Beratung im Bundeshaus vom 11. 11. 1936. *Der Landbote* 5. 2. 1937.

13 So sprach Werner König in der Zeitschrift *Zürcher Student* vom „geistigen Niedergang“, von der „Verödung“, die in Deutschland Platz greife: „Die Kunst steht im Dienste der herrschenden Maxime, die Literatur ist zum Büttel der Propaganda geworden.“ *Zürcher Student. Offizielles Organ der Studentenschaft Zürich u. d. Verb. der Studierenden der ETH*, Heft 9/ 1935, S. 262ff. Seine Aufforderung, die Exilanten und die Deutschschweizer hätten die Pflicht, die deutsche Kultur in die Zukunft hinüber zu retten, wurde vom deutschen Konsulat wütend nach Berlin gemeldet. Dt. Konsulat Zürich an das AA 9. 3. 1935. PA AA R 61164.

14 Die Ausstellung fand vom 18. 1. bis 1. 3. 1936 unter der Schirmherrschaft der Schweizer Bundesräte Motta und Etter in der Kunsthalle Bern statt. Das RMVAP steuerte 5.000 M bei, die Kosten wurden durch den guten Besuch gedeckt. Brief der Gesandtschaft (Dankwort) an das Dt. Konsulat Rotterdam, das Hinsichtlich von Auslandsausstellungen um Informationen angefragt hatte, 20. 7. 1936. PA AA Bern 2225d. Positiv vermerkte die Schweizer Zeitschrift „*Das Werk*“ im März 1936: „Solche Ausstellungen sind die erfreulichen Nebenergebnisse der Rivalität, mit der unsere Nachbarstaaten um die Seele der Neutralen werben.“

15 RMVAP an die Dt. Gesandtschaft Bern 29. 10. 1935. PA AA Bern 2225d.

Liebermann.[16] Der Schwerpunkt der Ausstellung lag jetzt im Bereich Romantik und Biedermeier, so war die euphemistisch formulierte „sachliche Abgrenzung“ vom jüdischen Maler Liebermann möglich.

Die Ausstellung „Zeitgenössische Deutsche Plastiker“ fand im Frühjahr 1937 im Kunsthaus Zürich mit 50 Arbeiten von Georg Kolbe, Karl Albiker, Wilhelm Gerstel, Gerhard Marcks, Otto Schließer und Christoph Voll statt. Organisiert wurde die Veranstaltung von der Kunstgesellschaft Zürich, dem Direktor des Kunsthauses, Wilhelm Wartmann und dem Direktor der Karlsruher Kunsthalle Martin, nachdem im Vorjahr eine Ausstellung Schweizer Kunst in Baden-Baden stattgefunden hatte. Deutsche Offizielle hielten sich weisungsgemäß zurück: „Entsprechend dem Wunsche des RMVAP ist die Ausstellung ohne besondere Feierlichkeiten eröffnet worden (...). Es ist von Schweizer Seite wiederholt hervorgehoben worden, dass der betonte Verzicht auf propagandistisches Beiwerk das hiesige Publikum angenehm berührt habe und die Ausstellung deshalb sowie wegen des künstlerischen Wertes der ausgestellten Werke zu einer besonders eindrucksvollen Werbung für deutsches künstlerisches Schaffen geworden sei“, berichtete der deutsche Konsul Voigt.[17] Auch bei dieser Ausstellung hatte das Zürcher Kunsthaus um Werke von Künstler gebeten, die in Deutschland als „entartet“ bezeichnet wurden. Wie bei der Berner Ausstellung lehnte das RMVAP in diesem Fall ab, Arbeiten von Barlach und de Fiori zuzulassen. Stattdessen wurden auf deutschen Wunsch die Professoren Gerstel und Schließler, sowie der Bildhauer Marcks nominiert. Um Christoph Voll, der seine Karlsruher Professur wegen seiner früheren politischen Haltung verloren hatte, entstand eine Kontroverse. Nachdem Goebbels im Blick auf Volls jetzige „loyale Haltung zum Dritten Reich“ und nach Ansicht von dessen aktuellen Werken seine Teilnahme an der Zürcher Ausstellung erlaubt hatte, erwirkte der Gaukulturwart Badens eine Rücknahme der Erlaubnis. Da Katalog und Plakate schon gedruckt waren, drohte eine peinliche Situation, die durch die deutschen Diplomaten vermieden wurde, indem sie die Teilnahme des Bildhauers erwirkten.[18] Offenbar zeigte die Schweizer Seite bei diesen Problemen große Flexibilität, um einen Skandal oder Dissonanzen zu vermeiden, lobte das Konsulat: „Die Schweizer haben ohne Weiteres auf diesen Wunsch verzichtet und waren in durchaus loyaler Weise auf diesen Punkt später nie mehr zurückgekommen.“ Nur die Presse hielt sich nicht an diese Abmachung, stellte der Konsul verärgert fest: „Hingegen hält es jetzt die *Neue Zürcher Zeitung* für angezeigt, auf das Fehlen Barlachs hinzuweisen und betont, Barlach sei künstlerisch-menschlich wohl der bedeutendste lebende Bildhauer Deutschlands.“[19] Die sozialdemokratische Zeitung *Volksrecht* griff den Fall auf, indem sie ein Faksimile eines „vertraulichen Schnellbriefes“ veröffentlichte, den das RMVAP an die deutsche Presse gerichtet hatte und folgenden Wortlaut hatte: „Gegen Voll dürfen anlässlich der Ausstellung in Zürich keinerlei Angriffe gerichtet werden. Eine staatliche Förderung Volls wird zwar aufgrund seines früheren Schaffens vom RMVAP abgelehnt. Aus außenpolitischen Gründen“ sei aber die

16 Huggler an die Deutsche Gesandtschaft 20. 11. 1935. PA AA Bern 2225d.
17 Dt. Konsulat an RMVAP 17. 2. 1937. PA AA Bern 2226a.
18 Aufzeichnung des Dt. Konsulats Zürich 15. 1. 1937. PA AA Zürich 74a.
19 Dt. Konsulat an RMVAP 25. 2. 1937. PA AA Bern 2226a.

Teilnahme Volls genehmigt worden, „um damit einem besonderen Wunsch der veranstaltenden Schweizer Stelle und Schweizer Kunstkreisen entgegen zu kommen, die ihrerseits wiederum bei anderer Gelegenheit weitgehend auf deutsche Sonderwünsche eingegangen sind."[20] Dieses Schreiben wurde als Beweis für die vollkommene Knebelung der Presse, auch auf dem Gebiet der Kunstkritik, angesehen, der diesmal aus taktischen Gründen verboten wurde, einen nicht NS-konformen Künstler zu beschimpfen.

Die Schweizer Museen wollten ihre kulturpolitische Neutralität wahren. Nachdem im Sommer 1937 im Zürcher Kunsthaus eine große Ausstellung französischer Kunst „Von David bis Millet" stattgefunden hatte, regte Wartmann im Frühjahr 1938 an, eine repräsentative Ausstellung deutscher Graphik auszurichten, zweifelte jedoch, „ob im heutigen Deutschland so eine Ausstellung überhaupt möglich sei." Kosten für Transport und Versicherung würden vom Kunsthaus übernommen.[21] Wartmann wehrte sich gegen Vorwürfe, „das hiesige Kunsthaus bevorzuge französische Kunst (...). In den letzten Jahren seien lediglich die Verhandlungen mit Frankreich besonders leicht gewesen." Der Louvre und andere französische Museen seien bei Leihgaben sehr entgegenkommend, während deutsche Kunstausstellungen in der Schweiz selten geworden seien, referierte der deutsche Konsul sein Gespräch mit Wartmann.[22] Das Kunsthaus erhielt eine Absage, „da der Führer grundsätzlich nicht wünscht, daß wertvoller deutscher Kunstbesitz ins Ausland ausgeliehen wird."[23]

Trügerische Annäherung an Polen

Obwohl mit der NSDAP eine extrem antislawische Partei an die Macht gekommen war, verringerte sich die Spannung zwischen beiden Ländern zunächst, so dass auch die kulturellen Beziehungen zwischen dem „Dritten Reich" und Polen verstärkt werden konnten. Maßgebliche Bausteine dieser Entspannungspolitik waren repräsentative Kunstausstellungen in Warschau und Berlin.[24] Ein weiteres Zwischenergebnis der Annäherung war der deutsch-polnische Nichtangriffspakt vom 26. Januar 1934. Der Posener Kunsthistoriker und Kulturreferent im polnischen Kultusministerium Alexander von Guttry entwickelte im gleichen Jahr einen Plan zur kulturellen Annäherung beider Staaten, der von der deutschen Botschaft intern als taktisch nutzbar betrachtet wurde. Man wähnte dort Polen als potentiell „aufnahmefähigen Boden" für die „überlegene" deutsche Kultur, zumal die gebildete Schicht z. T. Deutsch spreche.[25] In den Jahren 1935 bis 1938 versuchte Deutschland, Polen für eine aktive antisowjetische Politik zu gewinnen. Am 25. Februar 1935 wurde in

20 RMVAP an die Berliner Zeitschrift *Völkischer Wille* 18. 1. 1937. Abgedruckt in: *Volksrecht* 3. 4. 1937.
21 Dt. Konsulat an AA 14. 3. 1938. PA AA Zürich 74a.
22 Dt. Konsulat an RMVAP 14. 3. 1938. PA AA Bern 2226a.
23 RMVAP an Dt. Gesandtschaft Bern 22. 3. 1938. PA AA Zürich 74a.
24 Boguslaw Drewniak, Zum Thema: Polnisch-deutsche Kulturbeziehungen 1933–39, in: *Studia Germanica Gedanensia* 1/1993, S. 7–69.
25 Dt. Botschaft Warschau an RMVAP 3. 6. 1934. PA AA R 61159.

Berlin die *Deutsch-Polnische Gesellschaft* für den Kultur- und Wissenschaftsaustausch gegründet, das Warschauer Gegenstück allerdings erst drei Jahre später. Im März 1935 reiste eine Delegation von polnischen Künstlern unter Leitung des Architekten Prof. Zygmunt Kaminski von der TH Warschau und von Edward Kokoszko vom „Block plastischer Künstler“ nach Berlin. Die Reichskammer für bildende Künste organisierte einen Abend bei der „Kameradschaft deutscher Künstler“, der vom Wunsch der „geistigen Annäherung der beiden Nationen“ geprägt gewesen sein soll.[26] Der Besuch fand im Vorfeld der Eröffnung einer repräsentativen Ausstellung polnischer Kunst in der Akademie der Künste statt, die als Gegenstück zur deutschen Ausstellung von 1929 in Warschau organisiert worden war. In Anwesenheit Hitlers wurde die Ausstellung am 29. März durch den polnischen Botschafter eröffnet.[27] Kaminski regte während seines Besuches mehrfach an, wieder eine deutsche Kunstausstellung in Polen zu zeigen, berichtete ein Gesprächspartner: „Gerade heute, erzählt Prof. K., wo die polnisch-französische Freundschaft erkaltet, versuchen die Franzosen auf kulturellem Gebiet wieder Terrain zu gewinnen,“ indem sie z. B. eine Ausstellung plastischer Kunst veranstalteten.[28] Es sollte auf deutscher Seite jedoch noch erhebliche Schwierigkeiten geben, bis wieder eine Ausstellung in Warschau möglich wurde. Dabei bestand ein Konflikt zwischen dem RMVAP und dem Reichs- und Preußischen Kultusministerium auf der einen Seite und den von Alfred Rosenberg kontrollierten Parteiapparaten auf der anderen Seite. Letztere traten für eine strenge, völkische Ideologisierung der Ausstellungskonzeption ein, erstere Institutionen für eine etwas „liberalere“ Haltung, die auch gemäßigte Vertreter der Moderne zulassen wollte. Der Direktor der Nationalgalerie, Eberhard Hanfstaengl, war als Kurator vorgesehen, wurde im *Völkischen Beobachter* jedoch scharf attackiert und sah sich außerstande, ein Konzept für die Ausstellung vorzulegen[29], zumal der Kultusminister ihn als Direktor nicht gefährden wollte, da z. Zt. „alle Persönlichkeiten, die sich mit praktischer Kulturpolitik befassen, in der übelsten Drecklinie stehen.“[30] Im RMVAP wurde im September 1935 die kulturpolitische Strategie gegenüber Polen festgelegt. In den Gebieten mit deutscher Minderheit sollte eine quantitative Kulturarbeit betrieben werden, eine möglichst dichte Versorgung mit deutschen Gastkünstlern, mit Kinofilmen, durch Theatersubventionen und mit Bücherspenden wurde angestrebt - stets beobachtet von der argwöhnischen polnischen Presse. So klagte der *Warszawski Dziennik Narodowy* im Winter 1936 über eine „Deutsche Kulturoffensive in den Westgebieten.“[31] In den polnischen Kerngebieten sollte die Kulturarbeit „quantitativ eingeschränkt und qualitativ

26 Aufzeichnung im RMVAP 23. 3. 1935. BArch R 55 20747, Bl. 1.

27 Polnische Kunstausstellung. Veranstaltet von der Polnischen Regierung in Gemeinschaft mit der Preußischen Akademie der Künste, Berlin 1935 (Katalog). Vgl. Mussia Eisenstadt, Deutschland sieht die polnische Kunst, in: *Polognie Litteraire* (Warschau)10/1935, Nr. 105, S. 2–3.

28 Notiz Außenamt der Generaldirektion Preußische Museen. BArch R 55 20747, Bl. 5.

29 Besprechung im RMVAP Abt. IX über auswärtige Kulturpolitik in Polen am 11. 9. 1935. PA AA Warschau 196, Bd. 1, Bl. 12.

30 Aktennotiz RMVAP nach Gespräch mit Kultusminister Rust am 24. 6. 1935. BArch R 55 20747, Bl. 38ff.

31 Stets beobachtet von der argwöhnischen polnischen Presse. So klagt der *Warszawski Dziennik Narodowy* am 27. 1. 1936 über eine „Deutsche Kulturoffensive in den Westgebieten.“

auf höchstes Niveau" gehoben werden."[32] Für einen repräsentativen Auftritt deutscher Kunst in Warschau war die kunstpolitische Lage im „Dritten Reich" noch zu verworren. Parallel erschwerten Probleme der Devisenwirtschaft die Ausstellungsplanung.[33] Im Sommer 1937 klärt sich diese Lage endgültig zuungunsten der modernen Kunst, die als „entartet" stigmatisiert wurde.

Der Reichsaußenminister von Neurath erinnerte im Oktober 1937 mit einem Runderlass an die Bedeutung der auswärtigen Kulturpolitik, die Hitler in seiner kulturpolitischen Rede auf dem letzten Reichsparteitag der NSDAP hervorgehoben habe und verwies auf die „rege kulturpolitische Tätigkeit, die eine Reihe von Staaten entfaltet, um damit allgemein-politische Ziele zu verfolgen." Nun solle jede deutsche Auslandsvertretung einen Beamten mit kulturpolitischen Fragen und der Pflicht zu regelmäßiger Berichterstattung betrauen und diese Aufgabe nicht mehr an externe Persönlichkeiten delegieren.[34]

Parallel war in den vergangenen Jahren eine nationalsozialistisch inspirierte Kunst herangereift, als deren wichtigste Vertreter die Bildhauer Josef Thorak und Arno Breker galten. Sie wurden nun auch gegenüber dem Ausland als Repräsentanten einer „neuen" deutschen Kunst positioniert.

Unter Brekers Regie fand im Frühjahr 1938 in Warschau und Krakau die Ausstellung „Deutsche Plastik der Gegenwart" statt.[35] Die Ausstellung im regierungseigenen *Instytut Propagandy Sztuki* wurde am 16. April 1938 von Staatspräsident Moscicki eröffnet und hatte wie die erste deutsche Kunstausstellung 1929 hochoffiziellen Charakter, begleitet von einer aufmerksamen Presse.[36] Breker schrieb in seinen Memoiren, die Ausstellung sei auf polnischen Wunsch zustande gekommen und im Beisein der polnischen Regierung feierlich eröffnet wurde. Auch in Krakau sei die Ausstellung begeistert aufgenommen worden und stark besucht gewesen. Sich selbst stilisierte Breker als Friedensmissionar zwischen beiden Völkern: „Ich brachte die beste Presse mit nach Hause und sah nur glückliche Gesichter, vom polnischen Botschafter Lipski bis zu den deutschen Würdenträgern." Lipski soll laut Breker gesagt haben: „Mit einem Manne wie Breker räume ich alle Differenzen, die unsere beiden Völker belasten, in kürzester Frist aus dem Wege."[37] Im Jahr 1938

32 Besprechung im RMVAP Abt. IX über Auswärtige Kulturpolitik in Polen am 11. 9. 1935. PA AA Warschau 196, Bd. 1, Bl. 4.

33 Im Schreiben der Dt. Botschaft Warschau an Alexander Guttry vom 26. 5. 1936 ist die Rede von einer zwischen dem 15. 10. und 8. 11. 1936 in Warschau geplanten deutschen Kunstausstellung, die durch den garantierten Ankauf von Werken durch die polnische Regierung in Höhe von 3.000 bis 3.500 Zloty ermöglicht werden sollte. PA AA Warschau 196, Bl. 76.

34 Runderlass AA vom 30. 10. 1937 an alle diplomatischen Missionen. PA AA Warschau 196, Bl. 170.

35 Towarzystwo Przyjaciol sztuk Pieknych (Hg.), Wystawa wspólnych rzezbiarzy niemieckich, Krakow 1938 (Katalog der Ausstellung vom 29. 5. bis 14. 6. 1938).

36 Maria Liwska, Wystawa wspólczesnej rzezby niemieckiej, in: *Kultura* (Poznan) 3/1938, Nr. 24, S. 7; Stanislaw Ciechomski, Wystawa wspólnych rzezbiarzy niemieckich, in: *Plastyka* 4/1938, Nr. 5, S. 118–125; Theodor Bierschenk, Die Ausstellung deutscher Bildhauer der Gegenwart in Warschau, in: *Deutsche Monatshefte in Polen* 4/1937–38, S. 571–573. Siehe zur Rezeption der Ausstellung: Joanna Sosnowska, Polski kontekst wystawy niemieckiej rzezby wspólczesnej w Instytucie Propagandy Sztuki w 1938, in: *Biuletyn Historii Sztuki* (Warschau) 56/1994, Nr. 1/2, S. 115–127.

37 Arno Breker, Im Strahlungsfeld der Ereignisse, Preußisch Oldendorf 1972, S. 119.

waren die deutsch-polnischen Beziehungen auf offizieller Ebene recht eng. Polen hatte sich außenpolitisch ins Fahrwasser des „Dritten Reiches“ begeben, versuchte dennoch sich als unabhängige ostmitteleuropäische Macht zu etablieren. Im März 1938 hatte das Deutsche Reich Polen im Konflikt mit Litauen um das Wilnagebiet diplomatisch unterstützt. Polen revanchierte sich, indem es beim Anschluss Österreichs wohlwollende Neutralität wahrte. Mit der Ausstellung wurde ein informelles Bündnis beider Staaten kulturell zelebriert.

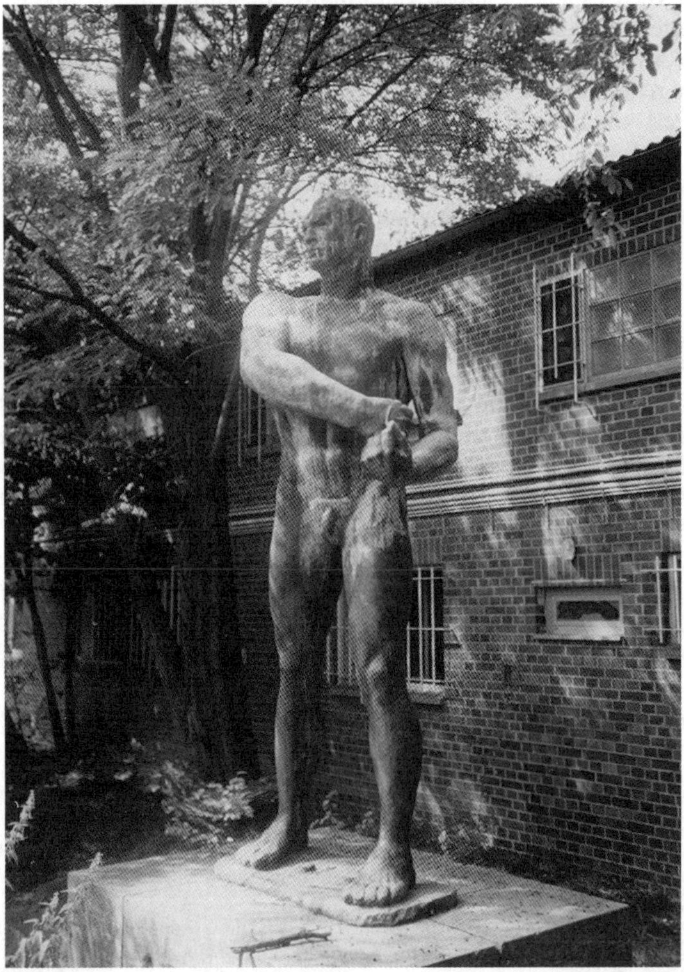

Abb.: Josef Thoraks „Faustkämpfer“ auf dem Gelände des Berliner Olympiastadions. Max Schmeling hatte Modell gestanden. Für das mit Großplastiken geschmückte Gelände trimmte Thorak die ursprüngliche Figur 1936 auf dreifache Größe. Die Spiele und Spielstätte dienten dem „Dritten Reich“ als Bühne zur Selbstdarstellung, bei der auch die Bildhauerei nicht fehlen durfte. Thorak gehörte bald zu den führenden Künstlern des Deutschen Reichs.

Auch zum polnischen Bündnispartner Frankreich konnte das „Dritte Reich" seine Kulturbeziehungen verbessern. Im Zeichen einer Entspannungspolitik stand die große Ausstellung französischer Kunst, die im Frühjahr 1937 in der Berliner Akademie der Künste unter der Schirmherrschaft Görings und des französischen Botschafters Poncet eröffnet wurde. Beteiligt waren u. a. die Maler Lucien Simon, Maurice Denis, Henry Martin, Le Sidauer und die Bildhauer Aristide Maillol und Charles Despiaux.[38] Poncet bedankte sich bei der Ausstellungseröffnung für den „schönen deutschen Pavillon" bei der Pariser Weltausstellung des gleichen Jahres und wünschte bald eine Ausstellung von Architekturmodellen der neuen Bauvorhaben des „Dritten Reiches" im Pariser Museum Jeu de Pomme. Poncet äußerte „wir sind selbstverständlich nicht so naiv zu glauben, dass ein derartiger Austausch die Lösung der wirtschaftlichen und politischen Probleme, die uns noch trennen, wesentlich fördern kann." Doch dürfe man den Symbolwert des Kunstaustausches nicht unterschätzen.[39] Im Nachklang zur Weltausstellung von 1937, wo sich der Deutsche Pavillon flankiert mit martialischen Plastiken von Josef Thorak zeigte, wurden Ideen für weitere Präsentationen deutscher Kunst in Frankreich entwickelt, wie eine Ausstellung zeitgenössischer deutscher Holzschnitte in im August 1937 in Lyon und ein Auftritt französischer Bildhauer in Deutschland, der auf Initiative von Arno Breker zurückging.[40]

Störungen der nationalsozialistischen Kunstpolitik durch die Präsentation verfemter deutscher Kunst im Ausland

Wenig Einfluss hatte die deutschen Behörden auf ausländische Institutionen und Kunstsammlungen. So zeigte das renommierte *Germanic Museum* der Universität von Harvard in den 1930er Jahren einen Auswahl deutscher Kunst, die offiziellen deutschen Stellen sicherlich missfallen hat: Käthe Kollwitz (1934); Werke der Künstler der „Brücke" und des „Blauen Reiters" (1936/37); Arbeiten deutscher Kinder und Arbeitsloser, organisiert von der Galerie Nierendorf in New York (1937); moderne deutsche Bildhauer (Lehmbruck, Barlach u. a., 1938) und Max Beckmann (1940).[41] Ebenso wenig Einfluss konnten die deutschen Behörden auf den amerikanischen Kunstmarkt ausüben. Ausstellungen in Deutschland verfemter Künstler wie Schmidt-Rottluffs 1936 bei Westermann (New York) oder Kirchners 1937 bei Valentiner (Detroit Institute of Arts) und bei Curt Valentin, waren nicht zu verhindern. 1938 präsentierte das MoMa mit Hilfe von Walter Gropius, der sich seit 1934 im Exil befand, eine große Überblicksausstellung „Bauhaus 1919-1928".[42]

38 Pressenotiz Preußische Akademie der Künste 31. 5. 1937. BArch R 55 Nr. 20746.

39 Rede Francois Poncets am 5. 6. 1937 zur Eröffnung der Ausstellung „Französische Kunst der Gegenwart" in Berlin. SAdK PrAdK 2.3./092 Bl. 77–83.

40 BArch R 55 Nr. 21003, Bl. 1 und Bl. 38.

41 Peter Nisbet u. a.; The Busch-Reisinger-Museum. History and Holdings, Cambridge MA 1991.

42 Herbert Bayer, Ilse und Walter Gropius (Hg.), Bauhaus 1919–1928, New York 1938 (ND Boston 1952).

Nolde stellte 1939 bei Buchholz (N.Y.C.) aus und 1939 erwarb das MoMA ein Straßenbild von Kirchner für seine Sammlung.

Während der Olympischen Sommerspiele fand in Amsterdam eine große Ausstellung statt, die sich gegen die NS-Propaganda richtete. Unter den Teilnehmern waren u. a. Max Ernst und John Heartfield. Auch in London wurde das „Dritte Reich" 1938 mit einer „Ausstellung deutscher Kunst des 20. Jahrhunderts" konfrontiert, die einerseits die deutschen Modernen würdigen, andererseits die barbarisch-reaktionäre Kulturpolitik des NS-Regimes anklagen sollte.[43] Der englische Maler Augustus John hatte in den New Burlington Galleries 270 Arbeiten von 50 deutschen Künstlern versammelt, darunter Künstler der „Brücke" und des „Blaue Reiters", sozialkritische Künstler wie Grosz, Dix und Kollwitz, Beckmann, Schwitters, Baumeister, Barlach u. a. Die Auswahl reichte von Liebermann bis zur Gegenwart. Interessant ist auch der Fall des Bildhauers Kolbe, der sowohl bei dieser antinazistischen Ausstellung wie auch bei offiziellen Ausstellungen des „Dritten Reiches" präsent war. Die englische Presse hielt die Ausstellung für eine Herausforderung an die Diktatur und attackierte die offizielle deutsche Kunst mit ihrem „pantheistischen Hitlerkult".[44] Die Deutsche Botschaft registrierte missgünstig das lebhafte Presseecho für diese „wertlose und degenerierte Kunst".[45]

Ebenso gallig hatten deutsche Diplomaten zwei Jahre zuvor auf die Ausstellung „Deutsche Kunst von C. D. Friedrich bis zur Gegenwart" in der Sowjetunion reagiert. Dazu hatte die Staatliche Eremitage in Leningrad aus eigenen Beständen eine Schau veranstaltet, deren Zusammensetzung den deutschen Diplomaten missfiel: „Damit der Kunstschau nun aber die hier unvermeidliche revolutionäre Note nicht fehle und sie von der Kritik nicht als eine Ausstellung rein bourgeoisen Kunstschaffens angesprochen werden kann", seien Blätter von Grosz, Kollwitz und Darstellungen Liebknechts eingefügt worden.[46]

Kunst im Krieg

Der Beginn des Zweiten Weltkriegs machte dem internationalen Ausstellungsbetrieb ein Ende. Schon am Vorabend des Krieges, im Sommer 1938, gab es einen Erlass Hitlers, wertvollen deutschen Kunstbesitz nicht mehr ins Ausland zu verleihen. Zwar sollten Ausnahmen gemacht werden: Internationale Ausstellungen be-

43 Katalog New Burlington Galleries, Exhibition of 20th century German Art, London 1938. Vgl. auch die Solidaritätsausstellung zugunsten jüdischer Opfer des Nationalsozialismus in der Whitechapel Art Gallery (2. bis 18. 2. 1943), bei der 137 Werke gezeigt wurden. Die Hälfte des Kaufpreises ging an Hilfsorganisationen. Viele exilierte Künstler wie Theo Balden beteiligten sich, es waren viele jüdische Themen und Bildmotive zu sehen. Katalog Free German League of Culture u. a. (Hg.), Artists aid Jewry exhibition, London 1943.
Etwa zeitgleich zur Ausstellung in den Burlington Galleries erschien in England das Buch "Modern German Art", mit dem ein renommierter deutscher Kunstkritiker eine Lanze für die in Deutschland verfemte moderne Kunst brach. Peter Thoene, Modern German Art (mit einem Vorwort von Herbert Read), Harmondworth 1938.

44 *News Chronicle* 7. 7. 1938. Es berichteten auch *The Times*, *Daily Telegraph*, *Daily Herald*.

45 Die Dt. Botschaft an das RMVAP 7. 7. 1938. PA AA 61262.

46 Dt. Generalkonsulat an AA 12.5. 1936. PA AA R 66579.

freundeter Nationen (Italien), Ausstellungen in Grenzgebieten mit deutscher Bevölkerung und „wenn die Verleihung vom AA im Hinblick auf unsere außenpolitischen Belange für dringend erwünscht erachtet wird".[47] Doch wurde der internationale Ausstellungsbetrieb insgesamt damit erschwert.

Gleichwohl gab es auch im Krieg Anstrengungen, deutsche Kunst in befreundeten oder besetzten Ländern zu zeigen. Mit einem Kulturaustausch unter gleichberechtigten Partnern hatte dies nichts mehr zu tun. Kunst wurde nun wieder unverhohlen als Propagandamittel und einschüchternde Leistungsschau aufgefasst. Bei der Biennale von Venedig dominierten nun faschistische Ideologie und Kriegsmalerei, es waren ohnehin fast nur noch Länder der Achsenmächte und einige Neutrale vertreten. Die Pavillons der Alliierten wurden nun von Malern besetzt, die in der italienischen Armee dienten. Die Präsentationen im deutschen Pavillon fanden 1940 und 1942 im Zeichen von propagandistischer Historien- und Kriegsmalerei statt. Plastiken von Arno Breker und Karl Albiker vervollständigten das Bild.

Obwohl Frankreich 1940 besiegt und besetzt war, gaben sich die Besatzer dort besondere Mühe, nicht als Kulturbarbaren aufzutreten – die internationale Diskussion um die von Deutschen im Ersten Weltkrieg angerichteten Schäden an Kunstwerken war noch in Erinnerung. Zudem sollte Frankreich im Falle eines deutschen Sieges als unabhängiger, verbündeter Staat erhalten bleiben. Gegenüber Frankreich suchte sich das „Dritte Reich" daher als Kulturstaat darzustellen und bot ideologisch aufgeschlossenen französischen Künstlern die Zusammenarbeit „auf Augenhöhe" an. In gewisser Weise lebten Elemente der Auswärtigen Kulturpolitik der Weimarer Republik in den Kulturbeziehungen zu den westeuropäischen Staaten fort, während das „Dritte Reich" in Osteuropa eine unverhüllt imperialistische und einseitige Präsentation deutscher Kultur betrieb.

Im Juli 1941 reisten französische Künstler auf Einladung deutscher Stellen ins Reich, darunter die Bildhauer Lejeune, Despiau, Bouchard, Landowsky und die Maler Derain, Savola, Vlaminck.[48] Im September 1941 fand in Paris eine Kunstausstellung von deutschen Wehrmachtsangehörigen statt, im November des gleichen Jahres präsentierten 70 deutsche Künstler , die in der Luftwaffe dienten, ihre Werke in der Schau „Die Kunst der Front" im Museé Jeu de Pomme.[49] Das Kulturleben in der besetzten französischen Hauptstadt blieb auch im Krieg außerordentlich vital. Die deutschen Behörden hielten sich weitgehend zurück. Die Theater liefen auf Hochtouren, auch Stücke von Sartre und Claudel wurden gespielt. Die Kinos und Restaurants waren gut gefüllt. Viele französische Stars der Nachkriegszeit begannen während der deutschen Besetzung ihre Karriere.[50]

47 So die „authentische Interpretation dieser Weisung des Führers" durch den Reichsminister und Chef der Reichskanzlei, Lammers, im Brief an das RMVAP 29. 8. 1938. Bereits im Frühjahr 1938 berichtet der Karlsruher Kunsthallen-Direktor Martin, es gebe bei den verantwortlichen Berliner Stellen „generelle Bedenken" gegen Auslandsaustellungen. Gesprächsaufzeichnung des Zürcher Konsuls Vogt vom 22. 2. 1938 P AAA Bern 2226a.

48 BArch R 55 Nr. 21003, Bl. 207.

49 BArch R 55 Nr. 21003, Bl. 254ff.

50 Noch heute löst die Erinnerung an das ungebremste Pariser Kulturleben unter der NS-Herrschaft in Frankreich Irritationen aus, wie die Reaktionen auf die Ausstellung „Pariser unter der Besatzung" in der Pariser Bibliothek historique de la ville de Paris im Frühjahr 2008 gezeigt haben. *FAZ* 30. 4. 2008. 270 Farbfotos des französischen Fotografen André Zucca

Der Bildhauer Arno Breker war eine Schlüsselfigur in den damaligen deutsch-französischen Kunstbeziehungen. Er hatte zwischen 1927 und 1932 als freischaffender Bildhauer in Paris inmitten einer internationalen Künstlerkolonie gelebt, zu der u. a. auch einige Bildhauer wie Charles Despiau, Paul Belmondo und Constantin Brancuso gehörten. Mit Alexander Calder bewohnte er zeitweise gemeinsam ein Atelier. Sein Frühwerk lehnte sich noch stark an Rodin an, der spätere Gigantismus war noch nicht vorherzusehen. 1932 ging er mit einem Stipendium des Preußischen Staates nach Rom. Das „Dritte Reich“ bemühte sich anfangs, talentierte und bekannte Künstler für seine Kulturpolitik zu gewinnen und drängte Breker zur Rückkehr. Rasch stieg er zum Lieblingskünstler Hitlers und hochbezahlten Künstlerstar des „Dritten Reiches“ auf. Schon 1938 war der umgängliche und fließend Französisch sprechende Künstler international bekannt und als „Kunstbotschafter“ des „Dritten Reiches“ gern gesehen. Er erhielt sowohl Angebote von der UdSSR als auch aus den USA. Breker, der sich selbst als Vermittler zwischen deutscher und französischer Kultur sah, der die Sprache und Lebensart Frankreichs kannte und französische Künstlerfreunde wie Despiau, Belmondo oder Maillol hatte, war ein Glücksfall für die deutsche Propaganda. Die berühmteste Ausstellung Brekers fand in Paris im Mai 1942 in der Orangerie des Louvre statt – auf Einladung der Vichy-Regierung. In Anwesenheit von französischen Künstlern wie Aristide Maillol und Jean Cocteau und dem Ministerpräsidenten Pierre Laval war sie hochoffiziell eröffnet worden. Die französische Fonderie Alexis Rudier hatte den Auftrag bekommen, die Plastiken zu gießen. Dazu waren sogar Facharbeiter aus der Kriegsgefangenschaft entlassen worden.[51] Ca. 80.000 Besucher sollen die Ausstellung gesehen haben, wobei viele französische Besucher Breker als einen französisch geprägten Künstler betrachteten, die die Pariser Bildhauerschule durchlaufen habe. In einem deutschen Bericht an das AA findet sich die Ansicht, aufgrund dieser Rezeption sei zweifelhaft, ob es sich überhaupt um einen deutschen Propagandaerfolg handelte oder ob die Ausstellung nicht vielmehr die Franzosen in der Haltung bestärkt habe, wie weitreichend der französische Einfluss auf die deutsche Kunst sei.[52] Die Schau gilt heute als herausragendes Symbol für die kulturelle Kollaboration der Besatzungszeit. Kein anderer deutscher Künstler hatte in diesen Jahren eine große Einzelausstellung im besetzen Ausland.[53]

---

waren zu sehen. Zucca hatte u. a. für die Wehrmachtszeitschrift *Signal* gearbeitet, eine aufwendig und modern gestaltete Illustrierte, mit der im besetzten Europa Propaganda für das deutsche Reich betrieben werden sollte. Der Pariser Oberbürgermeister verbot schließlich die Plakate und Faltblätter, die für die Ausstellung warben, weil sie „revisionistisch“ und ambivalent seien. *The Art Newspaper* Nr. 192, Juni 2008, S. 9.

51 Schreiben der RKK an OKW 20. 8. 1941 BArch R 55 Nr. 21003, Bl. 226.

52 Kathrin Engel, Deutsche Kulturpolitik im besetzten Paris 1940 – 44, München 2003, S. 239.

53 Rudolf Conrades, Zur Diskussion gestellt: Der Bildhauer Arno Breker, Schwerin 2006.

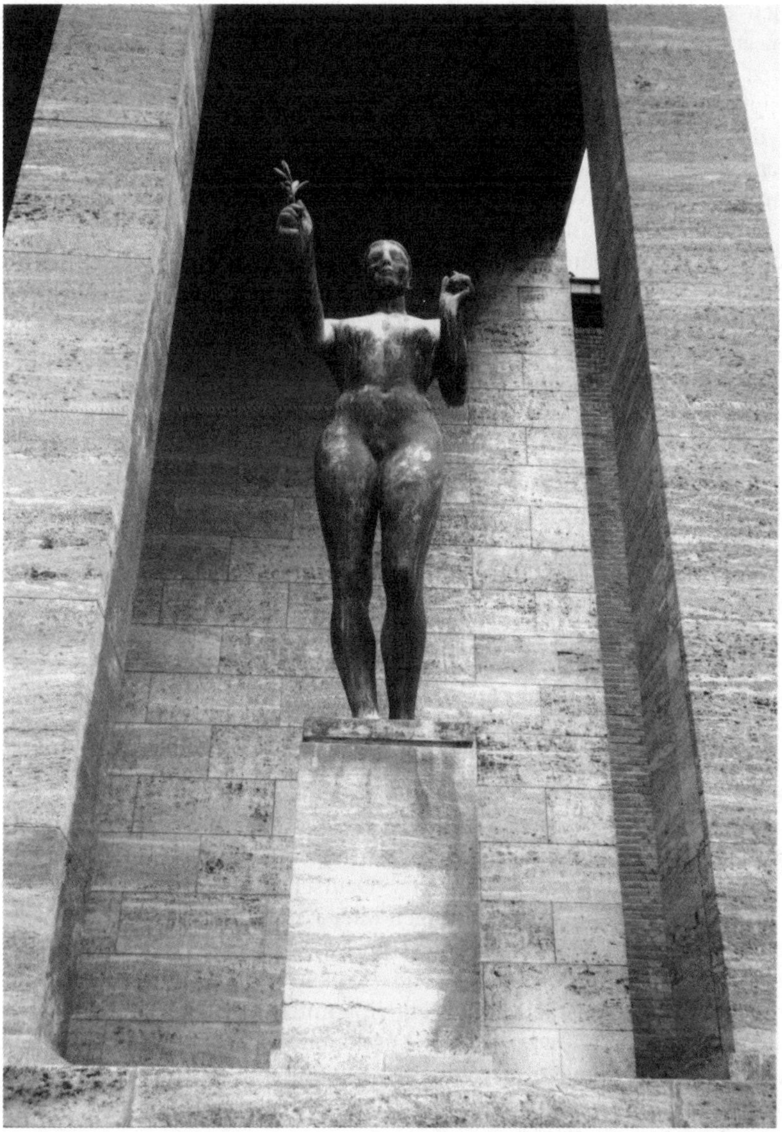

Abb.: Arno Breker, Siegerin. Bronzeplastik auf dem Reichssportfeld auf dem Berliner Olympiagelände 1936.

Der Bombenkrieg in Westeuropa erschwerte bald die Propagandaarbeit: So kann die 1942 für Paris geplante Ausstellung „400 Jahre deutscher Holzschnitt", die vom Berliner Kupferstichkabinett konzipiert worden war, nicht stattfinden, da kriegsbedingt viele der 300 Kunstwerke nicht mehr auf die Reise gehen konnten. Trotz der vergleichsweise respektvollen Kulturpolitik kam es auch in Frankreich zu Raubzügen und barbarischen Aktionen der deutschen Besatzer. Als Kompensation für den Napoleonischen Kunstraubzug stellten deutsche Experten umfangreiche Listen auf, welche Werke aus französischen Museen den Weg nach Deutschland antreten mussten. Mehrere zehntausend Werke wurden beschlagnahmt und verschleppt. Besonders „erfolgreich" war dabei der Einsatzstab Reichsleiter Rosenberg, der die Aktion „Entartete Kunst" nun bei französischen Privatsammlungen wiederholte. Die Sammlungen deportierter Juden und politischer Gegner wurden geplündert, moderne Werke daraus zur Devisengewinnung verkauft. Im Sommer 1943 verbrannten die Besatzer Hunderte von unverkäuflichen, „wertlosen" Werken moderner Kunst auf den Terrassen der Tuilerien. Hier zeigte das „Dritte Reich" sein wahres Gesicht. [54]

Im Falle Polens entfiel jede Art von Respekt und Gleichberechtigung in den Kulturbeziehungen. Die Nationalsozialisten sahen im Krieg die einmalige Gelegenheit, die polnische Hochkultur auszulöschen. Im Kriegsverlauf wurden zahllose Kunstwerke beschlagnahmt, Museen und Bibliotheken systematisch zerstört, Künstler und Intellektuelle inhaftiert und ermordet. Eine Denkschrift Himmlers vom März 1940 wurde bald zu den verbindlichen kulturpolitischen Richtlinien der Besatzungsbehörden erklärt. Über Malerei hieß es darin: „Soweit der Ausstellungsgedanke umgangen wird, können Bilder auf der Straße, in Buchhandlungen und Kaffees zum Verkauf angeboten werden. Zu verbieten sind Bilder mit Motiven des nationalen, polnischen Gedankens." Ihrer Akademien und Ausstellungsgelegenheiten beraubt, sollte polnische Kunst auf das Niveau von Trödelbildern herabgedrückt werden.[55]

Im polnischen Generalgouvernement (GG) betrachteten sich die deutschen Besatzer als kulturell überlegenes Volk: „Für die objektive Forschung bestand nie ein Zweifel daran, dass alle unvergänglichen Werte des Weichselraumes ihren Ursprung deutscher Leistung verdanken. Wirkliche Werte sind in diesem Raume von Angehörigen des polnischen Volkstums niemals hervorgebracht worden. Dies gilt für die Gebiete der Malerei, der Baukunst und Plastik ebenso wie für alle anderen schönen Künste und Wissenschaften."[56] Deutsche Wissenschaftler und Kunsthistoriker versuchten dies mit Ausstellungen alter Kunst zu beweisen, so im März 1941 mit der Ausstellung „Veit Stoß". Im Sommer 1942 eröffnete der Generalgouverneur die Ausstellung „Altdeutsche Kunst aus Krakau und dem Karpatenland", Malerei, Plastik und Kultgegenstände aus dem Spätmittelalter, die in polnischen Museen beschlagnahmt worden waren. Die Ausstellung habe „überraschende Nachweise deutscher Kulturleistungen im südlichen Generalgouvernement erbracht" und solle „Zeugnis ablegen von der Eindringlichkeit künstlerischer Gestaltungskraft deut-

54 Hildegard Brenner, Die Kunstpolitik des Nationalsozialismus, Reinbek 1963, S. 142ff. Der Einsatzstab Rosenberg wütete später auch in der besetzten Sowjetunion. Dort beschlagnahmte und zerstörte er unzählige Kunstwerke und Kulturgüter. Auch die Propagandaidee der „Entarteten Kunst" wurde hier verbreitet. Photographien zeigen Ausstellungselemente der Ausstellung „Entartete Kunst" mit lettischer Beschriftung. Hinweis der Forschungsstelle „Entartete Kunst" an der Freien Universität Berlin, Vortrag Christoph Zuschlag 16. 2. 04.

55 Zitiert nach Hildegard Brenner, Die Kunstpolitik des Nationalsozialismus, Reinbek 1963, S. 214.

56 Aus dem Handbuch für die Verwaltung des Generalgouvernements. Zitiert nach Hildegard Brenner, Die Kunstpolitik des Nationalsozialismus, Reinbek 1963, S. 217.

scher Menschen im Ostraum.“[57] Nicht nur die Vergangenheit, sondern auch die Gegenwartskunst sollte zu Repräsentationszwecken genutzt werden. Jahrhundertelang hätten deutsche Siedler das Land geprägt, doch beim Eintreffen der Wehrmacht war klar: „Bodenständiges deutsches Künstlertum gab es hier nicht mehr“ Die neuere polnische Malerei schien den neuen Herren „unannehmbar“. Die Vorstellung, dass derartige Bilder von deutschen Soldaten gekauft und verbreitet, zur Visitenkarte des GG werden könnten, missfiel dem deutschen Statthalter und seinem kulturpolitischen Stab. In Berlin betrieb man Unter den Linden eine Werbestelle für das GG, wo u. a. Kunstausstellungen wie „Berliner Künstler sehen das Generalgouvernement“ auf die Schönheit des Landes aufmerksam machen sollten. Die Ausstellungen „Deutsche Künstler sehen das Generalgouvernement“ in den Krakauer Tuchhallen in den Jahren 1941 und 1942 und die Auslobung des „Veit-Stoß-Preises“ in Höhe von 50.000 Zloty sollten „eine Tradition schaffen helfen und ein Sammelbecken für alle künstlerischen Kräfte des Landes sein.“[58] Trotz der Werbemaßnahmen unter Künstlern dominierten bei den Krakauer Ausstellungen Landschaftsmalerei, Bauernportraits und Städteansichten. Viele Arbeiten stammten von vor Ort stationierten Wehrmachtssoldaten und zivilen Beamten. Inwieweit derartige Ausstellungen die Überlegenheit deutscher Kultur demonstrieren konnten, ob sie von einem polnischen Publikum überhaupt wahrgenommen wurden, ist ungewiss. Offensichtlich zielten sie auf deutsche Besucher, Soldaten und Verwaltungsmitarbeiter, die in ihrem Überlegenheitsgefühl gestärkt werden sollten.[59]

Der Kriegsverlauf machte Ausstellungen ab 1943 durch die häufigen Bombenangriffe und die Transportprobleme fast unmöglich. Ateliers und Museen wurden zerstört und die Kunstwerke mussten in sichere Depots weitab der Städte gebracht werden.

Insgesamt wurden Kunstausstellungen vom „Dritten Reich“ relativ selten zur Selbstdarstellung im Ausland verwendet.[60] Moderne Kunst schon gar nicht. Expressionistische und kubistische Kunst hatte bei offiziellen Auslandsausstellungen keinen Platz mehr. Entweder wich man auf die Kunst des Mittelalters, der Romantik und des 19. Jahrhunderts aus, oder zeigte klassisch wirkende Bildhauerei und naturalistische Malerei. Betrachtet man die auswärtige Kulturpolitik im „Dritten Reich“, liegt die These nahe, dass Auslandsausstellungen für das NS-Regime an Bedeutung verloren, je besser sich das Regime international arrangierte und je weiter die eigenen Kriegsvorbereitungen gediehen.

57 Institut für deutsche Ostarbeit (Hg.), „Altdeutsche Kunst aus Krakau und dem Karpatenland – eine Ausstellung des Generalgouverneurs“, Krakau 1942. Sektionen für Kunstgeschichte hatte das Institut auch in Lemberg und Warschau eingerichtet.

58 Hauptabteilung Propaganda in der Regierung des Generalgouvernements (Hg.), Kunstausstellung des Generalgouvernements. Deutsche Künstler sehen das Generalgouvernement, Krakau 1942 (Katalog), S. 17. Ausstellung vom 31. 10. bis 15. 12. 1942.

59 „Altdeutsche Kunst aus Krakau und dem Karpatenland – eine Ausstellung des Generalgouverneurs“ in Krakau. Eröffnung am 14. 7. 1942. Landesarchiv Berlin A Rep. 243 Nr. 3. Allgemein zur Besatzungspolitik: Wolfgang Benz (Hg.), Kultur-Propaganda-Öffentlichkeit. Intentionen deutscher Besatzungspolitik und Reaktionen auf die Okkupation, Berlin 1998.

60 Initiativen wie von Karl Haushofer zur Schaffung einer Abteilung ‚Kunstaustausch’ bei der Deutschen Akademie München im Jahr 1934 wurden nicht weiterverfolgt. BArch R 55 Nr. 1170.

Kapitel III
AUSWÄRTIGE KULTURPOLITK DER BUNDESREPUBLIK BIS 1989

Wie nach 1918 erfuhr die deutsche Kulturdiplomatie auch nach 1945/1949 in der Bundesrepublik wieder eine entscheidende Neuausrichtung: An die Stelle der nationalistischen Hybris und brutalen Machtpolitik des „Dritten Reichs“ trat wieder das Bekenntnis zum echten Kulturaustausch. Die junge Bundesrepublik strebte besonders mit den USA und Frankreich einen engen kulturellen Austausch an. Der Einfluss amerikanischer Kunst auf die Bundesrepublik und auf Westeuropa insgesamt manifestierte sich in großen Europa-Ausstellungen aus der MoMA-Sammlung, sowie der Guggenheimsammlung in Venedig (1948), im US-Pavillon bei der Biennale von Venedig (1949) in der Wanderausstellung „12 amerikanische Maler und Bildhauer der Gegenwart“ (MoMA, 1953 in Paris, Zürich, Düsseldorf, Stockholm, Helsinki, Oslo), in der Wanderausstellung „The new American painting“ (MoMA 1958) und in der documenta-Teilnahme zahlreicher amerikanischer Künstler 1959. Auch die Kunst hatte ihren Anteil an der strategischen amerikanischen Kulturoffensive, die Europa an die USA binden sollte. In umgekehrter Richtung gingen zunächst nur wenige deutsche Ausstellungen über den Atlantik.

Auswärtige Repräsentation umfasste jetzt weit mehr als die bisherige amtliche Auswärtige Kulturpolitik. Vielmehr mussten auch Gesellschaft, Kultur und Wirtschaft in den Blick genommen werden, neben offiziellen Staatsbesuchen internationale Festspiele und Kunstausstellungen ebenso behandelt werden wie Sportwettkämpfe und Industriemessen. Es galt im Kulturaustausch die ganzen Zivilgesellschaften verschiedener Länder miteinander bekannt zu machen, anstatt nur Spitzendiplomatie zu betreiben. Die Bundesrepublik richtete mit ihrer Außendarstellung stets auch den Blick nach innen. Mit Eifer wird bis heute diskutiert, wie „uns das Ausland bewertet“ – es sind ungelöste und immer wieder neu zu stellende Fragen nach deutscher Identität: Diese reflexive Selbstwahrnehmung erklärte sich sowohl aus der Bereitschaft zur Distanzierung von der nationalsozialistischen Vergangenheit als auch aus der Absicht, im Systemkonflikt mit dem anderen deutschen Teilstaat zu bestehen. Einerseits nahm man mit dem Konzept der Staatsferne der Mittelorganisationen das Politikmodell der Weimarer Republik wieder auf, andererseits grenzte sich Bonn damit von der zentralistisch-ideologischen Kulturpolitik der SBZ/DDR ab.

Wiederherstellung des außenpolitischen Apparates

Die Kulturabteilung des Auswärtigen Amtes nahm 1952 mit der Wiedereinrichtung des Amtes seine Arbeit auf. Sie diente zunächst auch als ein Sammelbecken von belasteten Wilhelmstraße-Diplomaten und anderen ‚Strafversetzten‘. Dies veranschaulicht die Twardowski-Affäre: Außenminister Brandt stellte 1967 der Presse einen Tätigkeitsbericht des AA vor, der kurz darauf eingestampft werden musste. Grund war ein Kapitel über die Auswärtige Kulturpolitik des Deutschen Reiches von 1900 bis 1945, das der Botschafter a. D. Fritz von Twardowski verfasst hatte. Er war bis 1943 selbst Leiter der Kulturabteilung des AA gewesen. Im seinem Text zeigte er sich überzeugt, das im „Dritten Reich" gute Vorarbeiten für die AKP der Bundesrepublik geleistet worden wären, indem während des Krieges in den verbündeten und besetzten europäischen Staaten wissenschaftliche Institute gegründet worden seien – als Vorbereitung einer echten Europapolitik. Diese Art von Traditionspflege im AA war für die Bundesrepublik nicht zuträglich.[1]

Der Kulturpolitiker Dieter Sattler trat seine neue Position als Leiter der Kulturabteilung mit viel Elan an: Die Kultur sollte neben der klassischen Diplomatie und der Wirtschaft die „Dritte Bühne der Außenpolitik" werden. Er sah in der Kulturpolitik ein Instrument im Kalten Krieg und forderte eine Erhöhung des Kulturetats auf ein Prozent des Wehretats. In der Tat konnte Sattler in den ersten Jahren enorme Mittelsteigerungen vermelden, die allerdings von den Kosten des die Aktivitäten dominierenden Auslandsschulwesens wieder aufgezehrt wurden. Seine Abteilung war zu personalschwach, die Kulturpolitik alles andere als ein Karrierefeld. Hinzu kam, dass er bei Außenminister Gerhard Schröder auf taube Ohren stieß und sich sukzessive aufrieb. Sattlers wichtigstes Projekt war das Delegieren des Kulturaustauschs an Mittlerorganisationen, unter denen er das Münchner Goethe-Institut bevorzugte, dessen Aktivitäten sich dann rasch einer umfassenden Kontrolle entzogen. Um die großen Herausforderungen zu bewältigen, schuf Sattler einen kulturpolitischen Beirat, der allerdings kaum Gehör auf der Führungsebene erhielt. Sattler war ein intellektueller Vorbereiter der Reformära der Neuen Ostpolitik. Unterstützung suchte er bei Carlo Schmid und dem SPD-Abgeordneten Georg Kahn-Ackermann, bei Franz Josef Strauß und anderen aufstrebenden Politikern. Es wurden nun Jahresberichte der Kulturabteilung des Auswärtigen Amtes an alle Botschaften geschickt. Die Mittlerorganisationen wie *Deutscher Akademischer Austauschdienst* (DAAD), *Goethe-Institut* (GI), *Institut für Auslandsbeziehungen* (ifa) und *Humboldt-Stiftung*, von denen einige schon vor 1933 bestanden hatten, nahmen ihre Arbeit wieder auf.[2] Anknüpfend an die Zeit der Weimarer Republik hielt man am Konzept einer Mischung aus staatlicher Aufsicht und Finanzierung kultureller Auslandspolitik und der Durchführung durch halböffentliche Institutionen fest. In dieser Zeit entstand die organisatorische Vielfalt, die die Auslandskulturarbeit der Bundesrepublik bis heute prägt. Die Auswärtige Kulturpolitik der 1950er Jahre wirkte aber noch wie ein Stiefkind der deutschen Diplomatie. Sie war ohne eigene Initiativen, geographisch diffus und orientierte sich an den Klassikern der deutschen Kultur. Inhaltlich hielt man sich an Goethe, Bach und Rilke und riskierte „Keine Experi-

1 Barbara Lippert, AKP im Zeichen der Ostpolitik. Verhandlungen mit Moskau 1969 – 90, Bonn 1996, S. 104.

2 „Grundsätze für die Arbeit der deutschen Auslandsvertretungen im kulturpolitischen Aufgabenbereich (17 S.), PA AA AV Neues Amt Nr. 2.618. Vgl. a. Eckard Michels, „Zwischen Zurückhaltung, Tradition und Reform: Anfänge westdeutscher AKP in der 1950er Jahren am Beispiel der Kulturinstitute", in: Johannes Paulmann (Hg.), Auswärtige Repräsentationen, Köln 2005, S. 241–258.

mente!" Zeitweilig sorgte die Propagandatätigkeit der DDR für Unruhe: „Die Zone arbeitet mit fast unbegrenzten Mitteln", hieß es in der Presse.[3] Doch eine substantielle Änderung ließ bis 1970 auf sich warten.

Besonders schwer tat man sich in sozialistischen Ländern wie in Polen, wo westdeutsches Kulturengagement schnell unter den Verdacht eines verdeckten „Imperialismus" geriet.[4] Die Weigerung der Bundesrepublik, die Vertreibungen der Ostdeutschen und die Oder-Neiße-Grenze anzuerkennen, führte zu einer diplomatischen Eiszeit. Verständigungsbereite Polen konnten jederzeit durch die kommunistischen Machthaber als „Verräter" denunziert werden, die den deutschen „Revisionisten" zuarbeiteten Hier zeigen die kulturpolitischen Jahresberichte bundesdeutscher Diplomaten aus den 1960er Jahren, dass wegen der politischen Widerstände allenfalls kleinteilige, halbprivate Kulturarbeit möglich war. Zudem monopolisiere die DDR durch ihr großes Kulturzentrum in Warschau, durch Ausstellungen und Literatur die Repräsentation deutscher Kultur, während der Kulturaustausch von Polen und der Bundesrepublik nur einseitig Richtung Westen erfolgte. Obwohl Polen kulturell zur westlichen Moderne neigte, und dabei Ostberliner Kulturfunktionären große Schwierigkeiten machte, ließ man aus Angst vor ethnischem „Revisionismus" keinen westdeutschen Kultureinfluss in der Volksrepublik zu, es gab keine vertraglichen Kulturbeziehungen.[5] Erst in Folge der Neuen Ostpolitik Willy Brandts trat hier eine Klimaverbesserung ein.[6]

Für die Regierungen der Adenauer-Ära waren Kunst und Kulturpolitik nachgeordnete Themen – diese Haltung spiegelte sich im Übrigen auch auf Seiten der DDR, wo Staatschef Walter Ulbricht einen ausgesprochen kleinbürgerlich-bornierten Kunstbegriff vertrat.[7] Erst in der Ära Brandt entstand eine neue konzeptionelle Grundlage der AKP, die nun neben der Wirtschafts- und Sicherheitspolitik als „Dritte Säule" der Außenpolitik postuliert wurde.[8] Das neue Konzept wurde vom Staatssekretär Ralf Dahrendorf formuliert. Bonn stand vor der Entscheidung, in der Auslandskulturarbeit einen romanischen oder einen angelsächsischen Weg zu wählen. Das romanische, französische Vorbild sah die starke, zentrale Rolle des Staates vor, das angelsächsische ließ den Mittlerorganisationen, wie dem British Council, weitgehende Freiheiten. Bedenken gab es gegen den ersten Weg, weil er

3 Karl Korn in *FAZ* 25. 3. 1959.

4 So warf die Zeitschrift *Nurt* aus Posen (Nr. 7/1972) der Bundesrepublik vor, dass sie zwar Politik und Kultur trenne, aber über die Kulturarbeit dennoch „antisozialistischen" Einfluss zu gewinnen sucht. Dahinter stünde eine revisionistischen „Sprach- und Kulturexpansion".

5 Kulturpolitische Jahresberichte der Handelsvertretung der Bundesrepublik in Warschau vom 18. 3. 1964, 6. 5. 1965 und 31. 5. 1966. PA AA AV Neues Amt Nr. 2.617.
Siehe allgemein dazu: Ulrich Räther, „'Das Andere' in Tradition und Konzeption deutscher Auswärtiger Kulturpolitik", in: Michal Buchowski (Hg.), Die Konstruktion des ‚Anderen' in Mitteleuropa, Frankfurt/O. 2001, S. 207–222.

6 Siehe zur Kulturpolitik in diesem Zusammenhang: Willy Brandt, „Bedeutung und Aufgaben der Auswärtigen Kulturpolitik", in: Presse- und Informationsamt der Bundesregierung (Hg.), Bulletin Nr. 71, 5. 7. 1967, S. 613–614.

7 Valentina Vlasic, Die Kunstauffassung Walter Ulbrichts und die Folgen, Berlin 2007.

8 Matthias Bode, „Expertise und Weltverstand. Transnationalismus und Auswärtige Kulturpolitik der Bundesrepublik in den 1960er und 1970er Jahren", in: Habbo Knoch (Hg.), Bürgersinn und Weltgefühl, Göttingen 2007, S. 93–114.

die Erinnerung an die Kulturpropaganda des „Dritten Reiches" wecken könnte. Man entschloss sich zum Kompromiss. Statt eines Wirtschaftsbegleitenden Kulturexportes sollten nun Werte wie „Austausch", „Dialog" und „zwischenstaatliche Gesellschaftspolitik" die AKP bestimmen, die beteiligten Behörden sollten ihre Arbeit effektiver gestalten und die Fachleute mehr als bisher im Ausland Erfahrungen sammeln.[9] Nun galt es, „bei der Darstellung deutscher Kultur auch die geistigen Auseinandersetzungen und fruchtbare Unruhe der Gegenwart zu vermitteln".[10] Auswärtige Kulturpolitik bedeute „Internationalität und Weltoffenheit", letztlich auch gegenüber dem Systemgegner.[11]

Die Konkurrenz mit der DDR als Katalysator

In vielen Staaten befand sich die Bundesrepublik, die an einem einheitlichen, nationalen Kulturbegriff festhielt, in Konkurrenz zu den Versuchen der DDR, sich als „eigenständige sozialistische Nation" zu profilieren. In Skandinavien lieferten sich beide deutsche Staaten einen kulturpolitischen Wettbewerb.[12] Anders als das benachbarte neutrale Finnland folgte Schweden dem Alleinvertretungsanspruch der Bundesrepublik. Für die DDR ergab sich – wie gegenüber allen westlichen Staaten – aus der Nichtanerkennung ein Legitimationsdefizit, dass sie durch ihre Auslandsaktivitäten zu überwinden suchte. Sie setzte auf die beiden skandinavischen Neutralen, da sie hoffte, ihre außenpolitische Isolation möglicherweise hier am ehesten durchbrechen zu können, was die Bundesrepublik ihrerseits zu verhindern suchte. Daraus ergab sich eine permanente Konkurrenzsituation zwischen beiden deutschen Staaten. Da der DDR die Instrumente der klassischen Diplomatie im zwischenstaatlichen Umgang mit Schweden nicht zur Verfügung standen, hatte die auswärtige Kulturpolitik, vor allem die Auslandspropaganda, überdurchschnittliche Bedeutung für deren Selbstdarstellung und die Durchsetzung ihrer politischen Ziele. In diesem regionalen Zusammenhang ergab sich selbst zwischen der Rostocker Ostseewoche und der Kieler Woche eine sportlich-touristische Rivalität. Bundesdeutsche Mittlerorganisationen versuchten wiederholt, durch eine Dramatisierung der von der DDR-Kulturkonkurrenz ausgehenden Gefahren ihr Budget zu erweitern. Das wurde bei den Bemühungen des Stockholmer Goetheinstituts um einen Ausbau der Kulturarbeit in Schweden ebenso deutlich wie bei den Anträgen der Stadt Kiel um höhere Bundeszuschüsse für die Kieler Woche. Bonn war in realistischer Einschätzung der schwedischen Mentalität jedoch darum bemüht, eine weitere Politisierung der aus-

9 Gutachten von Prof. Hansgert Peisert (Universität Konstanz) über die bundesdeutsche AKP im Auftrag der Bundesregierung, in: *Die Zeit 9. 10. 1970*. Vgl. a. Leonard Froese, Vom Kulturexport zur kulturellen Zusammenarbeit. Traditionelle und aktuelle Formen der AKP, Braunschweig 1976.

10 Regierungserklärung vom 28. 10. 1969. Vgl. a: Walter Scheels Rede, „Ziele und Aufgaben der AKP" vor dem kulturpolitischen Beirat des AA 22. 1. 1971, Abschrift BArch DR 1 Nr. 8959, Bl. 1–18.

11 Leitsätze für die AKP, herausgegeben vom AA im Dezember 1970, in: AA (Hg.), Außenpolitik der Bundesrepublik Deutschland. Dokumente von 1949 bis 1994, Köln 1995, Nr. 97.

12 Alexander Muschik, Die beiden deutschen Staaten und das neutrale Schweden. Eine Dreiecksbeziehung im Schatten der offenen Deutschlandfrage 1949–1972. Münster 2005.

wärtigen Kulturarbeit zu vermeiden. Nach dem erfolgreichen Start des DDR- Kulturzentrums in Stockholm Ende 1967 wurde zwar über eine Aufstockung der Mittel für das Goetheinstitut nachgedacht, doch angesichts des Imageschadens der DDR nach der Intervention der Truppen des Warschauer Vertrages im August 1968 in der Tschechoslowakei wurden die Befürchtungen über die von der DDR-Kulturkonkurrenz ausgehenden Gefahren deutlich relativiert.
Gemessen an ihrer Zielsetzung – der Verhinderung der Anerkennung der DDR – war die Hallsteindoktrin bzw. ab 1969 die Scheeldoktrin auch in Bezug auf Schweden als durchaus erfolgreich. Andererseits wurde aber auch deutlich, dass die Bundesregierung für die Aufrechterhaltung ihrer deutschlandpolitischen Grundsätze bis Ende der 1960er-Jahre einen hohen Preis zahlte – sowohl finanziell als auch politisch. „Ihre kompromisslose Blockadepolitik gegenüber der DDR, die einer europäischen Entspannung lange Zeit hinderlich im Wege stand, schadete dem Ansehen der Bundesregierung im Ausland nachhaltig und brachte ihr nicht ganz zu Unrecht den Ruf des ‚Scharfmachers' im Kalten Krieg ein."

Während dieses deutsch-deutsche Kräftemessen in westlichen und neutralen Ländern zugunsten Bonns erfolgte, hatte die DDR im sozialistischen Lager gewisse Vorteile. 1970 beschloss die Bundesregierung, die Taktik der „fruchtlosen Konfrontation" aufzugeben und stattdessen auf eine Kooperation mit der DDR zu setzen: „Die harte Konfrontation macht die Teilung nicht erträglicher noch trägt sie zu ihrer Überwindung bei. Solange die Kooperation wegen der unterschiedlichen inneren Ordnungen in vielen Bereichen erschwert, wenn nicht ausgeschlossen ist, bildet der Wettbewerb das angemessene Prinzip. Dabei müssen zugleich die Gemeinsamkeiten in Geschichte und Kultur lebendig bleiben. Die Betonung dieser Gemeinsamkeiten ist ein Ziel unserer Politik."[13] Mittelfristiges Ziel war es, über eine zunächst informelle Aufgabenteilung auf neutralen Gebieten wie der Sprachvermittlung zu einer ergänzenden Zusammenarbeit zu kommen, wobei man von der Einheit der deutschen Kulturnation ausging.[14] Es gab Überlegungen, im Falle Polens die DDR- Kulturarbeit nicht zu ignorieren, sondern als „Türöffner" für eine gesamtdeutsche Kulturvermittlung zu nutzen: „Das sozialistische Polen ist ein Testfall für die kultur- und wissenschaftspolitische Zusammenarbeit mit der DDR, die dort seit zwei Jahrzehnten Kultur- und Sprachpolitik betreibt."[15] Das AA formulierte 1973, man wolle „im Nebeneinander mit der auswärtigen Kulturpolitik der DDR bestehen." Auf dem Feld der klassischen Kulturpolitik, der Präsentation des kulturellen Erbes, ging man von identischen Inhalten aus, während ein Wettbewerb vor allem auf der künstlerischen und wissenschaftlichen Ebene erwartet wurde, die als Ausdruck verschiedener Gesellschaftsformen gesehen werden konnten. Dabei mahnte das AA eine Schwerpunktbildung an, „nicht bei jedem Angebot der DDR muss nachgezogen

13 AA (Hg.), Leitsätze für Auswärtige Kulturpolitik, Bonn, Dezember 1970, Pkt. 1.6. Vgl. auch die Regierungserklärung Willy Brandts vom 28. 10. 1969: „Zwei Staaten in Deutschland mit besonderen Beziehungen, die einander nicht Ausland sind."

14 Der Leiter der Kulturabteilung im AA, Hans Georg Steltzer im *Tagesspiegel* 22. 8. 1970.

15 Olaf Schwenke zu den Kulturbeziehungen der Bundesrepublik zu Polen, *Kritisches Tagebuch*, WDR III, 9. 12. 1970. PA AA AV Neues Amt Zwischenarchiv B 42 Nr. 1.364.

werden“, nur in Fällen „aktiver Verdrängung“ gelte es dagegenzuhalten.[16] Hans Arnold, in den 1970er Jahren Abteilungsleiter Kultur im Auswärtigen Amt, charakterisierte 1973 das Nebeneinander der Auswärtigen Kulturpolitik von DDR und Bundesrepublik und analysierte die Stärken und Schwächen der Ostberliner Strategie:

„Im Verhältnis zu anderen Staaten war die Auswärtige Kulturpolitik der DDR in den letzten Jahren mit einem gut ausgestatteten, zentral gesteuerten Apparat intensiv und ausschließlich darauf ausgerichtet, die völkerrechtliche Anerkennung der DDR zu fördern. Aus ihrer eigenen Lagebeurteilung heraus bildete die DDR hierbei bestimmte Schwerpunkte, z. B. Frankreich. In den westlichen Ländern bediente sie sich vorzugsweise der Mittel einer traditionellen kulturellen Repräsentation, während sie in den Ländern der Dritten Welt in erster Linie zu denjenigen Massenverbänden, Gesellschaften und Organisationen Kontakt suchte, von denen sie eine ideologische Aufgeschlossenheit erwartete. (...) Qualitativ war die AKP der DDR nicht besser oder schlechter als diejenige anderer Länder. Insgesamt war ihr aber, gemessen an ihrer außenpolitischen Zielsetzung, kein durchschlagender Erfolg beschieden. Der Grund hierfür ist wahrscheinlich die Tatsache, dass die gelegentlich zu beobachtende Begrenzung auf der >eigenen< deutschen Kultur auf das eigene Staatsgebiet, vor allem aber die sich selbst auferlegte ideologische Ausrichtung, den kulturellen und politischen Aktionsradius automatisch einschränkte.“

Arnold stellte auch fest, dass der am 21. Juni 1973 in Kraft getretene Grundlagenvertrag zwischen der Bundesrepublik und der DDR das Verhältnis beider deutscher Staaten auf dem internationalen Parkett spürbar entspannt habe, obwohl § 7, der ein Kulturabkommen vorsah, noch nicht realisiert worden sei. So habe die „früher übliche Polemik der DDR uns gegenüber in der Dritten Welt stark nachgelassen.“[17] Zeichen für den politischen Ehrgeiz Ostberlins sei auch die Tatsache, dass im Vergleich zu westeuropäischen sozialistischen Parteien im ZK der SED viele Kulturpolitiker zu finden seien, die zusätzlich zur Regierungsarbeit wichtige Funktionen in der Auslandskulturarbeit ausübten. Arnold beobachtete eine Doppelstrategie der DDR:

„Einerseits fährt sie fort, sich mit traditionellen kulturellen Darbietungen (Bach, Thomanerchor etc) im Ausland als Staat darzustellen, der es versteht, mit den Traditionen und ererbten Kulturwerten seines Volkes umzugehen. Von solcher durchaus bürgerlichen Plattform aus wirkt sie vor allem an Orten, an denen Ideologie schlecht ankommt. Daneben verstärkt sie überall dort, wo dies möglich ist, die ideologische Komponente ihrer Kulturarbeit. (...) Vor allem in der Dritten Welt kommt hinzu, dass dort große Teile der jüngeren Intelligenz marxistisch orientiert sind und damit oft zu leicht bereit sind, auch abwegige Gedankengänge und Schlussfolgerungen zu akzeptieren, sofern sie sich ihnen nur im marxistischen Kleid darbieten. In der sich anbahnenden Situation eines politischen Nebeneinanders der beiden deutschen Staaten in ihrer Präsenz an dritten Orten wächst somit der AKP der Bundesrepublik eine neue Dimension zu“, führt Arnold aus. Die deutsch-deutsche Kon-

16 „Gesamtplan zur Auswärtigen Kulturpolitik 1973-1976“, AA 2. 7. 1973, S. 12f. PA AA AV Neues Amt Nr. 2.618.

17 Hans Arnold, Kulturexport als Politik, Tübingen 1976, S. 43f.

kurrenzsituation müsse berücksichtigt werden und behutsam behandelt werden.[18]

Anfang der 1980er Jahre kursierten im AA Überlegungen, sich in den Entwicklungsländern auch kulturell stärker zu engagieren: „Die Förderung des Selbstverständnisses und der Eigenständigkeit junger Entwicklungsländer steht im Mittelpunkt unserer Zusammenarbeit. Als besonders geeignete Maßnahmen erscheinen die Förderung zeitgenössischer, kultureller, musischer und künstlerischer Entwicklungen vor Ort (…), durch die Förderung von Kulturdarbietungen fremder Kulturkreise bei uns oder durch eine Art ‚documenta der Dritten Welt', die sich der Vermittlung moderner Kultur- und Kunstrichtungen von bei uns noch weitgehend unbekannten Ländern und Völkern widmet."[19] Möglicherweise war dies eine Reaktion auf den wachsenden Einfluss des Ostblocks auf junge Staaten in Afrika und Asien. Insgesamt scheint es aber trotz gelegentlicher Alarmstimmung in Bonn zu keiner Zeit und in keinem Land zu einer direkten, harten und verbissenen Auseinandersetzung mit Ostberlin gekommen zu sein. Einmal waren die Fähigkeiten der DDR, der Bundesrepublik auf kulturpolitischem Feld Paroli zu bieten, aus ideologischen und finanziellen Gründen begrenzt. Selbst in den sozialistischen Bruderstaaten musste die DDR hinnehmen, als das unwichtigere Deutschland wahrgenommen zu werden. Zum anderen hatten die DDR und die Bundesrepublik meistens unterschiedliche regionale Schwerpunkte. Und drittens wollten beide Seiten den Eindruck der Gastländer vermeiden, sie führten auf deren Boden einen hässlichen kulturpolitischen Stellvertreterkrieg. Die direkte Konkurrenz, den offenen Kampf wollten beide Seiten vermeiden. Stattdessen versuchten Bonn und Ostberlin, durch genaue Beobachtung des Konkurrenten, durch indirekte Beeinflussung der lokalen Eliten und durch qualitativ überzeugende kulturelle Präsenz zu punkten.

Ausbau der Mittlerorganisationen

Die Gründung weiterer Goethe-Institute wurde von Bonn als die angemessene Antwort auf den Versuch der DDR betrachtet, international an Einfluss zu gewinnen. Das GI, ein privatrechtlicher, eingetragener Verein, ist noch heute eine der größten Organisationen in der Auswärtigen Kulturpolitik mit über Hundert Filialen weltweit. Seine strukturellen und politischen Beziehungen zur bundesdeutschen Regierung waren stets komplex. In den 1950er-Jahren war die Kulturaußenpolitik eigentlich kein richtiges Thema im Auswärtigen Amt. Ziele des GI waren ursprünglich Lehrerfortbildung und Deutschunterricht. Erst im Laufe der 1960er und 1970er-Jahre wurden das GI und andere künstlerische Vermittler als wichtige politische Elemente betrachtet. Der Name „Goethe-Institut" wurde bald zum Markenzeichen des deutschen Kulturexports. Die organisatorischen Strukturen konnten mit diesem

18 Hans Arnold, Auswärtige Kulturpolitik. Ein Überblick aus deutscher Sicht, München 1980, S. 46ff.

19 Hildegard Hamm-Brücher: „Zehn Thesen zur kulturellen Begegnung und Zusammenarbeit mit Ländern der Dritten Welt". Publikation des Öffentlichkeitsreferates des AA, Bonn, März 1982. Eine „documenta der Dritten Welt" fand zwar in dieser Form niemals statt. Doch die Präsenz von Künstlern aus diesen Ländern wurde bei den folgenden documenta-Ausstellungen immer stärker.

Wachstum nicht Schritt halten. Die Satzung des Vereins wurde seit 1951 häufig geändert. Es fehlte eine klare Planung der Entwicklung des Instituts, wie die Entstehung eines wahllosen Netzes von Zweigstellen in der ganzen Welt zeigt. Die wichtigsten Regionen, in denen das GI Lehrstätten einrichtete, waren der Mittelmeerraum, unter anderem Griechenland, Nahost und Lateinamerika. Dies waren u. a. Länder, in denen die deutschstämmige Bevölkerung nicht nur in Folge der Auswanderungsbewegungen im 19. und frühen 20. Jahrhundert, sondern auch durch die Flucht von ehemaligen Nationalsozialisten zugenommen hatte. Erst am Ende der 1960er-Jahre wurde ein GI in den USA eingerichtet. Auch im Ostblock hat das Münchner Institut erst am Ende der 1980er-Jahre Fuß gefasst. Die Zweigstellen im Ausland, vor allem in Entwicklungsländern, waren meistens nur Ein-Mann- oder Zwei-Mann-Betriebe, so zum Beispiel das 1961 gegründete GI im nigerianischen Lagos. Die Bibliotheken blieben meistens ungenutzt, die Sprachlabore waren völlig unbrauchbar, weil dem Tropenwetter nicht angepasst, die meisten Kursbesucher erreichten keinen Abschluss. Die Veranstaltungen des GI konnten vielfach kein einheimisches Publikum, sondern vor allem deutsche Staatsangehörige im Ausland gewinnen. Auch die 1962 gegründete Prestigezweigstelle in Paris litt immer unter Mangel an Fachkräften und klaren Entscheidungen. Improvisation scheint weltweit die Goldene Regel für den Alltagsbetrieb gewesen zu sein.

Die Konkurrenz mit der DDR spielte bei der Expansion der GI eine wesentliche Rolle. Der Kampf gegen das im Jahr 1956 in Leipzig gegründete *Herder-Institut* änderte sich im Laufe der Zeit. In den 1950er und 1960er-Jahre propagierten beide Einrichtungen ohne große Unterschiede die gleiche klassische deutsche Kultur mit Werken von Goethe, Bach usw. Die Konfrontation blieb nicht aus. So initiierte die DDR 1971 eine Pressekampagne, die das GI als eine von ehemaligen Nationalsozialisten unterwanderte und der Spionage verpflichtete Institution anprangerte. Diese Konkurrenz führte beiderseits dazu, dass viele Zweigstellen in Entwicklungsländern gegründet wurden, um den Einfluss der anderen Seite einzuschränken, ohne Rücksicht auf regionale Schwerpunktsetzungen oder konzeptionelle Bedenken. Entspannung trat nach 1973 ein. Im Laufe der 1970er Jahre gab Bonn die regionalen Schwerpunkte seiner Auswärtigen Kulturarbeit zugunsten einer breiteren Streuung auf: Nun gerieten auch die Staaten Asiens, Afrikas und des Warschauer Paktes in den Blick. Als Folge der Entspannungspolitik wurde es in den 1980er Jahren möglich, die Kontakte zu Osteuropa auszubauen. Nach der Wende wurde das DDR-Institut schließlich durch das GI übernommen.[20] Das Goethe-Institut hatte in den letzten Jahren das Völkerverbindende und Krisenvorbeugende des Kulturaustausches betont – wohl auch, um sich gegenüber Sparplänen politisch unverzichtbar zu zeigen. Dadurch entfernte es sich von der Aufgabe, deutsche Kultur im Ausland zu repräsentieren und erschloss sich einen Bereich, der eigentlich politischen Stiftungen vorbehalten ist.

20 Steffen R. Kathe, Kulturpolitik um jeden Preis. Die Geschichte des Goethe-Instituts von 1951 bis 1990. München 2005; Bernhard Wittek, Und das in Goethes Namen. Das Goethe Institut von 1956–76, Berlin 2006; Helga Kaußen, 50 Jahre Goethe Institut: Murnau, Minsk, Manila, München 2001.

Bundesdeutsche Kunstausstellungen in aller Welt

Im Laufe der 1960er und 1970er Jahre war der Austausch von Kunstausstellungen wichtiger geworden.[21] Das Stuttgarter *Institut für Auslandsbeziehungen* (ifa) war 1949 von der Baden-Württembergischen Regierung gegründet worden. Getragen und gefördert wurde das Institut seitdem vom Auswärtigen Amt, dem Land Baden-Württemberg und der Landeshauptstadt Stuttgart. Der Ausstellungsdienst organisierte seit 1951 Ausstellungen bildender Kunst für das In- und Ausland; in den Regionalreferaten wurden die Beziehungen zu Nord- und Südamerika, zu Osteuropa und zu den Entwicklungsländern gepflegt; Seminare informierten Ausländer über Deutschland, deutsche Fachkräfte wurden auf ihre Arbeit im Ausland vorbereitet; die ersten Deutschkurse für Ausländer wurden abgehalten; die Bibliothek wurde zu einer der größten Auslandskundlichen Fachbibliotheken im deutschsprachigen Raum ausgebaut. Das ifa hat bis heute hat die Aufgabe, in Abstimmung mit dem AA und anderen Mittlerorganisationen den internationalen Ausstellungsaustausch zu organisieren. Es verfügt bis heute über eine eigene Kunstsammlung. Damit ist es von den Leihgaben privater Sammler und Museen unabhängig. Zum Aufgabengebiet gehörten Ausstellungen im Bereich des erweiterten Kulturbegriffs (inkl. Video, Architektur, Musik, Theater, Film, Literatur, Design, Technik und Naturwissenschaften). Weitere Aufgaben des Instituts lagen in der Unterstützung deutscher Künstler im Ausland, wobei nur anerkannte Künstler berücksichtigt wurden und nur auf Initiative des Auslands hin agiert wurde. Kommerzielle Privatgalerien waren dabei ausgeschlossen. Dazu kamen die Betreuung und administrative Unterstützung von Ausstellungen ausländischer Museen und Künstler in Deutschland (Mittelverwaltung, Transport, Versicherung, Kataloge, ifa-Galerie); und die Betreuung deutscher Ausstellungen aus Museen im Ausland sowie Angebote kompletter ifa-Ausstellungen an das Ausland.[22] In den 1990er Jahren waren 70 Ausstellungen im Repertoire, dabei überwogen Arbeiten jüngerer und etablierter Künstler, Spitzenwerke fehlten allerdings, da zum Erwerb keine ausreichenden Mittel vorhanden waren.[23]

Wirklich große Ausstellungen deutscher Kunst mit berühmten Werken wurden dagegen oft über Partnerorganisationen wie den British Council oder über Staatliche Museen abgewickelt. Oftmals waren private Initiativen und Sponsoren maßgebend und das AA finanzierte nur einen Teil des Projekts. Auffällig ist, dass der deutsche Expressionismus, wie vor 1933, als kulturelles Aushängeschild eines modernen, demokratischen Deutschlands benutzt wurde. So fand 1956 in der renommierten Londoner Tate Gallery die Ausstellung statt: „A hundred years of German

21 Seminar: „Kunstausstellungen im Rahmen der AKP“ im Goethe-Institut Köln, 2. bis 7. 7. 1973. PA AA AV Neues Amt Zwischenarchiv Nr. 110.029.

22 Klaus Daweke, „Ausstellungspolitik als Kulturarbeit im Ausland“, in: *Museumskunde* Nr. 59, 1/1994, S. 15ff.
Vgl. a. die Magisterarbeit Reiner Zieglers, Ausstellungen des ifa im Rahmen der AKP, Stuttgart 1989.

23 Presse- und Informationsamt der Bundesregierung (Hg.), So fördert der Bund Kunst und Kultur, Bonn 1996, S. 95.

painting"[24] und folgte 1964 am gleichen Ort: „Painters of the ‚Brücke'". Letztere Ausstellung war von der Kulturabteilung des Auswärtigen Amtes finanziert und vom britischen Arts Council organisiert worden. Schirmherren waren der deutsche Botschafter, und die Brücke-Künstler Erich Heckel und Karl Schmidt-Rottluff.[25] Laut British Arts Council war die Schau ein großer Erfolg. Sogar die DDR hatte Leihgaben beigesteuert.[26] Das MoMa zeigte 1957 die große Übersichtsausstellung „German Art of the 20th century". Kurator Werner Haftmann knüpfte damit an die deutsche Moderne der 1920er Jahre an und schlug den Bogen zur Nachkriegszeit.[27] Ernst-Ludwig-Kirchner-Ausstellungen fanden 1958 im Busch-Reisinger-Museum der Harvard-Universität[28] und im North Carolina Museum of Art in Raleigh statt, letztere organisiert von Wilhelm R. Valentiner. Unter der Schirmherrschaft der Bundesregierung lief 1963 eine Ausstellung von 200 Arbeiten Noldes im MoMA, die anschließend ins Museum of Art San Francisco und ins Pasadena Art Museum of Los Angeles übernommen wurde. Diese Reihe ließe sich mühelos in die Gegenwart fortsetzen.[29]

Neben dem Expressionismus waren die Kunst der Romantik oder Ausstellungen mit Werken Alter Meister beliebte Repräsentationsmittel bundesdeutscher Kulturarbeit. Große Überblicksaustellungen zur deutschen Kunst des 19. und 20. Jahrhunderts liefen in den westlichen Kunstmetropolen, so 1981 die Schau „German masters of the 19th century" im New Yorker Metropolitan Museum und 1985 in der Londoner Royal Academy of Arts die Ausstellung „German Art in the 20th century".[30] In den 1980er Jahren kamen die nunmehr berühmt gewordenen deutschen

24 Katalog Peter A. Riede (Hg.), *A hundred years of German painting*, Tate Gallery London 1956.

25 Katalog Tate Gallery, *Painters of the 'Brücke'*, London 1964, S. 8.

26 „The exhibition was very successful and was attended by over 16.000 people. It was encouraging to notice how many of the younger generation attended and we feel that the exhibition has served a most valuable purpose." Brief des Direktors Mr. White, *British Art Council*, Abteilung Kunst, an die Nationalgalerie (Ostberlin) 30. 12. 1964. Zentralarchiv Staatliche Museen zu Berlin VA 5288.

27 Werner Haftmann (Hg.), German Art of the 20th century, New York 1957.

28 Dieses ehemals „Germanische Museum" sollte den Germanistikstudenten Harvards deutsche Kunst näher bringen. Mit Hilfe der privaten Sponsoren Busch und Reisinger wurde es zum Kunstmuseum ausgebaut, das zwischen 1930 und 1942 sowie ab 1950 moderne deutsche Kunst ankaufte und regelmäßig ausstellte.

29 Im Folgejahr eröffnete der deutsche Botschafter eine gut besuchte Nolde-Ausstellung in der renommierten Londoner Galerie Marlborough Fine Arts, die in der Nachkriegszeit von Fischer und Lloyd, zwei Wiener Emigranten, gegründet worden war. In Lyon waren 1969 100 Arbeiten Noldes zu sehen. 1971/72 machte eine Ausstellung Heckels u. a. in der National Gallery of Canada Station. Im Herbst 1972 wurde in Bukarest die Ausstellung „Meisterwerke des Expressionismus" gezeigt. Im Rahmen des binationalen Kulturaustausches, der im Kulturabkommen vom 11. Juni 1976 zwischen der Bundesrepublik und der Volksrepublik Polen vereinbart worden war, fand 1978/79 die Ausstellung „grupa ‚Die Brücke' 1905–1913" im Muzeum Narodowe Wroclaw statt. Schließlich wurde der Expressionismus als Visitenkarte der deutschen Kultur auch in Asien verwendet. 1982 sahen Neu Delhi und Peking die Ausstellung „Deutsche Expressionisten."

30 Norman Rosenthal u. a. (Hg.), German Art in the 20th century. Painting and sculpture 1905–85, Royal Academy of Arts London 11. 10. bis 22. 12. 1985.

Gegenwartskünstler wie Anselm Kiefer[31] oder Josef Beuys[32] zu der Ehre, die Bundesrepublik international zu repräsentieren. Kiefer wurde Ende der 1980er Jahre vom Time Magazine zum wichtigsten Künstler seiner Generation erklärt, wobei gerade der düstere historische Bezug seiner Arbeiten Amerikaner und Briten faszinierte, wie der renommierte Londoner Kunsthistoriker Norman Rosenthal formulierte: „Kiefers Bilder mögen den Deutschen Schmerzen bereiten, aber im Ausland wird er auch deshalb bewundert, weil er komplexe Werke zur Hitler-Zeit, auch zum Judentum geschaffen hat." In seiner Kunst bringe er „das Schreckliche und das Schöne an seinem Land auf grandiose Weise zusammen."[33] Die neuen deutschen Künstlerstars bespielten in Einzelausstellungen und Wanderausstellung die großen amerikanischen oder Britischen Museen. Sie sprachen für sich und brauchten keine offizielle Rückendeckung aus Bonn. Der Aufschwung deutscher figürlicher Malerei bekam schon damals museale Weihen, als das Guggenheim titelte: „Painting refigured. The German image 1960–88".[34] Diese Ausstellung wurde von der Bundesregierung, der Lufthansa und der Deutschen Bank finanziert und führte zu einer starken internationalen Aufwertung der „Neoexpressionisten" und „Neuen Wilden" wie Baselitz, Penck, Polke u. a.

Eine erfolgreiche Auswärtige Kulturpolitik, so das Fazit der bundesrepublikanischen Kulturarbeit im Kalten Krieg, kann zwar mit kulturellen Mitteln politische Ziele verfolgen, die aber nur zu erreichen sind, wenn die Politik die Autonomie der Kunst respektiert. Die Außenpolitik nutzt letztlich das Unpolitische in der Kunst. Die Kunst selbst wirbt mit all ihrer Vielschichtigkeit, Widersprüchlichkeit und Sperrigkeit für die politische Freiheit – eine indirekte, weitläufige Werbung für Demokratie, Gewaltenteilung und individuelle Freiheit, die mit nationalistischer Propaganda nichts mehr zu tun hat.

31 Mark Rosenthal (Hg.), Anselm Kiefer, New York 1988. Ausstellung im Chicago Art Institute, Philadelphia Museum of Modern Art, MoMA vom Dezember 1987 bis Januar 1989.

32 Beuys' internationaler Durchbruch begann bereits in den 1970er Jahren mit Ausstellungen im Museum of Modern Art Oxford, in der National Gallery Edinburgh, im Institute of Contemporary Art London und in der Arts Council Gallery in Belfast vom April bis November 1974.

33 *Der Spiegel* Nr. 24/2008, S. 166.

34 Thomas Krens (Hg.), Painting refigured. The German Image 1960–1988, New York 1989. Die Ausstellung wurde 1988/89 in Toledo (Ohio), New York, Williamstown (Mass.), Düsseldorf und Frankfurt gezeigt.

Kapitel IV
GRUNDLAGEN UND AUSBAU DER AUSWÄRTIGEN KULTURPOLITIK DER DDR[1]

Sowjetisierung und Sozialistischer Realismus

Während die Bundesrepublik ihre Auswärtige Kulturpolitik ähnlich wie die Weimarer Republik ausrichtete, modernisierte und ausbaute, orientierte sich die DDR an der UdSSR. Allenfalls am Erbe der *Deutsch-Sowjetischen Freundschaftsgesellschaften* der Weimarer Republik hielt Ostberlin fest. Sie wurden zügig zu Massenorganisationen ausgebaut. Spiegelbildlich zur Westorientierung der Bundesrepublik intensivierte und institutionalisierte die DDR ihre Kulturbeziehungen zu den Vertragsstaaten des Warschauer Paktes.

Der sowjetische Kulturbegriff ging von einer grundsätzlichen und zwingenden Parteilichkeit der Künstler aus. Der sozialistische Kulturbegriff war umfassend, d. h. er schloss die verschiedenen Bereiche sozialistischer Lebensweise ein: Gesundheits- und Bildungswesen, Wohnungsbau, Stadtplanung und soziale Fragen. Es galt die Prämisse, dass „wahre" Kultur nur in der sozialistischen Gesellschaftsordnung möglich sei. Entsprechend wurde von einer westlichen „Pseudokultur" gesprochen. In den sozialistischen Staatsparteien des Ostblocks herrschte ein funktionales Kunstverständnis vor, Kultur hatte politischen und sozialen Zwecken zu dienen, die Künstler sollten am Aufbau des Sozialismus im Inneren und in der Weltpolitik mitwirken. Eine eigenständige kulturelle Sphäre und künstlerische Freiheit wurden den Künstlern im sozialistischen System seitens der Staatsparteien nicht zugestanden. Epizentrum politischer Entscheidungen war stets Moskau. Die dort beschlossenen Strategiewechsel und Kampagnen verbreiteten sich wellenförmig in ganz Osteuropa, wenngleich sich manche Ostblockstaaten wie Polen oder Rumänien größere kulturpolitische Freiheiten herausnahmen. Die DDR zählte dagegen zu den loyaleren Vasallen Moskaus.

Das verbindliche künstlerische Dogma hieß „Sozialistischer Realismus". Das irreführende des Begriffs bestand darin, dass mit ihm nicht etwa ein realistisches Bild der gegenwärtigen Gesellschaft gemeint war, sondern eine mit den naturalistischen Mitteln des 19. Jahrhunderts in Szene gesetzte, paradiesische Zukunftswelt. Wegweisend war dabei der russische Maler Ilja Repin (1844–1930) gewe-

1 Allgemeine Standard-Literatur zur Außenpolitik der DDR: Hermann Wentker, Außenpolitik in engen Grenzen. Die DDR im internationalen System. München 2007 (Im Folgenden Wentker, Außenpolitik 2007); Joachim Scholtyseck, Die Außenpolitik der DDR, München 2003. Hans-Adolf Jacobsen, Gert Leptin, Ulrich Scheuner, Eberhard Schulz (Hg.), Drei Jahrzehnte Außenpolitik der DDR, München 1979, S. 235–261; Anita Mallinckrodt, Zur deutschen AKP in den USA: Die Selbstdarstellung der beiden deutschen Staaten im Ausland. Image-Bildung als Instrument der Außenpolitik, Köln 1980; Hans Lindemann und Kurt Müller, die AKP der DDR. Die kulturelle Abgrenzung der DDR von der BRD, Bonn 1974.

sen. Die Künstler waren zum Optimismus verpflichtet und hatten die Zukunft des Sozialismus in rosigsten Farben auszumalen. In den 1950er/1960er Jahren dominierte ein „sozialistisch-realistischer Biedermeier", eine „proletarische Salonmalerei" das Kunstgeschehen der DDR.[2] Künstler und Kunsthistoriker sahen sich in späteren Jahrzehnten immer wieder mit Funktionären konfrontiert, die in jenen 1950er Jahren aufgewachsen und politisiert worden waren und die nun, in Amt und Würden gelangt, noch immer einem engen Kulturbegriff aus der Zeit des Stalinismus anhangen. Von ihnen seien dann Stimmen über moderne Kunst zu hören wie: „Was hängt denn da wieder für entartete Kunst?", klagten ostdeutsche Kunsthistoriker auf einer Tagung in den 1970er Jahren. Dies sei ein selbst erzeugtes Problem der DDR-Kulturpolitik mit überaus lästiger Langzeitwirkung.[3]

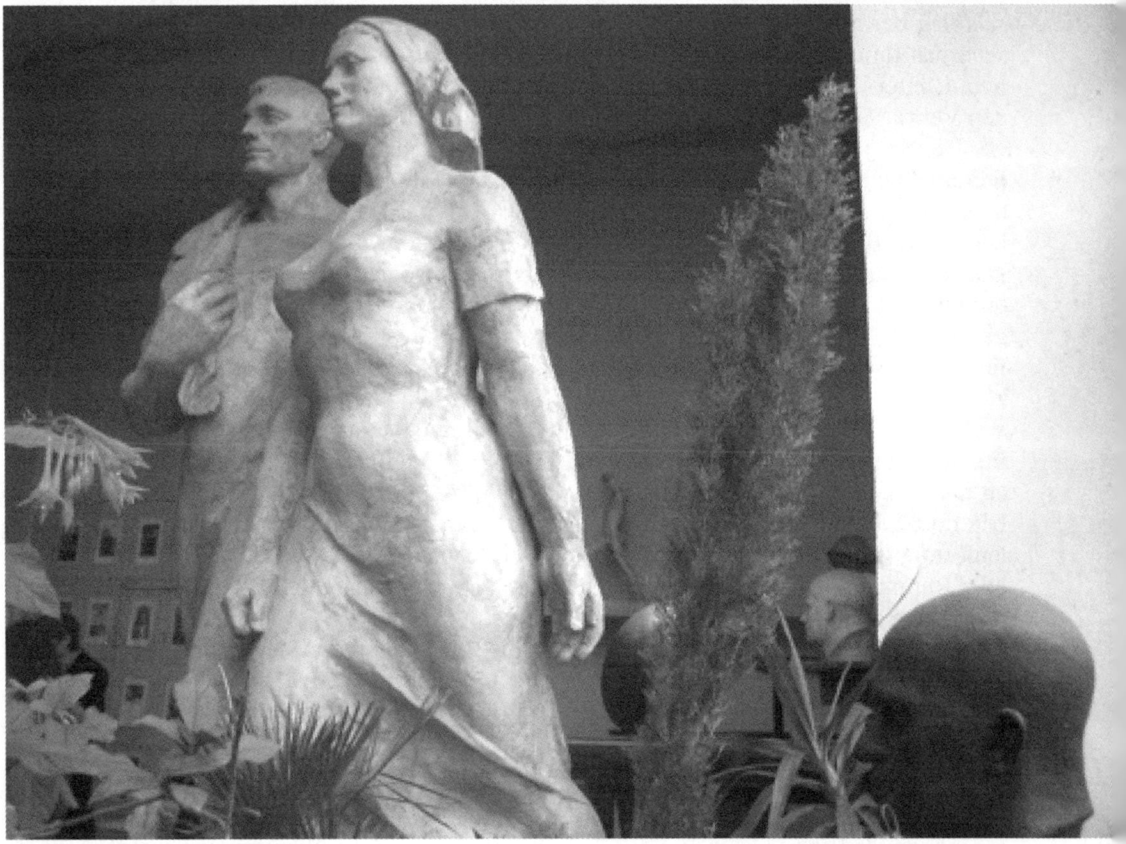

Abb.: Entwurf eines voranschreitenden Arbeiterpaares der Berliner Bildhauerin Ruthild Hahne (1910–2001) aus den 1950er Jahren.

2 Martin Damus, Malerei in der DDR. Funktionen der bildenden Kunst im realen Sozialismus, Reinbek 1991, S. 195.

3 BStU MfS HA XX 12849 Bl. 349f.

Das Spezifische und die Qualität der DDR-Kunst ergaben sich aus dem „Festhalten an Gegenständlichkeit und Inhaltlichkeit bei gleichzeitiger Entwicklung der künstlerischen Mittel, immer neuer Durchdringung und Interpretation der erwarteten Themen und Gegenstände."[4] Dieser postmoderne Historismus verarbeitete wichtige künstlerische Traditionen des 20. Jahrhunderts. Die Malerei der DDR, wie sie in den Arbeiten Sittes und Heisigs erschien, lässt sich im Rückblick als ein Stilgemisch beschreiben aus „Spätexpressionismus, Realismus der 1920er Jahre, mexikanischer Revolutionskunst, aus Ferdinand Leger, Frans Masareel, Pablo Picasso und Renato Guttuso. Wer etwas anderes wollte, vertiefte sich in die Kupferstichkabinette und entwickelte einen die Jahrhunderte transzendierenden „Stil aus Manierismus und Surrealismus" – so Heinz Dieter Kittsteiner.[5] Paul Kaiser hält folgende Charakteristika des scharf abgegrenzten und selbstbezogenen Kunstraums der DDR fest: Die Dominanz ständig uminterpretierbarer Ideologietheoreme (statt kunsthistorisch-kunstwissenschaftlicher Kriterien), das kulturabsolutistische Auftrags- und Ankaufssystem (statt des Marktes), die populistisch-antimodernistische Stilanforderungen der „Arbeiterklasse", die Neubelebung des Akademismus und die von westlich-zeitgenössischen Kunstgeschichtskriterien entkoppelte „Selbstbewertung" der DDR-Kunst.[6]

Für die Auswärtige Kulturpolitik der DDR insgesamt ist charakteristisch, dass sie zwar von der festen Bindung zur Sowjetunion ausging, tatsächlich aber vor allem die westlichen Länder im Blick hatte. Die westlichen Alliierten und Partner der Bundesrepublik wurden zu Arbeitschwerpunkten erklärt. Gerade durch eine starke kulturpolitische Präsenz in den Ländern der westlichen Siegermächte glaubte die DDR ihre Souveränität beweisen zu können. Kulturelle Präsenz in Großbritannien, Frankreich oder in der Bundesrepublik galt Ostberlin als besonders prestigeträchtig. Demgegenüber blieb der institutionalisierte Kulturaustausch mit den Ostblockländern trockenes Alltagsbrot.

Die nach Westen zielende Kulturarbeit der DDR - Kunst im Einsatz für die Anerkennungspolitik

In den 1950er Jahren hatten die DDR-Künstler die sowjetische „Friedenspolitik" mit zutragen und sollten nach innen ideologische Geschlossenheit als politische Aktivisten zeigen. Ab Mitte der 1960er wurde Kultur für die Außenpolitik mobilisiert, die die internationale Anerkennung der DDR zum Ziel hatte. Die ideologische Offensive gegen den Alleinvertretungsanspruch Bonns sollte einerseits die

4 Martin Damus, Malerei in der DDR. Funktionen der bildenden Kunst im realen Sozialismus, Reinbek 1991, S. 18.

5 Heinz Dieter Kittsteiner, „Kunst in der DDR – ein Versuch", in: *Tel Aviver Jahrbuch für deutsche Geschichte* Bd. 34 2006, S. 269–292, hier: S. 289.

6 Paul Kaiser, „Malerfürsten im Kunstkombinat- Thesen zum Zusammenhang von Kunstsystem und Künstlerrolle in der bildenden Kunst der DDR", in: Michael Berg u. a. (Hg.), Die unerträgliche Leichtigkeit der Kunst. Ästhetisches und politisches Handeln in der DDR, Köln 2007, S. 113– 128.

Überlegenheit der sozialistischen Kultur beweisen, anderseits den „Kulturverfall des Imperialismus“ anklagen und „Akte kultureller Diversion gegen die DDR aufdecken“.[7] Die Vielfalt und Vitalität des bundesdeutschen Kulturlebens wurde von den SED-Ideologen als Scheinblüte eines todgeweihten „imperialistischen Systems“ betrachtet. Gegenüber dem Westen betrieb man zunächst antagonistische Kulturpolitik, setzte also auf Konfrontation und Wettbewerb. Während in den Kulturbeziehungen zu östlichen Ländern jährlich vertragsgemäße „Maßnahmepläne“ umgesetzt wurden, galten im Westen kulturpolitische „Operativpläne“, die den aktuellen politischen Bedingungen unterlagen.[8] Dies lag daran, dass die meisten westlichen Länder die DDR in den ersten zwanzig Jahren ihrer Existenz nicht als Staat anerkannten. Sie nahmen Rücksicht auf ihren neuen Bündnispartner Bundesrepublik, der sogar 1955 die Aufnahme der DDR in die UNESCO verhindern konnte. Dennoch versuchte die DDR auf Nebengleisen zu internationaler Aufwertung zu kommen. Bis 1965 war sie in über 100 nichtstaatliche internationale Organisationen aufgenommen worden, darunter auch in die prestigeträchtige Olympische Bewegung.[9] Auch im Bereich der Kunst wurden ähnliche Schritte unternommen: 1966 erfolgte die Aufnahme in den internationalen Kunstkritikerverband *AICA*, 1969 die Mitarbeit im internationalen *Komitee zur Repräsentation der Kunstgeschichte*. Eine gute Gelegenheit für die DDR, sich künstlerisch beim Thema Antifaschismus zu profilieren, bot die Gestaltung der Gedenkstätte im ehemaligen Konzentrationslager Mauthausen in Österreich, an der alle Nationen teilnehmen konnten, aus denen die Häftlinge gekommen waren. Es kam zu einem internationalen künstlerischen Wettbewerb, an dem sich die DDR mit einer Arbeit Fritz Cremers beteiligen wollte. Die überlebensgroße Plastik „Bleiche Mutter Deutschland“ konnte allerdings erst ab 1966 errichtet werden, weil die mangelnden diplomatischen Beziehungen zwischen der DDR und Österreich den Prozess verzögerten.[10]

In den 1950er und 1960er Jahren arbeiteten die DDR-Behörden überwiegend mit befreundeten kommunistischen Organisationen, Personen und Parteien im Westen zusammen und Künstler aus der DDR beteiligten sich an der Friedensbewegung in der Bundesrepublik. In anderen europäischen Ländern unterstützte man die Freundschafts- und Anerkennungsbewegung für die DDR. Die sporadische kulturelle Präsenz der DDR im Westen war der SED um 1960 wohl bewusst. In einigen Ländern wie Italien oder der Schweiz stagniere die Kulturarbeit, hieß es in internen Papieren, während die Bundesrepublik ihren kulturellen Einfluss auf Kosten der DDR auszudehnen versuche. Auch wurde der Wunsch geäußert, den

7 „Vertrauliches Konzept für die Abt. ‚Kulturelle Beziehungen zum Ausland'“ des MfK. vom 1. 6. 1969. BArch DR 1 Nr. 8798.

8 9. Sitzung der Kommission für kulturelle Beziehungen zum Ausland, MfAA 19. 2. 1960. BArch DY IV 2/9.06/73.

9 Uta Balbier u. a. (Hg.), Umworbener Klassenfeind. Das Verhältnis der DDR zu den USA, Berlin 2006, S. 12.

10 Vortrag Peter H. Feist, „Nichtmonumentale Monumente. Ein Streit um Plastik in der DDR, Humboldt-Universität Berlin 5. 12. 2007.

Verband bildender Künstler der DDR (VBK) stärker in die Auslandsarbeit einzubinden.[11]

Kulturoffensive im Rahmen der Außenpolitik

Ziel der SED-Propaganda war es in den 1960er Jahren, die „Überlegenheit der sozialistischen Kultur gegenüber dem westlichen Kulturverfall, Kulturpessimismus, Neonazismus und Militarismus" zu demonstrieren, und „marxistisch-leninistische Propaganda mit künstlerischen Mitteln in der BRD und Westberlin zu betreiben."[12] 1964 wurde der Plan gefasst, die „kulturellen Potenzen" der DDR endlich optimal für die Außenpolitik einzusetzen. Hauptziele waren: Darstellung der „überlegenen" künstlerischen Leistungen der DDR, Pflege des kulturellen Erbes, Unterstützung junger Nationalstaaten beim Aufbau einer eigenen Nationalkultur und „Entlarvung des Missbrauchs von Kunst und Literatur durch den westdeutschen Militarismus und Neokolonialismus." Konkrete Maßnahmen müssten auf der Basis genauester Länderanalysen der DDR-Kulturattachées erfolgen: Die Programme der Kulturinformationszentren der DDR in Warschau, Prag und Budapest müssten stärker auf die kulturpolitische Herausforderung durch die Kulturarbeit der westdeutschen Handelvertretungen im Ostblock reagieren. In den Westen, wobei Frankreich und Großbritannien als Schwerpunkte galten, wolle man auf der Grundlage klarer außen- und kulturpolitischer Konzepte Kunstausstellungen entsenden, die mit Hilfe von Vorträgen, Führungen, prominenten Schirmherren und Pressearbeit so wirksam wie möglich zu gestalten seien.[13] Kontakte zu Persönlichkeiten des westlichen Kulturlebens und Direktbeziehungen zwischen Institutionen und Kommunen sollten als Vorstufe für ein Kulturabkommen dienen, das die staatliche Anerkennung der DDR impliziert hätte. Allerdings hielten sich die westlichen Staaten in dieser Frage zurück und wollten nicht ohne Absprache mit Bonn agieren. Während sich die Kulturbeziehungen zu Italien und Frankreich aufgrund des starken kommunistischen Milieus in diesen Ländern etwas breiter entwickelten, und die neutralen Staaten Schweden und Finnland der DDR eine Bühne boten, blieben die Beziehungen zu Großbritannien, Dänemark, Norwegen, Belgien, Österreich, zur Schweiz, den Niederlanden und den USA unterentwickelt.[14]

Das Verhältnis zur Bundesrepublik war stets delikat, weil jede Kulturbeziehung die Gefahr der Vereinahmung durch den politischen und kulturellen Alleinvertretungsanspruch der Bundesrepublik mit sich brachte. Andererseits bekam die DDR dadurch die Möglichkeit, in der Bundesrepublik für ihre Ideologie zu wer-

11 9. Sitzung der Kommission für kulturelle Beziehungen zum Ausland, MfAA 19. 2. 1960. BArch DY 30 IV 2/9.06/77.

12 Beschluß des Staatsrates über den Charakter sozialistischer Kulturpolitik, 22. 1. 1969. BArch DR 1 Nr. 8798.

13 Vorlage des MfK über die Ausnutzung der kulturellen Potenzen der DDR in der Auslandsinformation für das Politbüro (24 S.) 21. 8. 1964. BArch DR 1 Nr. 8651.

14 Olivia Griese, AKP und Kalter Krieg. Die Konkurrenz von BRD und DDR in Finnland 1949–1973, Wiesbaden 2006.

ben und ihrerseits einen gesamtdeutschen Gestaltungsanspruch zu demonstrieren. Bis zum Grundlagenvertrag, der ab 1972 rasch die diplomatische Anerkennung der DDR durch die Bundesrepublik und viele weitere westliche Staaten, die Aufnahme in die UNO und UNESCO und in weitere internationale Organisationen nach sich zog, war die westwärts gerichtete Propaganda der DDR darauf gerichtet, sich selbst als Friedenstaat, die Bundesrepublik dagegen als Hort von Kriegstreibern und alten Nazis darzustellen. In Ostberlin verstand man Kulturpolitik als Wettbewerb der Systeme und analysierte die Bundesrepublik in Erwartung ihrer schleichenden „Faschisierung“.[15] Die *Westkommission* der SED initiierte Kampagnen gegen westdeutsche Politiker, unterstützte die Friedensbewegung und die Kommunisten. Mit Hilfe eines dichten Netzes von Informanten wurden gerade die linken westlichen Bündnispartner ausspioniert: Die Staatssicherheit sammelte vor allem Informationen über Kommunisten, Sozialdemokraten und Pazifisten im Westen, um diese potentiellen Bündnispartner der DDR leichter beeinflussen und instrumentalisieren zu können.

Die außenpolitische Wende 1971/72

Die Neue Ostpolitik Bonns setzte die DDR bald unter Druck.[16] Der bundesdeutsche Außenminister Walter Scheel hatte 1971 verkündet: „Unser Ziel ist der friedliche Wettbewerb mit dem Osten, auch innerhalb der internationalen Organisationen.“[17] Selbstkritisch wurde in Ostberlin eingestanden, dass die Kulturarbeit der DDR im Westen wenig Resonanz erziele. Besonders auf dem Gebiet der zeitgenössischen Kunst des Westens mangele es den DDR-Organen an Informationen. Die Zusammenarbeit der beteiligten Institutionen und des VBK sei immer noch mangelhaft.[18] Dringend geboten sei die „Einheitlichkeit und methodische Durchdringung der kulturellen Auslandsarbeit der DDR“, zwischen außenpolitischer und kulturwissenschaftlicher Forschung müsse ein Zusammenhang hergestellt werden, Informationen über progressive Künstler im Westen müssten gesammelt und die koordinierende Rolle des *Ministeriums für Kultur* (MfK) festgeschrieben werden. Schließlich sei ein gewisser Spielraum der Kulturarbeit gegenüber der politisch-ideologischen Entwicklung notwendig, wofür bei den politischen Stellen um Verständnis zu werben sei.[19] Den Vertretern des MfK und des Außenministeriums der DDR (MfAA) war klar, dass eine Auswärtige Kulturpolitik im Westen

15 BArch DR 1 Nr. 7899 MfK 1958.

16 Umfrage des MfK unter den Kulturattachées der Auslandsvertretungen der DDR, 5.11. 1970 mit Fragen nach der Wirksamkeit der AKP der DDR im Gastland, Fragen nach den wirksamsten Medien (Ausstellungen mit Kunstwerken oder dokumentarische, kulturhistorische Ausstellungen mit Reproduktionen), Fragen nach wirksamen Gegenmaßnahmen gegen die AKP der BRD im Gastland. BArch DR 1 Nr. 8793.

17 Walter Scheels Rede, „Ziele und Aufgaben der AKP“ vor dem kulturpolitischen Beirat des AA 22. 1. 1971, Abschrift BArch DR 1 Nr. 8959, Bl. 1 bis 18.

18 Fritz Donner, Abteilungsleiter Bildende Kunst MfK, Analyse des gegenwärtigen Standes der Auslandsbeziehungen 7. 12. 1970. BArch DR 1 8793.

19 Konferenz über die Funktion der kulturellen Auslandsbeziehungen mit Vertretern des MfK, MfAA, VBK und der Staatlichen Museen, Berlin 11./12.3. 1971. BArch DR 1 Nr. 8748.

ohne Erfolg bleiben würde, wenn sie an der kurzen Leine der SED-Ideologen geführt würde.

Die außenpolitische Wende ergab sich, als die Siegermächte am 3. September 1971 ein vierseitiges Abkommen über den Status von Westberlin abschlossen und sich die Bundesrepublik entschloss, ihren Alleinvertretungsanspruch im Rahmen eines „Vertrages über die Grundlagen der Beziehung zur DDR" am 21. Dezember 1972 aufzugeben. Im folgenden Jahr wurden beide deutsche Staaten in die UNO aufgenommen und nahmen an der KSZE-Konferenz in Helsinki teil. Die internationale Isolation der DDR war damit aufgehoben. Als am 14. März 1974 die Ständigen Vertretungen beider deutscher Staaten in Bonn und Berlin eröffnet wurden, hatten bereits über 100 Staaten diplomatische Beziehungen mit der DDR aufgenommen. Außenpolitik und Kulturarbeit der DDR mussten jetzt einen radikalen Kurswechsel vornehmen. Konnte man bisher die Hartleibigkeit des Westens anprangern, hatte die neue Offenheit zur Folge, dass man den Einfluss des Westens im Bereich der Kultur, der Medien und Politik fürchtete und auszubremsen versuchte. Wurde vor der Anerkennung der Charakter der DDR als eigenständiger Staat, ihre Kultur als sozialistische Nationalkultur dargestellt, betonte man nun die Treue zur UdSSR, um einer Vereinahmung durch die Bundesrepublik entgegenzuwirken.[20] Alle gesamtdeutschen Bezüge wurden aus der offiziellen Propagandasprache entfernt. Selbst der Text der Nationalhymne „Auferstanden aus Ruinen" wurde nicht mehr gesungen. In den 1970er und 1980er Jahren setzte man sich in der DDR auch verstärkt auf konzeptueller Ebene mit Auswärtiger Kulturpolitik, speziell mit der westdeutschen, auseinander.[21] So wurde in den einschlägigen Publikationen beklagt, die Bonner Politik ignoriere die kulturellen Leistungen der DDR systematisch[22] und westliche Kunstausstellungen würden gelegentlich zu politischen Zwecken missbraucht, indem Dissidenten daran teilnähmen. Generell benutze der Westen den Kulturaustausch „als Instrument politischer Erpressung", indem er ihn mit Forderung zur Einhaltung der Menschenrechte verknüpfe.[23] Insgesamt gelang es der DDR nach ihrer internationalen diplomatischen Anerkennung, die Wissenschafts- und Kulturbeziehungen auf die offizielle zwischenstaatliche Ebene zu heben und rasch quantitativ auszudehnen. Funktionäre der SED betonten den „großen Anteil der Kultur an der Offensive des Sozialismus in den kapitalistischen Ländern." Allein im Herbst 1974, als die DDR ihren 25. Gründungstag feierte, seien 8.000 Künstler

20 Bereits im Vorfeld der Anerkennung verabschiedete der Ministerrat der DDR am 2. 7. 1970 eine „Außenpolitische Direktive für die Entwicklung der kulturellen und wissenschaftlichen Beziehungen der DDR" und eine „Ordnung der daran beteiligten Staatsorgane." BArch DC 20/I /4/2250. In der Woche der UNO-Aufnahme der DDR verabschiedete das ZK-Sekretariat der SED am 12. 9. 1973 die „Grundsätze für die weitere Entwicklung der kulturellen Auslandsbeziehungen", die die enge Anbindung an die UdSSR betonten. BArch DY 30 /JIV 2/3/2055.

21 Falko Raaz, Ost-West-Kulturaustausch: Kooperation oder Konfrontation, Berlin 1987.

22 Ruth Köhler, Varianten ohne Perspektive. Zwei Jahrzehnte Bonner Kulturpolitik gegen die DDR, Berlin 1972, S. 26.

23 Institut für internationale Beziehungen an der Akademie für Staats – und Rechtswissenschaften der DDR (Hg.), Kulturaustausch – Koexistenz – Klassenkampf, Berlin 1980, S. 4 und 13. Die Biennale von Venedig 1977 wurde als „Tribüne des Antisowjetismus" bezeichnet, weil „sozialismusfeindliche Dissidenten" daran teilgenommen hätten.

dungstag feierte, seien 8.000 Künstler aus der DDR in 72 Staaten mit der „Propagierung des Sozialismus“ engagiert gewesen und „ausnahmslos alle sind zurückgekommen“.[24] Die DDR veranstaltete in diesem Jahr mehr als Einhundert Auslandsausstellungen.[25] Zahlreiche Spezialabkommen wurden in den folgenden Jahren mit westlichen Staaten geschlossen, so z. B. 1975 der Wissenschaftleraustausch mit den USA, wenngleich die Verhandlungen mit wichtigen westlichen Staaten über umfangreiche Kulturabkommen oftmals lange Zeit erfolglos blieben. Die DDR ging mit dem Ziel in diese Verhandlungen, im Westen „günstige Bedingungen für die offensive Führung des ideologischen Kampfes“ zu schaffen. Gleichberechtigung, volle Souveränität und das Prinzip der Nichteinmischung in die inneren Angelegenheiten der Vertragspartner waren die Prämissen.[26] So gelang der Vertragsabschluß mit Frankreich erst 1980, mit Großbritannien erst 1985 und mit der Bundesrepublik erst 1986.

Das Kulturabkommen mit der Bundesrepublik[27]

Als die neue Ostpolitik Bonns und der Grundlagenvertrag den Weg für intensive kulturelle Zusammenarbeit ebneten, begann die DDR zu bremsen. Die Verhandlungen über ein Kulturabkommen beider deutscher Staaten sollten 13 Jahre dauern. Die wichtigsten Streitpunkte lagen in der westdeutschen Auffassung einer einheitlichen deutschen Kulturnation, in der Weigerung, kriegsbedingt nach Westberlin verbrachte Museumsbestände an die DDR zurückzugeben, in der Einbeziehung Westberlins und in der Tatsache, dass die Verhandlungsführung auf Bonner Seite beim Ministerium für Innerdeutsche Beziehungen lag – für Ostberlin eine Provokation: „Wir führen keine innerdeutsche Auseinandersetzung, sondern kämpfen gegen den Weltimperialismus. Die BRD ist nur ein Klassenstaat wie andere auch.“[28] Für Bonn bestand das Hauptverhandlungsziel darin, die kulturelle Präsenz in der DDR zu verstärken, wobei man eine möglichst direkte Zusammen-

24 Ursula Ragnitz (Kulturabteilung beim ZK der SED), „Die Aufgaben zur weiteren Entwicklung der internationalen Beziehungen des VBK und zur internationalen Repräsentation der Kunst der DDR“, Tagung des ZV des VBK 3. 4. 1975, S. 34. Stiftung Archiv der Akademie der Künste Berlin, VBK ZV Nr. 5744.

25 Klaus Weidner (Zentrum für Kunstausstellungen der DDR) meinte, die Kunst der DDR solle im Ausland ruhig auch die Probleme des Landes widerspiegeln: „Wenn wir es offen angehen, könnten wir sogar den Effekt erzielen, daß man uns dort um diese Probleme beneidet.“ Tagung des ZV des VBK 3. 4. 1975, S. 100. Stiftung Archiv der Akademie der Künste Berlin, VBK ZV Nr. 5744.

26 Horst Sindermann, Vorsitzender des Ministerrates, Vorlage zur Aufnahme von Verhandlungen über Kulturabkommen mit Frankreich, Großbritannien, USA, Belgien, Italien, Schweden, Dänemark u. a. 16. 2. 1976. BStU MfS ZAGG Nr. 1430, Bl. 4.

27 Das fünf Jahre gültige Abkommen wurde am 6. 5. 1986 geschlossen. Der Text wurde publiziert in: Bundesministerium für innerdeutsche Beziehungen (Hg.), Das Kulturabkommen zwischen der Regierung der BRD und der DDR über kulturelle Zusammenarbeit, Bonn 1990, 4. Auflage. Im Rahmen des Abkommens einigte man sich auch am 30. 10. 1987 über die gegenseitige Rückführung von Gemälden. 130 Werke gab die BRD an die DDR zurück, 300 Werke gingen nach Westen. (S. 41.)

28 BArch DY 30 IV 2/2.109/19 (1974).

arbeit der engagierten Personen und Institutionen anstrebte, um nicht jedes Projekt das „Nadelöhr staatlicher Kompetenz“ passieren lassen zu müssen. Die DDR hatte mit dem Grundlagenvertrag ihr Ziel der staatlichen Anerkennung erreicht, wofür die Kulturpolitik bislang immer eingespannt worden war. Jetzt versuchte sie, den kulturellen Einfluss des Westens möglichst gering zu halten und wollte den Austausch gerade durch das leicht kontrollierbare Nadelöhr staatlicher Vermittlung führen. Solange das Abkommen nicht ratifiziert wurde, fand der deutsch-deutsche Kulturaustausch als „Einbahnstraßenverkehr“ Richtung Westen statt: Konzerttourneen, Gastspiele von Theaterensembles und Ausstellungen namhafter DDR-Maler brachten Ostberlin Renommee und Devisen ein. Allein 1980 stand ein positiver Saldo im kulturellen Bereich von 21 Mio. Valutamark zu Buche.[29] Nach dem UNO-Beitritt und der Unterzeichnung der KSZE-Schlussakte von Helsinki hatte sich die DDR zum internationalen Kulturaustausch verpflichtet. Tatsächlich verlief dieser Austausch recht einseitig. Am Wissenschaftsaustausch war Ostberlin hauptsächlich insofern interessiert, indem sie dadurch an der naturwissenschaftlich-technischen Entwicklung teilhaben konnte, während westliche Staaten Schwerpunkte in den Geisteswissenschaften suchten, um von dort aus die ideologische Abwehrhaltung der DDR zu untergraben.[30] Immer wurde die SED daher mit westlichen Forderungen nach echter Reziprozität der Kulturbeziehungen und nach persönlichen Direktkontakten von Künstlern konfrontiert. Auseinandersetzen musste sich die SED auch immer wieder mit westdeutschen Argumenten, man stehe auf dem Boden einer gemeinsamen Nationalkultur und gerade in der zeitgenössischen Malerei käme das gemeinsame Erbe von Expressionismus und sozial engagiertem Realismus zum Vorschein. Dagegen konnte man auf Ostberliner Seite nur stereotyp antworten: „Seit Gründung der DDR hat sich eine eigenständige, vom Volk getragene Nationalkultur der DDR entwickelt“ und den Westen beschuldigen, er versuche seinerseits, die kulturellen Aktivitäten der DDR durch institutionelle Einbindung zu kontrollieren.[31] Tatsächlich fürchtete Ostberlin, die westlichen Staaten würden eine verstärkte kulturelle Präsenz in der DDR ausnutzen, um eine „künstlerische Opposition“ zu erzeugen. In einer vertraulichen Studie hatte die SED Kultur, Massenmedien und Kunst als neue „Hauptfaktoren in der ideologischen Klassenauseinandersetzung“ ausgemacht. Die westlichen Staaten hätten die DDR kulturpolitisch im Visier und die Bundesrepublik versuche, die DDR einerseits im kulturpolitischen Wettbewerb zu verdrängen, andererseits

29 Sebastian Lindner, „Ein Verhandlungsmarathon: das deutsch-deutsche Kulturabkommen“ in: Bernd Lindner und Rainer Eckert (Hg.), Mauersprünge (Katalog), Leipzig 2002, S. 55–70, S. 59. Vgl. auch die Ergebnisse des Workshops „Deutsch-deutsche Kulturbeziehungen im Rahmen des Kulturfestivals „Duisburger Akzente“ 1987, Bochum 8./9. 6. 2007.

30 Uta Balbier u. a. (Hg.), Umworbener Klassenfeind. Das Verhältnis der DDR zu den USA, Berlin 2006, S. 29.

31 „Argumentationshandreichung zu Hindernissen, die seitens westlicher Staaten im Kulturaustausch mit der DDR errichtet wurden“ des MfK für Verhandlungen beim Kulturforum der KSZE-Staaten in Budapest 1. 8. 1985. BArch DR 1 Nr. 8173, Bl. 78–105. Vgl. auch „Fakten und Informationen zur Realisierung der KSZE-Schlussakte durch die DDR und zur Nachweisführung des Nachholbedarfs der westlichen Staaten“ Hausmitteilung MfK, Abt. Bildende Kunst, Joachim Arlt an den stellv. Minister Keller, 10. 1. 1987. BArch DR 1 Nr. 8173, Bl. 59ff.

zu vereinnahmen.[32] Selbst das wachsende Interesse für die Kultur in der DDR im Westen wurde als Gefahr betrachtet: „In der BRD wird die Information über das kulturelle Leben der DDR aus bürgerlicher und sozialdemokratischer Sicht zunehmen. Wir müssen uns mehr um das internationale bekannt machen der besten Leistungen unserer Kunst kümmern und sie nicht durch den Westen entdecken lassen, wodurch sie eine andere Färbung bekommen."[33]

In den 1980er Jahren bewegte sich die DDR-Führung. 1982 wollte man der schwankenden Regierung von Helmut Schmidt (SPD) durch erfolgreiche Kulturverhandlungen einen Prestigeerfolg verschaffen. 1983 und 1984 wurden die Verhandlungen beschleunigt durch die Kreditvergabe westdeutscher Banken an die DDR – vermittelt durch den bayrischen Ministerpräsidenten Strauß und garantiert durch die Bundesrepublik. Die Unterzeichnung im Mai 1986 erleichterte viele Projekte, etwa die Ausstellung „Positionen – Malerei aus der Bundesrepublik Deutschland", die im Herbst 1986 im Ostberliner Alten Museum eröffnet wurde. Mit Ausstellungen wie dieser, so das MfAA, könne „Kultur zu einem Klima des Vertrauens, der gegenseitigen Verständigung und damit zur Normalisierung der Beziehungen beitragen."[34] Aus der Sicht des ostdeutschen Kunstkritikers Christoph Tannert war das Kulturabkommen dagegen eine gute Gelegenheit für die DDR gewesen, ihre Herrschaftskultur durch den reibungslosen Export in den Westen zu stabilisieren. Demnach habe der Austausch von Kunstausstellungen das Leben der DDR verlängert.[35]

Die DDR auf dem Höhepunkt internationaler Reputation

Die SED-Führung befand sich in einem Dilemma: Je erfolgreicher die Außenpolitik der DDR wurde, je dichter das Netz internationaler Kulturbeziehungen, desto größer wurde die innenpolitische Gefahr der westlichen Einflussnahme. Kulturaustausch schloss aus westlicher Sicht die individuelle Begegnung ein, den freien Zugang aller Bürger zu den Gastspielen im jeweiligen Land, die individuellen Kontakte von Bürgern, Wissenschaftlern, Künstlern und Studenten. Demgegenüber musste Ostberlin an einem institutionell kanalisierten und politisch kontrollierten Kulturaustausch festhalten. Beide Auffassungen waren nicht kompatibel und diese Unverträglichkeit begrenzte den Kulturaustausch. Es entstand eine paradoxe Situation: Kulturpolitische Erfolge im Westen sollten das internationale Prestige des Staates DDR vermehren. In dem Augenblick, wo sie sich einstellten und das öffentliche Interesse an der DDR geweckt wurde, untergruben sie die Le-

32 Akademie der Gesellschaftswissenschaften beim ZK der SED, Institut für marxistisch-leninistische Kultur- und Kunstwissenschaften, „Vertrauliche Studie: Kultur und Kunst in der ideologischen Klassenauseinandersetzung", 13. 5. 1980. BArch DY 30 IV A 2/2.028/138.

33 BArch DY 30 IV 2/2.109/19 (1974).

34 Der Stellvertretende Außenminister der DDR, Kurt Nier im Vorwort des Katalogs: Lothar Romain (Hg.), Positionen. Malerei aus der Bundesrepublik, Stuttgart 1986.

35 Christoph Tannert, „Arbeit am Verständnis. Kulturaustausch im geteilten Deutschland", in: Berlin-Moskau, Berlin 2004 (Katalog), S. 150–154 .

gitimität der SED-Herrschaft im Inneren.[36] Daraus resultierte ein hektischer Wechsel von Bremsen und „Gasgeben" in der Kulturpolitik der späten DDR, die nun kein strategisches Konzept mehr zu haben schien, sondern nur noch auf aktuelle Entwicklungen reagierte.[37]

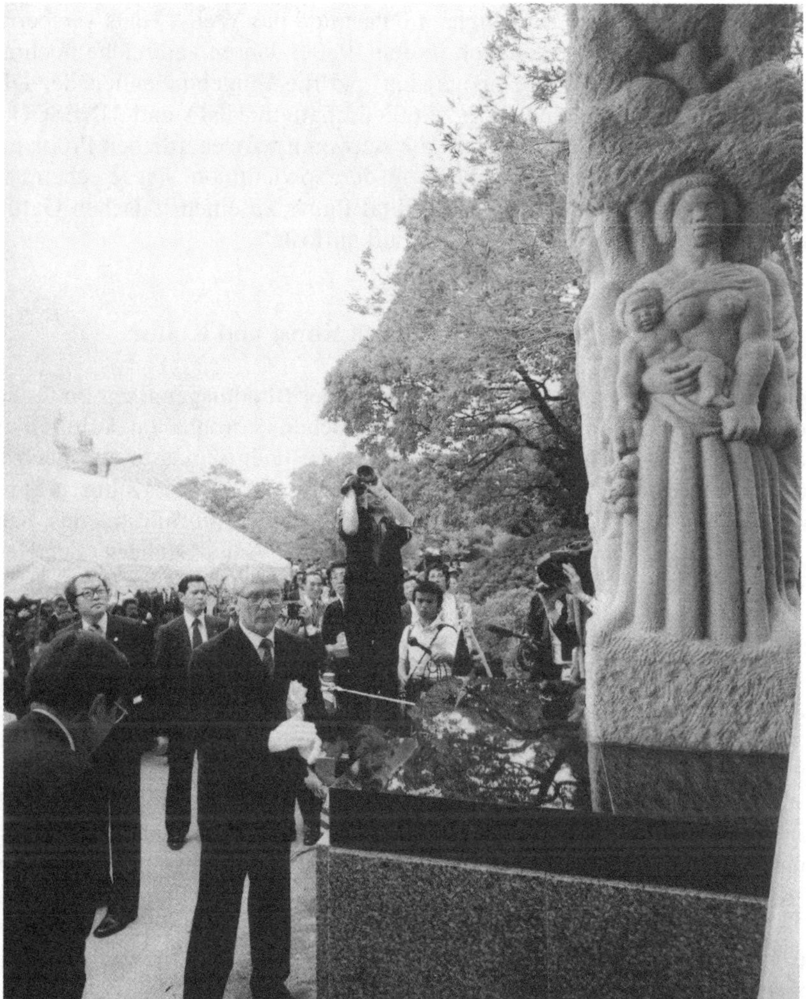

Abb.: Während seines Japan-Besuches enthüllt Erich Honecker am 30. Mai 1981 im Friedenspark von Nagasaki eine vom Friedensrat der DDR gestiftete „Stele der Völkerfreundschaft".

36 Ulrich Pfeil, Die DDR und der Westen, Berlin 2001.
37 Manfred Jäger, Kultur und Politik in der DDR 1945–1990, Köln 1995.

Dies alles stand im Widerspruch zu den diplomatischen Erfolgen, die die DDR an der Oberfläche feierte: Erich Honeckers Reigen von Staatsbesuchen bzw. hochrangigen Arbeitsbesuchen in Österreich (1980), Japan (1981), Finnland (1984), Italien (1986), Griechenland (1986), Schweden (1986), Niederlande und Belgien (1987). Die Besuche Honeckers in Bonn (7. September 1987) und Paris (Januar 1988) waren die Höhepunkte in der Diplomatiegeschichte der DDR, wenngleich Honecker der Buckingham Palast und das Weiße Haus versperrt blieben. Auch in der DDR fanden sich in den 1980er Jahren zahlreiche hochrangige Besucher ein. Der äußere Prestigegewinn und die Eingebundenheit der DDR in die internationale Diplomatie, die Mitgliedschaft in UNO und UNESCO überstrahlten in den späten 1980er Jahren die schweren wirtschaftlichen Probleme und den schwindenden Rückhalt der DDR in der Sowjetunion. Diese scheinbare innenpolitische und außenpolitische Stabilität führte zu einem falschen Gefühl der Sicherheit, das sich im Herbst 1989 „in Luft auflöste".[38]

Ostblockintegration durch Kunst und Kultur

Der junge Staat DDR musste sich zunächst seiner Bündnisgenossen im Osten versichern und deren kriegsbedingten, antideutschen Vorbehalten kulturell entgegenwirken. Die deutsche Position im östlichen Bündnis musste erst noch legitimiert werden. Kunst wurde dafür vorangeschickt. Deutsche Kultur präsentierte man jetzt unter den Prämissen des Antifaschismus und Antimilitarismus. Künstler und Autoren wie Käthe Kollwitz, Bertold Brecht, Anna Seghers oder Heinrich Mann sollten für ein neues, friedliches Deutschland stehen.

Zwischen den einzelnen Ostblockländern bestanden bilaterale Kulturabkommen sowie Vereinbarungen über kulturelle Zusammenarbeit zwischen den sozialistischen Bruderparteien. Die DDR schloss entsprechende Abkommen mit Bulgarien, Rumänien und Ungarn bereits 1950, es folgten in den Jahren 1952 bis 1955 Verträge mit Polen, der CSSR und der UdSSR. Jährliche Maßnahmepläne und längerfristige Planungen regelten den Austausch von Ausstellungen, Kunstzeitschriften, Fachleuten und Delegationen von Kulturfunktionären auf offizieller E-bene.[39] Langfristiges und theoretisches Ziel war hier, einmal die Ebene des Kulturaustausches zu überwinden und zu einer Phase der umfassenden „Kooperation und Koproduktion" der sozialistischen Länder auf kulturellem Gebiet zu gelangen.[40] Im Bereich der bildenden Kunst bedeutete dies, regelmäßige, meistens thematisch definierte Ausstellungen sozialistischer Künstler in wechselnden Ostblockländern durchzuführen, wechselseitig Leihgaben zur Verfügung zu stellen

38 Hermann Wentker, „Äußerer Prestigegewinn und innere Zwänge. Der Zusammenhang von Außen- und Innenpolitik in den letzten Jahren der DDR", in: *Deutschlandarchiv* 6/2007, S. 999–1006.

39 „Gemeinsame Deklaration von SED und PVAP über Grundsätze, Aufgaben und Ziele der weiteren kulturellen Zusammenarbeit zwischen der DDR und der VR Polen bis zum Jahr 2000", ZK-Beschluß 1./393 27/89 15. 3. 1989. BArch DY 30 Nr. 42339.

40 „Perspektivplan für die kulturelle Zusammenarbeit der DDR und der VR Polen 1971–75", 2. 4. 1970, Artikel 1. BArch DR 1 Ministerium für Kultur Nr. 8791.

und Gemeinschaftsausstellungen der Staatlichen Museen und nationalen Künstlerverbände zu organisieren. Zudem sollten enge Absprachen von Vertretern der Kunstabteilungen der jeweiligen nationalen Kulturministerien stattfinden und durch den Austausch von Kunsthistorikern bei Tagungen, Forschungsinstitutionen und Redaktionen von Kunstzeitschriften eine Homogenisierung von Kunstgeschichtsschreibung und Kunstberichterstattung erreicht werden. Besonders großes Gewicht legte die DDR auf die kulturellen Beziehungen mit der UdSSR.[41]

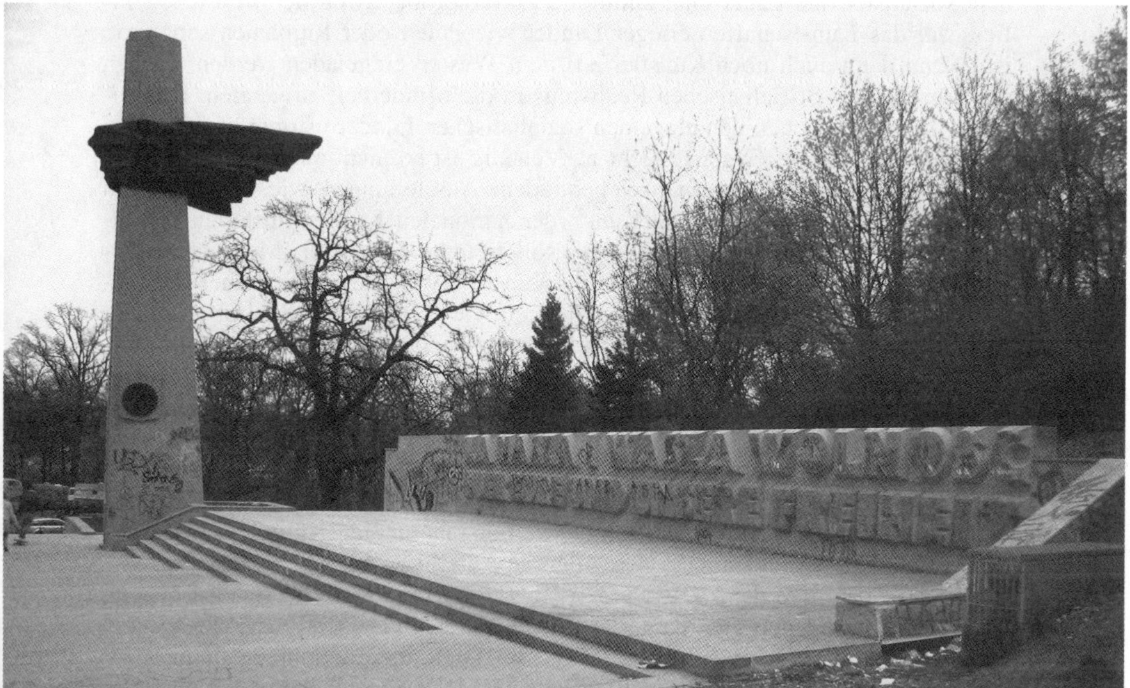

Abb.: Die Gedenkstätte der Deutsch-Polnischen Freundschaft im Berliner Volkspark Friedrichshain. Das 1972 eingeweihte Granit-Monument beschwor rückwirkend die Einheit von Roter Armee, polnischer Widerstandsbewegung und deutschen Antifaschisten. Heute ein weitgehend vergessenes Denkmal in unzeitgemäßer Monumentalität.

41 Zu den Kulturbeziehungen von DDR und SU: Katja Kuhn, „Wer mit der SU verbunden ist, gehört zu den Siegern der Geschichte", Mannheim 2002.

Die kunstpolitische Integration des Ostblocks stieß trotz intensiver administrativer Absprachen und Konferenztätigkeit an Grenzen, weil sich das Kunstleben nicht überall perfekt kontrollieren ließ, so etwa in Polen oder Rumänien, wo ein starkes Interesse an westlicher Kunst herrschte. Pläne für glanzvolle Gegenausstellungen zu westlichen Großereignissen wie der documenta oder der Biennale von Venedig ließen sich nicht so einfach umsetzen. So kamen der DDR-Kultusminister und sein Stellvertreter 1971 zur Ansicht, die Idee der sozialistischen Kultusminister, eine Biennale als Gegenveranstaltung zu Venedig zu organisieren, werde sich kontraproduktiv auswirken. Auf einer Ost-Biennale drohe dem sozialistischen Lager eine kulturelle Zerreißprobe, „weil der westliche Einfluss auf das Kunstschaffen einiger Länder wie Polen oder Rumänien sehr groß ist. Wenn dann auch noch Künstler aus dem Westen eingeladen werden, drohen die Künstler des Sozialistischen Realismus in die Minderheit zu geraten. Polemische Akzente zwischen den einzelnen sozialistischen Ländern stören das Gesamtbild. Das angestrebte Gegengewicht zu Venedig ist so nicht zu erreichen.“[42] Die sichere Alternative seien thematisch gebundene Ausstellungen, wie sie bereits von den Abteilungsleitern ‚Bildende Kunst' der nationalen Kulturministerien vereinbart worden waren. Diese Ausstellungen sollten unter den Motti „Mensch und Arbeit“ (1973), „Architektur und bildende Kunst“ (1974) oder „Sieg über den Faschismus“ (1975) stattfinden.[43] Ausstellungen wie „30 siegreiche Jahre“, versammelten Hunderte von Werken aus verschiedenen sozialistischen Ländern und sollten eine ideologische Bindekraft entwickeln. Ähnliches versprach man sich von Künstlerreisen in die sozialistischen Nachbarländer, deren Ergebnisse anschließend zuhause präsentiert wurden, um die Bruderstaaten in einem günstigen Licht erscheinen zu lassen, so z. B. die Berliner Ausstellung „Studienerlebnisse deutscher Künstler in sozialistischen Ländern“ im Jahr 1958.[44] Trotz der intensivierten Kulturbeziehungen mit dem Westen stellte der planmäßige Kulturaustausch mit den Ostblockländern quantitativ den größeren Anteil von 60 – 70 %.[45]

In der Spätphase der DDR wurden Überlegungen angestellt, für den bislang devisenfrei bewerkstelligten Kulturaustausch innerhalb des Ostblocks ein System gegenseitiger Bezahlung einzuführen, da die DDR die Ressourcen dafür nicht mehr wie bisher aufzubringen vermochte.[46] Die Devisenknappheit hatte auch zur Folge, dass nur diejenigen Kunstwerke und Ausstellungen, die im Westen nicht zu verkaufen oder zu vermarkten waren, zum Kulturaustausch im sozialistischen Lager verwendet wurden – also nur die Zweite Wahl. Entsprechend gering war oftmals das Publikumsinteresse an zweitklassigen oder bieder-linientreuen Werken

42 Der stellvertretende Kulturminister Kurt Bork an Kultusminister Klaus Gysi, 12. 8. 1971. BArch DR 1 Nr. 8959 Bl. 254.

43 Treffen der Abteilungsleiter ‚Bildende Kunst' der Kulturministerien auf der Kultusministerkonferenz der sozialistischen Länder in Budapest, 26. bis 30. 10. 1970. BArch DR 1 Nr. 8959 Bl. 19.

44 Pavillon der Kunst, Berlin 25. 2. – 10. 4. 1958.

45 70% aller gastierenden Ensembles sollten aus dem Ostblock kommen, laut ZK-Beschluß vom 12. 9. 1973. BArch DY 30 JIV2/3/2055.

46 Praxenthaler, S. 131.

und Darbietungen, sodass Soldaten und Mitarbeiter von Dienststellen zum Ausstellungsbesuch quasi abkommandiert werden mussten, um eindrucksvolle Besucherstatistiken und Planerfüllungsziffern vorweisen zu können.[47] Ostdeutsche Künstler klagten in den 1980er Jahren beispielsweise über das geringe Interesse, das ihren Arbeiten in der SU entgegengebracht wurde. Das westliche Interesse an Kunst aus der DDR war offensichtlich weit lebhafter und lukrativer, sodass die Ausstellungstätigkeit der ostdeutschen Künstler in der SU zugunsten westlicher Zielländer reduziert wurde.[48]

Hinter den offiziell gepflegten Kulturbeziehungen und Freundschaftsbezeigungen standen schwere wirtschaftspolitische Konflikte. Die Sowjetunion hatte die DDR lange Zeit mit subventioniertem Erdöl versorgt, so dass sich die ostdeutsche Industrie im Rahmen des RWG zu einem wichtigen Fertigungsstandort entwickeln konnte. Die DDR-Bürger genossen einen im Ostblock-Vergleich hohen Lebensstandard. Aufgrund innerer ökonomischer Probleme war die UdSSR nicht mehr bereit, die DDR auf diese Weise zu unterstützen. Zwischen 1974 und 1987 reduzierte sie die Liefermenge und erhöhte den Preis für Öl mehrmals. Hinzu kam ab Januar 1987 die reformerische Perestroikabewegung, die in Ostberlin als Stabilitätsrisiko für den Ostblock erkannt und abgelehnt wurde. Die mangelnde Unterstützung durch die UdSSR hätte durch Sparprogramme aufgefangen werden können, doch Ostberlin wollte aus Gründen des Wettbewerbs mit der Bundesrepublik keinesfalls eine Senkung des Lebensstandards hinnehmen. Stattdessen legte man in der Ära Honecker umfangreiche Sozial- und Wohnungsbauprogramme auf. Dieser finanzpolitische Spagat führte geradewegs in die Zahlungsunfähigkeit, wie Ostberliner Wirtschaftsexperten bereits Anfang der 1980er feststellten. Infolgedessen musste sich die DDR auf mehreren Ebenen der Bundesrepublik annähern, um Kredite und andere Hilfen zu erhalten, oder selbständig Rohstoffquellen erschließen, wie sie es in Afrika versuchte. Beide Ziele wurden kulturpolitisch flankiert.

Grenzen und Chancen offizieller Kulturpolitik – der schwierige Nachbar Polen

Am Beispiel der Kulturbeziehungen der DDR zu Polen lässt sich die Wirkungsweise der auswärtigen Kulturpolitik als Bindemittel für den Ostblock erläutern. Gleichzeitig scheinen in diesem Fall auch die Grenzen dieser Konzeption auf. Obwohl Ostdeutsche und Polen nach den Kriegsereignissen extrem verfeindet waren, wurden sie als sowjetische Vasallen zur Freundschaft „verurteilt“.[49] Gab es in

47 Kurt Merkel, Die kulturellen Auslandsbeziehungen der DDR zwischen Zusammenarbeit und Auseinandersetzung, in: Evamaria Badstübner (Hg.) Befremdlich anders. Leben in der DDR, Berlin 2000, S. 626–646, hier: S. 631.

48 Fritz Donner vom MfK sprach 1980 davon, daß Ausstellungen von DDR-Gegenwartskunst nur noch alle zwei Jahre in der SU stattfinden. 7. Tagung des Zentralvorstands des VBK 6. 11. 1980, S. 62. Stiftung Archiv der Akademie der Künste Berlin, VBK ZV Nr. 5764/1.

49 Zum schwierigen Verhältnis der DDR zu Polen: Karol Sauerland, Literatur- und Kulturtransfer als Politikum am Beispiel Volkspolens, Frankfurt 2006; Basil Kerski u. a. (Hg.), Zwangs-

den späten 1940er Jahren noch Ansprüche Polens auf weitere Gebiete westlich der Oder und die Hoffnung ostdeutscher Kommunisten auf den Erhalt Stettins, legte die UdSSR die Grenze endgültig fest und stellte die Beziehungen beider Länder unter Aufsicht. Die DDR erkannte die Oder-Neiße-Grenze an. Nur auf massiven sowjetischen Druck verzichtete Polen 1953 auf Reparationen aus der DDR. In der DDR wurde das Thema Vertreibung und Heimatverlust von Beginn an tabuisiert. Auf kulturpolitischem Gebiet begann die Zusammenarbeit in den späten 1940er Jahren.[50] Die bereits vor Gründung der DDR am 19. August 1948 etablierte *Hellmut-von-Gerlach-Gesellschaft für kulturelle, wirtschaftliche und politische Beziehungen mit dem neuen Polen* war eine der ersten binationalen Freundschaftsgesellschaften und sollte Imagepflege für das neue Polen in der DDR betreiben.[51] 1952 schlossen beide Staaten ein erstes Abkommen zur kulturellen Zusammenarbeit.[52] Wie viel von dieser offiziellen Freundschaft bei der Bevölkerung ankam, ist schwer zu ermessen. Hier herrschten noch auf beiden Seiten Hass und Misstrauen. Später sorgte der relative wirtschaftliche Aufschwung in der DDR und der damit verbundene höhere Lebensstandart für Neid in Polen und erschwerte die wirtschaftliche Integration des Ostblocks. Schon bald wurde auch das offizielle Verhältnis der Bündnispartner wieder getrübt. Im Gegensatz zur extrem sowjethörigen DDR waren antisowjetischer Nationalismus und Katholizismus in Polen feste Größen. Viele Künstler und Intellektuelle orientierten sich am Westen, Unruhen erschütterten 1956 und 1968 die politische Ordnung. Auf den Aufstand von 1956 reagierte die DDR mit einer Einschränkung des Reiseverkehrs und des Presseaustausches. Die VR Polen galt der SED bald als unsicherer Partner, vor dessen chaotischen und freiheitlichen Tendenzen die DDR-Bevölkerung zu schützen sei. Zudem wurde im polnischen Kulturleben die westliche Modernität hoch geschätzt – von der abstrakten Malerei bis hin zur Rockmusik.[53] Deshalb sollten Kulturbeziehungen möglichst nur in offiziell kanalisierter Form stattfinden.

Sporadische Ausstellungen deutscher Künstler gab es in den 1950er und 1960er Jahren in Polen.[54] Die Zusammenarbeit im Bereich der Kunst der Alten Meister krönten die „Bruderstaaten" 1964 mit einer gemeinsamen Ausstellung von DDR und VRP „Canaletto in Dresden und Warschau" mit Ausstellungsstatio-

verordnete Freundschaft? Die Beziehungen zwischen der DDR und Polen 1949–1990, Osnabrück 2003. Vgl. a. Erhard Crome, Jochen Franzke, „Die DDR und Polen", in: Erhard Crome u. a. (Hg.), Die verschwundene Diplomatie. Beiträge zur Außenpolitik der DDR, Berlin 2003, S. 110–123 und Mieczyslaw Tomala, „Die VR Polen und die DDR in den 1960er Jahren, ebda. S. 124–143.

50 Abkommen der DDR und der VRP über kulturelle Zusammenarbeit 8. 1. 1952. Leitung der DDR-Kommission zur Umsetzung: Maria Rentmeister, Staatliche Kommission für Kunstangelegenheiten. BArch DY 30 SED Abt. Kultur IV 2/9.06/73.

51 1950 umbenannt in „Deutsch-Polnische Gesellschaft für Frieden und gute Nachbarschaft. 14.100 Mitglieder im September 1950, 110.000 Mitglieder im Juni 1952. nach Wentker, Außenpolitik 2007, S. 107.

52 *Tribuna Ludu* 24. 1. 1952.

53 „Abstrakte Tendenzen in der polnischen Gegenwartskunst der 1960er Jahre. Der Künstler Lenica als Impulsgeber", in: *Bildende Kunst* 4/1964, S. 212.

54 1951 eine Käthe-Kollwitz-Ausstellung in Warschau, 1963 Kurt Hermann Kühn (Malerei und Grafik, 5.000 Besucher), Herbert Tucholsky (Grafik, 8.000 Besucher) und Hans Theo Richter (Grafik, 7.500 Besucher). SAdK VBK Zentralvorstand Nr. 5006.

nen in Dresden, Krakau, Warschau und Wien, die durch Kooperation der jeweiligen staatlichen Museen ermöglicht worden war. Hochoffiziell eröffnet am 28. September 1964 in Warschau, wurde die Schau durch eine internationale Kunsthistorikerkonferenz begleitet. Schwierigkeiten machte die zeitgenössische Kunst: Auf polnische Initiative sollte 1966 im Thüringer Museum in Eisenach eine Ausstellung von Grafik aus Krakau stattfinden. Die DDR-Funktionäre standen vor dem Problem, dass viele polnische Künstler abstrakte oder „unpolitische“ Arbeiten vorlegten. So musste die bereits in Krakau jurierte Ausstellung nach dem Eintreffen in Eisenach nochmals gefiltert werden.[55] Gemäß dem Kulturabkommen wurden weitere Vereinbarungen der Regierungen, Kultusministerien und Staatsparteien getroffen und jährliche Maßnahmepläne für den wechselseitigen Austausch von Ausstellungen, Fachleuten und Delegationen formuliert. Dadurch regte sich auf dem Gebiet der bildenden Kunst ein routinierter Austausch von Ausstellungen, besonders zu den kampagnenartigen wechselseitigen „Tagen der Kultur“, bei denen sich die DDR und die VR Polen im Nachbarland präsentierten.[56] 1971 wurden die Kulturzentren der DDR in Warschau und Krakau eröffnet. Anlässlich einer Ausstellung von Malerei und Grafik aus der DDR in der Galerie Zacheta in Warschau mit 100 Arbeiten von 51 Künstlern, die zuvor auf der VIII. Großen Kunstausstellung in Dresden gezeigt worden waren, fanden im Warschauer Kulturzentrum der DDR (KUZ) Pressegespräche und ein Symposium statt: „Neue Tendenzen in der Kunst der DDR“. 30 Journalisten, Kritikern und Kunstwissenschaftlern nahmen teil, wobei es politische Probleme durch Teilnahme eines westdeutschen Journalisten gab.[57]

Erfolgreiche offizielle Kulturbeziehungen konnten jedoch nicht die schweren politischen Differenzen und historischen Altlasten beider Bruderstaaten kompen-

55 BArch DR 1 Nr. 8095 Bl. 3ff.

56 Weitere Beispiele für den offiziellen Ausstellungsaustausch:
1969 Ausstellungen von DDR-Kunststudenten in Polen anlässlich der Feiern 20 Jahre DDR; 1970 Ausstellung Willi Sitte in Krakau; 1973 Vereinbarung zwischen den Künstlerverbänden der DDR und Polens über Kunstprojekt „Entlang der Erdölleitung“; 1976 Ausstellung der Wettbewerbsergebnisse: „Kunst im Dienst der Gesellschaft“ zum 30. Geburtstag der VR, Warschau. (250 Arbeiten von 160 Künstlern) im Ausstellungszentrum Fernsehturm Berlin; 1980 „Malerei und Grafik der VR Polen“ Galerie am Fischmarkt, Erfurt (160 Werke von 35 Künstlern anlässlich der „Tage der polnischen Kultur“); 1980 Polnische Kleinplastik (100 Arbeiten), Galerie am Weidendamm in Berlin; 1984 Polnische Malerei und moderne Grafik in der DDR (70 Arbeiten von 60 Künstlern) Galerie am Weidendamm; 1984 Polnische Malerei des 19. und 20. Jahrhunderts(100 Gemälde und Aquarelle aus dem Nationalmuseum Breslau), Neue Berliner Galerie; 1986 Tage der polnischen Kultur: Zeitgenössische polnische Malerei (50 Werke aus öffentlichen Sammlungen, als langjährige Leihgaben für DDR-Museen vorgesehen waren. Im Gegenzug gingen ostdeutsche Werke nach Polen), Fernsehturm Berlin; 1986 Gemeinschaftsausstellung von 40 jungen deutschen und polnischen Künstlern: „Landschaftsveränderungen“, Neue Berliner Galerie, anschließend nach Weimar, Thorn, Warschau; 1986 „Polnische Malerei“ Galerie am Weidendamm; 1986 „Mein Warschau“, (46 Werke von Bronislawa Wilimowska), Otto-Nagel-Haus in Berlin; 1988 Polnische Plastik, zur Feier: 40 Jahre Wiedergeburt Polens“ (76 Künstler mit 105 Kleinplastiken und 28 Medaillen), Ausstellungszentrum Fernsehturm Berlin; 1989 Polnische Malerei der Gegenwart 1945 – 1988 (75 Gemälde aus dem Bezirksmuseum Bromberg, u. a. von Tadeusz Kantor), Suhl, anschließend Galerie am Weidendamm Berlin.

57 Peter Hartmann, ZfK, Reisebericht aus Warschau. BArch DR 123. ZfK 119.

sieren. Das polnische Misstrauen gegen jede Art von deutsch-deutscher Zusammenarbeit blieb bestehen. Eine besondere Herausforderung stellte Willy Brandts neue Ostpolitik dar, auf die Warschau und Ostberlin keine gemeinsame Antwort fanden. Kürzlich veröffentlichte Akten der CIA über die Ostblock-Länder enthielten einen polnischen Bericht über „revanchistische Tendenzen" in der DDR. Der Bericht aus dem Jahr 1971 war an sowjetische Stellen gerichtet und sollte nationalistische deutsche Tendenzen nach dem Besuch Willy Brands in der DDR „entlarven". Darin beklagten die Polen auch den Versuch von Volksarmisten, während des gemeinsamen Manövers „Oder-Neiße-69" bettelnde polnische Kinder zu fotografieren, als „Imperialismus".[58] Derartige Dissonanzen sollten durch Projekte wie die Gedenkstätte der Deutsch-Polnischen Freundschaft übertönt werden. Das 1972 in Ostberlin eingeweihte Granit-Monument beschwor rückwirkend die Einheit von Roter Armee, polnischer Widerstandsbewegung und deutschen Antifaschisten. Die Ministerräte beider Länder hatten einen gemeinsamen Wettbewerb beschlossen und eine binationale Gruppe von Architekten und Bildhauern mit dem Bau beauftragt. Die Einweihung am 14. Mai 1972 wurde wie ein Staatsakt vor 30.000 Zuschauern und offiziellen Abordnungen der sozialistischen Parteien und Jugendorganisationen beider Länder sowie der sowjetischen Streitkräfte in der DDR begangen.[59]

Unter der Ebene der verordneten Freundschaft brodelte es aber: Der Visafreie Grenzverkehr hatte ab 1972 zu Hamsterkäufen polnischer Besucher in der DDR geführt und dort großen Unmut hervorgerufen. In den 1980er Jahren sorgte die *Solidarnosc*-Bewegung für Turbulenzen, die den künstlerischen Austausch beeinträchtigten. Bei einem Gespräch mit leitenden Funktionären des offiziellen polnischen Künstlerverbandes im Januar 1981 in Berlin wurde deutlich, dass auch viele Künstler schon Solidarnosc-Mitglieder geworden waren. Der Verband war politisch kaum noch handlungsfähig.[60] Die SED forcierte nun alte Stereotype über Polen, um eine Solidarisierung mit der oppositionellen Gewerkschaftsbewegung in der DDR zu verhindern. Erst mit dem Kriegsrechtsregime Jaruzelskis verbesserte sich das offizielle Verhältnis. Es dauerte einige Jahre, bis der VBK wieder vertragliche Beziehungen zu polnischen Künstlerverbänden herstellen konnte.[61] Die letzte kulturpolitische Vereinbarung schlossen SED und PVAP im Frühjahr 1989. Der Planungshorizont reichte bis ins Jahr 2000. Der hier angestrebte „vertiefte Kulturaustausch" sollte vor allem durch die Verbindung von Künstlerverbänden, Partei-, Hochschul- und Staatsgremien bewerkstelligt werden. Gemeinschaftsausstellungen, „Direktkontakte" zwischen Künstlern, die ständige Präsenz von Kunstwerken im Nachbarland und die gemeinsame „Weiterentwicklung marxistischer Kunstkritik gehörten ebenfalls zu den favorisierten Maßnahmen.[62] Bei einem Besuch einer polnischen Delegation erläuterte Kurt Hager im Sommer 1989

58 *FAZ* 27. 7. 2007.

59 *Berliner Zeitung* 15. 5. 1972.

60 Stiftung Archiv der Akademie der Künste Berlin, VBK ZV Nr. 43/2.

61 Stiftung Archiv der Akademie der Künste Berlin, VBK ZV Nr. 41/2.

62 Gemeinsame Deklaration von SED und PVAP über Grundsätze, Aufgaben und Ziele der weiteren kulturellen Zusammenarbeit zwischen der DDR und der VR Polen bis zum Jahr 2000, ZK-Beschluß 1./393 27/89 15. 3. 1989. BArch DY 30 Nr. 42339.

nochmals das Konzept der Erbeaneignung der SED. Sie verfolge das Ziel, eine „eigenständige Nationalkultur“ herauszubilden. Im Gegensatz zu Polen befinde sich die Kulturarbeit in der DDR in einer besonderen Situation der Konkurrenz. Sie sei dem ständigen Einfluss der Westmedien ausgesetzt und müsse sich trotzdem eigenständig entwickeln. Inzwischen werde sie aber, vor allem auf dem Gebiet der realistischen Kunst, auch im Westen anerkannt.[63]

In einem Streitpunkt kamen allerdings die offiziellen Gremien nicht weiter: Der Forderung der DDR nach Rückgabe im Krieg verschleppter Kulturgüter. Hier hatte man sich den Standpunkt der *Haager Konvention zum Schutz von Kulturgut in bewaffneten Konflikten vom 14. Mai 1954* zueigen gemacht. 1977 beschlossen beide Regierungen, Wunschlisten vermisster Kunstwerke und Schriften auszutauschen. Die DDR übergab in den folgenden Jahren einige Objekte, darunter eine Zeichnung Veit Stoß' und das Archiv der Staatsbibliothek Breslau. Doch Polen brach die Verhandlungen ab und erklärte sie 1986 für abgeschlossen, weil durch die Rückgabe deutscher Kulturgüter für die Nachkriegsordnung „gefährliche Präzedenzfälle“ entstünden und die polnische Bevölkerung provoziert werde. Warschau betrachtete die Bücher, Schriften und Kunstwerke also weiterhin als legitime Aneignung von Reparationsleistungen, auch gegenüber dem sozialistischen Bündnispartner DDR.[64]

Zieht man eine Bilanz der polnisch-ostdeutschen Kulturbeziehungen, kommt man zum Schluss: Letztlich konnte die DDR den Vorteil gegenüber der westdeutschen Konkurrenz, den sie als sozialistischer deutscher Staat in Polen hatte, nicht nutzen. Trotz offizieller Beteuerungen aus Warschau bot die Volksrepublik Polen zu keiner Zeit einen starken Rückhalt für die DDR und wurde dort als Belastung und Sicherheitsrisiko eingestuft. Trotz der antifaschistischen Grundhaltung und der frühen Anerkennung der Oder-Neiße-Grenze waren die nationalen und sicherheitspolitischen Gegensätze zwischen Warschau und Ostberlin zu groß. Selbst in der Phase des Kriegsrechts, die die Kulturbeziehungen zu den westlichen Ländern in den 1980er Jahren stilllegte, nutzte die kulturpolitische Monopolstellung Ostberlin nichts mehr. Die aufsässige, antikommunistisch eingestellte Bevölkerung Polens blickte quasi über die DDR hinweg nach Westen und bot einer DDR-Kulturpolitik kaum Resonanzraum.

Mit Kunst und Kultur Blockfreie und Entwicklungsländer für „das sozialistische Weltsystem“ gewinnen

Die DDR verstand sich als „junge Nation“ mit „antiimperialistischer“ Ausrichtung und sah sich deshalb den neuen Nationalstaaten Afrikas und Asiens im Kampf gegen ihre alten Kolonialmächte eng verbunden.[65] In Afrika agierte die DDR

63 Bericht über das Treffen Hagers mit der polnischen Delegation des ZK der PVAP 7. 6. 1989. BArch DY 30 Nr. 42339.

64 BArch DY 30 Nr. 42339.

65 Harald Möller, DDR und Dritte Welt. Die Beziehungen der DDR mit Entwicklungsländern. Ein neues theoretisches Konzept, dargestellt anhand der Beispiele China, Äthiopien, Iran und Irak, Berlin 2004; Hans-Joachim Döring, „Es geht um unsere Existenz“. Die Politik der DDR

mehrgleisig als Juniorpartner der Sowjetunion und konnte sich somit als aktiver Teilnehmer eines weltweiten Kampfes für den Sozialismus betrachten. In Stellvertreterkonflikten unterstützten ostdeutsche Techniker und Sicherheitsberater prosowjetische Regimes gegen westliche orientierte Guerillabewegungen. Gemeinschaftliche wirtschaftliche Großprojekte sollten lokale Entwicklungshilfe mit Rohstoffsicherung für das östliche Lager verbinden.

Gleichzeitig setzte man auf eine Prägung der neuen Eliten, indem man Gaststudenten aus Afrika und Asien in Moskau, Berlin oder Leipzig ausbildete. Die Kunstakademien der neuen Nationalstaaten waren meistens noch in der Tradition der Kolonialmächte angelegt. Die jungen Regierungen legten aber Wert darauf, schnell eine neue Künstlergeneration auszubilden, die das befreite Land im Inneren und auf internationaler Bühne repräsentieren konnte. Sie erwarteten eine neue Staatskunst, die Modernität, lokale Traditionen und Eigenständigkeit miteinender verband. Viele Aufträge für Wandbilder, Skulpturen und Mosaike u. a. wurden jetzt vergeben. Sozialistisch orientierte Regime schickten ihre Kunststudenten in die Akademien des Ostblocks und nach China. Sie kehrten von dort zurück mit der Bildersprache des Sozialistischen Realismus, die sie häufig unkritisch mit Inhalten aus der eigenen Landesgeschichte füllten. Die Anbindung der jungen Nationalstaaten an den Ostblock erfolgte also nicht nur durch den Einsatz von militärischen und technischen Spezialisten, durch Waffenlieferungen und Wirtschaftshilfe, sondern auch durch die Ausbildung der neuen Eliten jener Länder in der DDR und anderen Ostblockstaaten, vor allem der SU. Westdeutsche Diplomaten trafen in Afrika und Asien bald immer häufiger auf Absolventen der DDR-Hochschulen.

Von der Idee einer eigenen „sozialistischen Nationalkultur" ausgehend suchte die DDR den jungen Nationen, die überwiegend in den 1960er Jahren unabhängig geworden waren. beim Aufbau ihrer Nationalkultur zu helfen. Bei den mit dem Ostblock verbündeten Ländern Mosambik und Angola handelte es sich um Nationen, die erst 1975 die Unabhängigkeit erreicht hatten. Bei der Anerkennung des ölreichen Angolas, das sich noch im Bürgerkrieg befand, preschte die DDR 1976 vor und engagierte sich massiv für die spätere Regierungspartei MLPA.[66]

Kulturarbeit als „Geburtshilfe" für werdende Nationen

Auch andere Befreiungsbewegungen wie die SWAPO in Namibia und die PLO kämpften damals noch für die Unabhängigkeit und wurden dabei vom Ostblock in ihrem Nationalbewusstsein unterstützt.[67] Politisch-militärische Organisationen

gegenüber der Dritten Welt am Beispiel von Mosambik und Äthiopien, Berlin 1999; Martina Wobst, Die Kulturbeziehungen zwischen der DDR und der VR China, Münster 2004 (Zu Ausstellungen s. S. 194–231).

66 Allein 1976 erhielt Angola von der DDR Waffen- und Geldhilfen im Wert von 107 Mio. DM. Nach Wentker, Außenpolitik in engen Grenzen, 2007, S. 462f.

67 Im Herbst 1979 setzte die DDR eine Vereinbarung mit der kommunistischen SWAPO um, nach der namibische Flüchtlingskinder in der DDR erzogen und eingeschult werden sollen. Überwacht von linientreuen namibischen Betreuern sollten die Kinder zur neuen namibischen

wie der ANC (Südafrika) oder die ZAPO (Rhodesien) erhielten quasi-diplomatische Vertretungen in Ostberlin, damit die DDR auf diese Weise Einfluss auf Politiker und Gruppierungen nehmen wollte, die eines Tages in ihren Heimatländern an die Macht kommen könnten.

In diesem Sinne lassen sich auch Kontakte des VBK zur palästinensischen Befreiungsorganisation begreifen. Stand die PLO doch für eine werdende, wenngleich noch nicht verwirklichte Nation, die man an den östlichen Block binden wollte. 1976 machte eine politische Kunstausstellung über das Massaker von Tall-Zaatar – dort waren libanesische Sicherheitskräfte 1976 gegen ein palästinensisches Flüchtlingslager vorgegangen – in Ostberlin Station. Bald folgte im Islamischen Museum Ostberlins eine Ausstellung palästinensischer Volkskunst. 1979 fuhren fünf Künstler aus der DDR für einige Wochen in den Libanon, zeichneten dort, trafen palästinensische Kollegen und den PLO-Vorsitzenden Yassir Arafat.[68] Im Herbst 1979 ehrte die Ostberliner Nationalgalerie das palästinensische Künstlerpaar Ismail Shammout und Taman al Akhal mit einer großen Ausstellung. Shammout war nicht nur Leiter der PLO-Kulturabteilung und Träger des Kunstpreises der Palästinensischen Revolution, sondern auch Generalsekretär der Vereinigungen arabischer und palästinensischer Künstler – eine Art arabischer Willi Sitte. Die Ausstellung in der Nationalgalerie sollte ein politisches Signal senden: „Sie dokumentiert die internationalistische Haltung der DDR und deren Verbundenheit mit dem Kampf der palästinensischen Patrioten."[69]

Im gleichen Jahr waren anlässlich des Gründungskongresses des palästinensischen Künstlerverbandes fünf DDR-Künstler in den Libanon eingeladen worden, um das Leben und den Kampf der Palästinenser um ihre nationale Unabhängigkeit kennen zu lernen. Zu dieser Zeit beherrschte die PLO weite Teile des Libanons, um von dort den Kampf gegen Israel weiterzuführen. Viele Palästinenser lebten in libanesischen Flüchtlingslagern. Die Künstler Edmund Bechtle, Falko Behrendt, Uwe Bullmann, Christian Heinze und Günther Rechn besuchten während ihrer Reise Ortschaften im Süden des Libanons, die umkämpfte Bekaa-Ebene, das zerstörte Damour sowie einige Flüchtlingslager. Dabei kam es auch zu einer Begegnung mit PLO-Führer Yasser Arafat. 1980 nahmen beide Künstlerverbände offizielle Beziehungen auf und im November 1981 fand in einer öffentlichen Galerie der „Generalunion Palästinensischer Künstler" im von der PLO beherrschten Westteil Beiruts die Ausstellung „Palästina kämpft – Malerei und Grafik von fünf Künstlern aus der DDR" statt.[70] Hier wurden die Kunstwerke präsentiert, die auf der Künstlerreise von 1979 im Libanon vorbereitet worden waren. Darunter war auch eine gemeinsam von ostdeutschen und palästinensischen Künstlern produzierte Grafikmappe „Engagement Palästina." Trotz der angespannten Kriegssituation zwischen der PLO und Israel begleiteten die Künstler und der Kurator den

Elite erzogen werden. Bis 1989 nahmen 419 Kinder an dieser Ausbildung teil. *FAZ* 16. 2. 2008.

68 Referat Günter Reche, 7. Tagung des Zentralvorstands des VBK 6. 11. 1980, S. 87ff. Stiftung Archiv der Akademie der Künste Berlin, VBK ZV Nr. 5764/1.

69 Erwin Kohn (Hg.), Zwei palästinensische Künstler. Ismail Shammout und Taman al Akhal. Gemälde und Aquarelle, Nationalgalerie Berlin, 15. 11. 1979 bis 27. 1. 1980.

70 BStU MfS 645/92.

Transport der Ausstellung und nahmen mit dem DDR-Botschafter an der Ausstellungseröffnung teil. Eine Sondermaschine der DDR-Fluggesellschaft Interflug hatte Künstler, Diplomaten und Botschaftsmitarbeiter nach Beirut gebracht. Der Kurator Siegfried Wege berichtete: „Ich begegnete bei der Ausstellungseröffnung auch einer Mitarbeiterin des Goethe-Institutes. Wenn auch solch eine Kontaktaufnahme bei Dienstreisen ohne ausdrückliche Vollmacht durch unsere Vorgesetzten offiziell nicht erwünscht war, habe ich bei dieser und bei anderen DDR-Ausstellungen im Ausland mit Fachkollegen, ausländischen Künstlern und Vertretern des Goethe-Institutes gesprochen. Bei diesen Gesprächen wurde deutlich, dass DDR-Kunstausstellungen als Repräsentation deutscher Kunst in politischer Konkurrenz zu den Kunstausstellungen der BRD in dem jeweiligen Empfängerland standen.“[71] Die Ausstellung fand in einer Galerie in belebter Lage statt und hatte viele Besucher, wenngleich das Gebiet umkämpft blieb. PLO-Militärverbände zogen zum Fronteinsatz vorbei, es gab gelegentliche Schusswechsel und nächtliche Bombenangriffe israelischer Kampfflugzeuge. Die DDR-Künstler stellten somit unter kriegsähnlichen Umständen aus. Zusammen mit dem Kurator waren sie offizielle Gäste der PLO und besuchten Dörfer, ein Krankenhaus und militärischen Stellungen. Es gab aber auch freundschaftliche Treffen mit Künstlerkollegen in ihren Ateliers. Ein Höhepunkt war der Besuch der Kunstsammlung, die sich im Besitz der palästinensischen Befreiungsorganisation befand (P.L.O. Plastic Arts Section).[72]

Der VBK hatte auch arabische Gastkandidaten oder Gastmitglieder, wie den irakischen Maler Sami Hakki oder den Palästinenser Ibrahim Hazimah, die einige Jahre in der DDR lebten und später in ihre Heimatländer zurückkehrten.[73] Dem Maler und VBK-Vizepräsidenten Walter Womacka, der einen Ausstellungsaustausch zwischen der DDR und dem sowjetisch orientierten Syrien in Gang bringen sollte, wurde 1987 sogar die Ehre zuteil, den syrischen Staatschef Hafez al Assad portraitieren zu dürfen. Mehrere Tage lang soll Assad geduldig Modell gesessen haben.[74]

1978 stellte das MfAA in einem Konzeptpapier eine Liste mit 15 außereuropäischen Staaten zusammen, die als sozialistisch orientiert galten und zu denen intensive Beziehungen aufgebaut werden sollten. Als Kriterien galten eine zumindest teilweise verstaatlichte Wirtschaft, ein genossenschaftlicher Wirtschaftssektor und eine führende, marxistische Kaderpartei. Im Nahen Osten hatte sich die DDR auf Ägypten, Syrien und den Irak konzentriert. Ein erster großer Erfolg für die „Weltpolitik“ der DDR war bereits der Staatsbesuch Ulbrichts in Ägypten im Jahr 1965 gewesen.[75] Gelegentlich wurde die auswärtige Kulturarbeit der DDR von

71 Autorisierter Zeitzeugenbericht von Dr. Siegfried Wege (ehemals Mitarbeiter MfK und ZfK), Berlin am 27. Juni 2008.

72 Ebda. Siehe a. Ullrich Wallenburg: Engagement Palästina – Gedanken zu einer Studienreise junger Künstler in den Libanon, in: *Bildende Kunst,* Heft 4, 1981, Seite 198–201.

73 Offner, Eingegrenzt, S. 599 und 601.

74 Womacka spricht in seiner Biographie von kaum glaubhaften 70 Stunden. Der Präsident habe für ihn mehr Zeit gehabt als für sämtliche Staatsgäste eines Jahres. Walter Womacka, Farbe bekennen. Erinnerungen. Berlin 2004, S. 244.

75 Wentker, Außenpolitik 2007, S. 276.

Richtungswechseln der Gastgebernationen überrascht: So mussten die Kulturzentren in Alexandria und Kairo 1977 schließen, nachdem der ägyptische Präsident Sadat einen prowestlichen Kurswechsel vollzogen hatte.

In einzelnen Entwicklungsländern entstand oftmals eine Konkurrenzsituation, weil sich beide deutsche Staaten wirtschaftlich und kulturell dort engagierten. Der DDR ging es bis zu Beginn der 1970er Jahre auch darum, in den blockfreien und Entwicklungsländern der „imperialistischen Manipulation und Expansion mit kulturellen Mitteln" entgegen zutreten.[76] Wegen der Hallsteindoktrin, die für den Fall der Anerkennung der DDR diplomatische Sanktionen und die Einstellung der Entwicklungshilfe durch die Bundesrepublik androhten, hielten sich viele dieser Länder in dieser Frage zurück. Erst nach der Anerkennung der DDR durch den Westen konnte diese mit über 40 Staaten Afrikas, Asiens und Lateinamerikas Kulturabkommen abschließen. Da man sich aus finanziellen Gründen keinen ‚Entwicklungshilfewettlauf' mit der Bundesrepublik leisten konnte, ging man zum Bildungsexport bzw. zur Gaststudentenausbildung über.[77] Kunstausstellungen spielten aus Kostengründen und wegen der oft schwierigen klimatischen Bedingungen nur eine untergeordnete Rolle, allenfalls konnten Reproduktionen von Kunstwerken auf Wanderausstellungen z. B. nach Indien geschickt werden. Kunst und Kultur gehörten zum Beiprogramm der vielfältigen politischen und wirtschaftlichen Beziehungen der DDR zu Ländern wie Angola, Mosambik und Äthiopien. Beispielsweise war Kunst aus diesen drei Nationen im Jahr 1980 im Berliner Ausstellungszentrum am Fernsehturm präsentiert worden. Kunstausstellungen flankierten das wirtschaftliche Engagement der DDR in Angola und Mosambik. Da sich die Öllieferungen aus der UdSSR permanent verteuerten, versuchte die DDR auf eigene Faust, Rohstoff- und Energiequellen zu erschließen. Vor allem mit Mosambik verhandelte Ostberlin um Schürfrechte, weil in dem riesigen Land erhebliche Kohle-, Erdöl- und Erdgasvorkommen vermutet wurden. Ähnliche Interessen standen hinter den Ostberliner Hilfsaktionen für die neu entstandenen Staaten Angola (1976) und Namibia (1989).

Export eines Marxdenkmals

Ein spektakuläres Beispiel für sozialistischen Kunstexport stellte Joachim Jastrams Marxdenkmal dar, das 1984 als Geschenk der DDR an das marxistisch orientierte Militärregime Äthiopiens in Addis Abeba aufgestellt wurde – das erste Marxdenkmal auf afrikanischem Boden. Der Fall ist insofern bemerkenswert, weil die DDR selbst schon mehrfach Importland für monumentale Marx- und Lenin Denkmäler war. Riesige Plastiken wie der Marx-Kopf in Chemnitz (damals Karl-Marx-Stadt) die Thälmann-Büste und die Leninstatue in Ostberlin wurden von

76 Referat: „Kulturelle Beziehungen des Sozialismus zu den Entwicklungsländern" (Beitrag DDR) auf der Kultusministerkonferenz der sozialistischen Länder in Budapest, 26. bis 30. 10. 1970. BArch DR 1 Nr. 8959 Bl. 130.

77 Martin Praxenthaler, Die Sprachverbreitungspolitik der DDR. Die deutsche Sprache als Mittel sozialistischer auswärtiger Kulturpolitik, Frankfurt 2002, S. 132.

sowjetischen Bildhauern geschaffen. Auf diese Weise signalisierten sie die politische Dominanz der UdSSR. Sie waren Geschenke und Drohgesten zugleich.

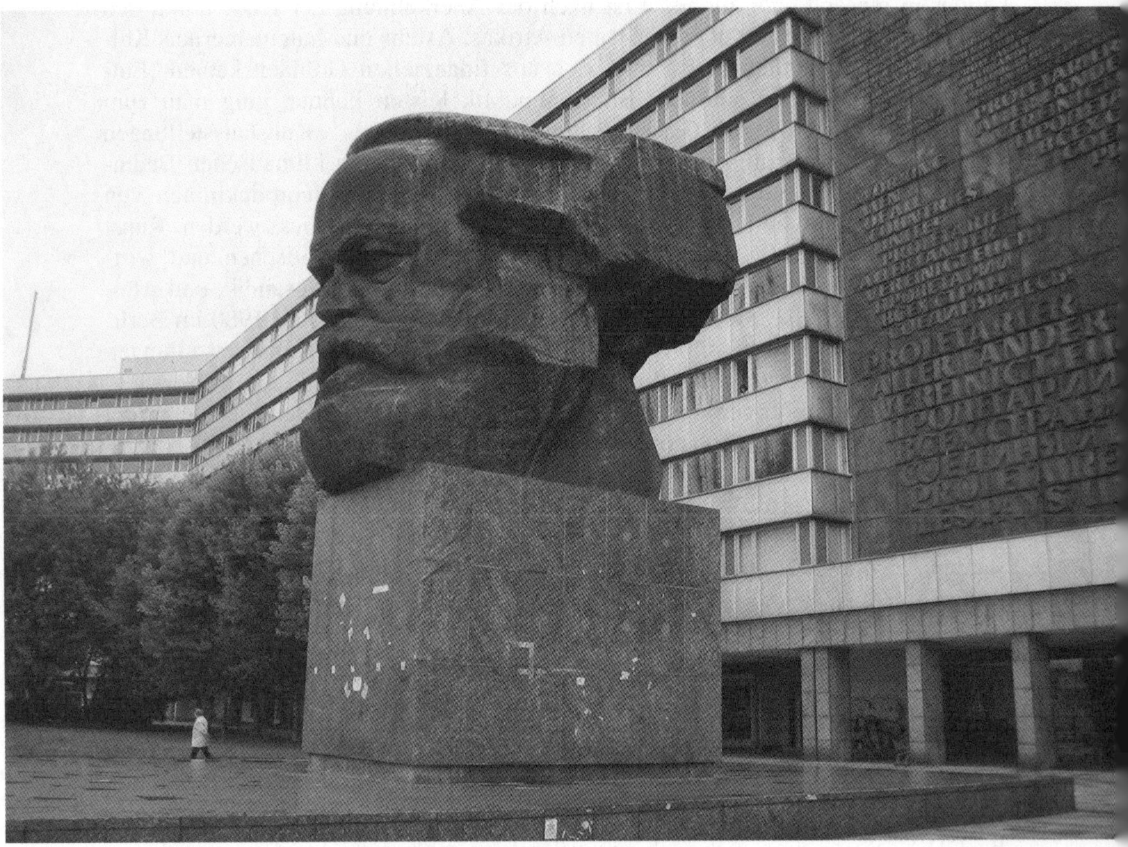

Abb.: Unzweifelhaft bot das Chemnitzer Karl-Marx-Denkmal als Geschenk der Sowjetunion an die DDR ein mächtiges und unerreichtes Vorbild für den Berliner Denkmalsexport nach Äthiopien. Bis heute ist es die größte Monumentalplastik Europas.

Nun wurde die DDR als Juniorpartner der UdSSR in ähnlicher Weise in Afrika aktiv. Sowohl zur Grundsteinlegung im November 1979, bei der ein Freundschaftsvertrag beider Staaten mit der Laufzeit bis 1999 unterzeichnet wurde, als auch zur Einweihung im Jahr 1984 reiste Erich Honecker nach Afrika. Der Bildhauer Jo Jastram war vom MfK beauftragt worden, eine Denkmalsanlage als Geschenk Honeckers an den Militärdiktator Mengistu Haile Mariam zu entwerfen. Jastram konzipierte zunächst eine tempelartige Denkmalsanlage mit einer Bibliothek und Außenreliefs mit Bildern aus der äthiopischen Geschichte, was aus Kostengründen von der SED-Führung abgelehnt wurde. Auch die abgespeckte Version eines Karl-Marx-Parks mit zentriertem Marx-Portrait war noch zu teuer. Am Ende blieb eine konventionelle Denkmalsanlage übrig: ein knapp fünf Meter hohes Denkmal aus rotem Meißener Granit, das auf einem Sockel ein schildartiges Relief mit Marx' Konterfei präsentierte – dessen Züge Jastram noch „afrikanisiert" haben soll, damit der Kopf besser akzeptiert werde. Da vor Ort keine Hilfsmittel und Ressourcen vorhanden waren, musste das Denkmal in der DDR produziert werden. Es bestand aus 14 Teilen, weil nur die Einzelteile durch die Ladeluke des größten sowjetischen Transportflugzeuges passten. Vor Ort wurden die Stücke wie ein Steckpuzzle zusammengesetzt und mit Hilfe der ebenfalls herbeigeschafften Hebetechnik aufgeschichtet – ein mobiles Denkmal-Aufbau-Kommando. Durch ihre Mittelknappheit brachte sich die DDR selbst um einen wirklich großen Auftritt. Ästhetische Entscheidungen waren durch finanzielle und technische Mängel vorgebahnt. Doch selbst die reduzierte Denkmalsvariante wurde noch zu einer symbolischen Manifestation genutzt: Während die wirtschaftliche Zusammenarbeit bereits stagnierte, feierte Honecker das Denkmal bei der Einweihung als „heilige Stätte, die das Wachsen und Gedeihen des sozialistischen Weltsystems" verkörpere.[78] Tausende von afrikanischen Parteimitgliedern und Militärangehörigen jubelten ihm in einstudierter Choreographie zu. Kurz zuvor hatte die Sowjetunion ein Lenindenkmal spendiert, während nordkoreanische Bildhauer an einer Großplastik zur Verherrlichung Mengistus arbeiteten. Diese Geschenke sind im Zusammenhang mit der Gründung einer „Äthiopischen Arbeiterpartei" erfolgt und sollten die ökonomischen und strategischen Bindungen verstärken. Von der Beziehung zu Äthiopien erwartete Ostberlin den leichteren Zugang zu Rohstoffen und Genussmitteln wie z. B. Kaffee. Zahlreiche wirtschaftliche Gemeinschaftsunternehmen wurden initiiert, die jedoch nach wenigen Jahren bereits stagnierten oder gescheitert waren. Die DDR lieferte aber noch bis ins Jahr 1989 hinein Landmaschinen und Waffen, sandte etwa 2.000 Experten nach Äthiopien und bildete eine Anzahl äthiopischer Kader an der Leipziger Universität aus.[79] Am Ende zahlte sich das entwicklungspolitische Engagement für die DDR kaum aus. Eigene wirtschaftliche Schwierigkeiten zwangen Ostberlin, sich in den 1980er Jahren schrittweise aus Afrika zurückzuziehen.

78 *Neues Deutschland* 14. 11. 1979.

79 Paul Kaiser, Kunsttransfer und Ideologieexport. Das erste Marxdenkmal auf afrikanischem Boden von Jo Jastram 1979–1984, in: Kerstin Volker-Saad und Anna Greve (Hg.), Äthiopien und Deutschland. Sehnsucht nach der Ferne, München 2006, S. 225–229.
Vgl. a. Harald Möller, Die DDR und Äthiopien. Unterstützung für ein Militärregime 1977–1989, Berlin 2003.

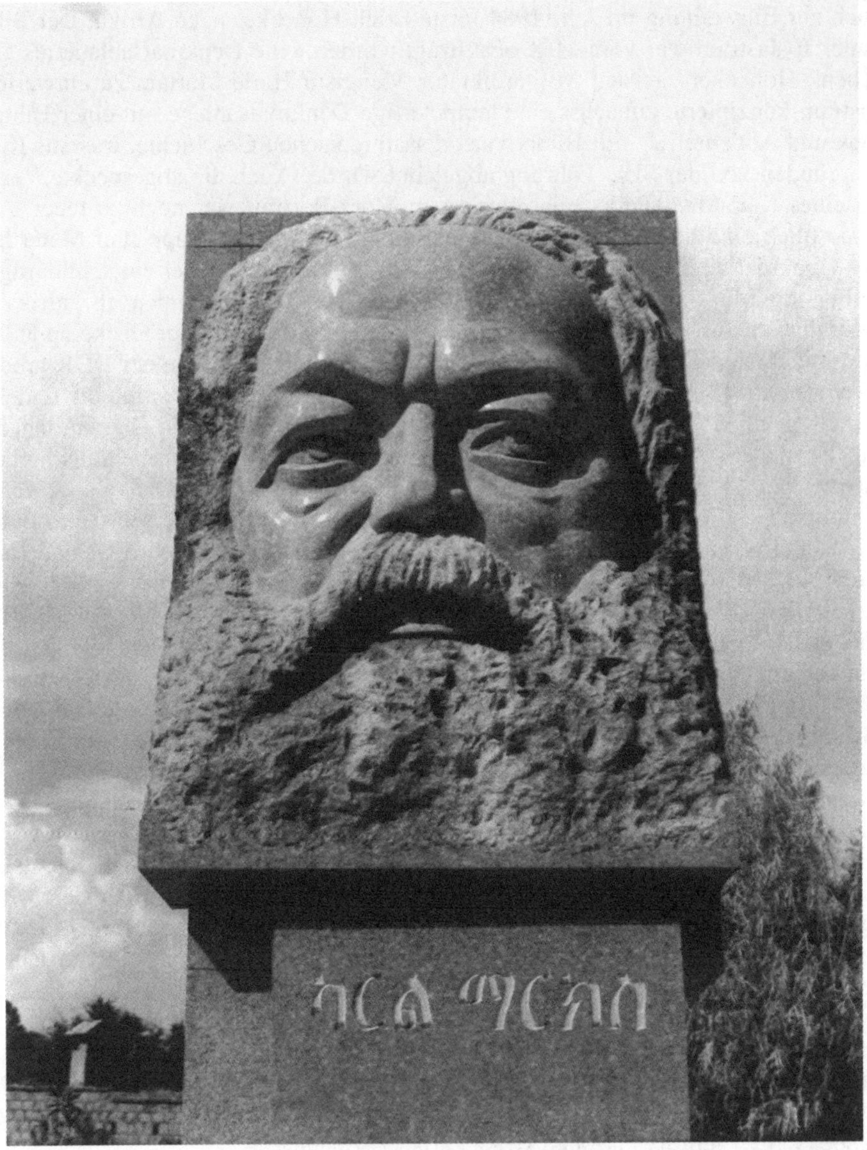

Abb.: Das fertiggestellte Marx-Denkmal des Bildhauers Jo Jastram in Addis Abeba.

Die Mittlerorganisationen für die Auswärtige Kulturpolitik der DDR

Die Auswärtige Kulturpolitik der DDR wurde im Zusammenhang mit der Außenpolitik von den Führungsgremien der Staatspartei zentralistisch geplant. Sie sollte von verschiedenen Institutionen synchron und arbeitsteilig umgesetzt werden. Inhaltlich maßgebend waren die *SED/ZK-Abteilungen für Kultur, Westpropaganda und Auslandsinformation*, die in Zusammenarbeit mit dem *Ministerium für Kultur* und der *Abteilung für kulturelle Auslandsbeziehungen* des Außenministeriums kulturpolitische Initiativen entwickelten. Der rechtliche Rahmen wurde durch internationale Kulturabkommen oder durch Vereinbarungen zwischen den jeweiligen Staatsparteien und offiziellen Künstlerverbänden hergestellt. Die Planungszeiträume waren z. T. recht weit, besonders zwischen den sozialistischen Ländern gab es durchaus Fünf- oder sogar Zehnjahrespläne. Kulturpolitik diente im Allgemeinen der Flankierung politischer und wirtschaftlicher Beziehungen zu anderen Ländern. In den Führungsgremien der Partei und im MfAA wurde die außenpolitische Linie vorgegeben, während das MfK und Vermittlerinstitutionen den Kulturaustausch auf der praktischen Ebene umsetzten. Wie im Herrschaftssystem der DDR insgesamt lag auch hier eine ineffiziente Doppelung der Machtstruktur vor. Alle ausführenden Organe des Staates, wie z. B. die Ministerien, wurden im Parteiapparat gespiegelt und von den entsprechenden Abteilungen und Funktionären dieser Institutionen kontrolliert. Zudem waren in allen staatlichen Institutionen und Großbetrieben noch Parteizellen angesiedelt, die die politischen Vorgaben der SED-Führungsgremien und ideologischen Kampagnen der SED-Führungsgremien besonders engagiert diskutierten und umzusetzen versuchten. Zwischen 1958 und der Mitte der 1970er Jahre bildete die *Kommission für kulturelle Beziehungen zum Ausland,* die beim MfAA angesiedelt war, das Gremium, bei dem die Fäden der Auslandskulturarbeit zusammenliefen. Hier wurden mittel- und langfristige Pläne für Kulturbeziehungen zu einzelnen Ländern erarbeitet, finanziert und kontrolliert. Durch die Zusammensetzung der Kommission sollte eine Vernetzung der Körperschaften, die an internationalen Kulturbeziehungen beteiligt waren und die Kontrolle durch die Partei gewährleistet werden.[80] Zeitweise ging man hier davon aus, dass jährlich etwa 300 Auslandsausstellungen mit künstlerischen oder politischen Inhalten möglich sein könnten.[81] Ab Mitte der 1970er verlor die Kommission als zentrale Instanz an Bedeutung, weil die Auslandsbeziehungen nun vielfältiger abgewickelt wurden. Generell hatte der Kulturaustausch im MfAA ohnehin nur einen relativ geringen Stellenwert.

Liga für Völkerfreundschaft

Einige Organisationen dienten in der Zeit vor der internationalen Anerkennung der DDR als außenpolitische Türöffner, so etwa die *Liga für die Vereinten Nationen,* die die Beitrittsbereitschaft der DDR zur UNO demonstrieren sollte. Die *Gesellschaft für kulturelle Verbindungen mit dem Ausland* war 1952 zunächst mit

80 Folgende Institutionen hatten Vertreter in der Kommission: Zentralvorstand FDJ, Gesellschaft für kulturelle Verbindungen mit dem Ausland, SED/ZK-Abteilungen für Kultur, Westpropaganda und Auslandsinformation, Kulturkommission beim Politbüro.
S. a. die „Ordnung über die Vorbereitung, Durchführung und den Abschluß von Kulturabkommen, Kulturarbeitsplänen und Maßnahmeplänen für die Entwicklung kultureller Beziehungen mit dem Ausland." PA AA MfAA MR-A/11 Bd. 2. Beschluß des Ministerrates 122/5/63 vom 7. 2. 1963.

81 Ingrid Muth, DDR-Außenpolitik 1949–1972. Inhalte, Strukturen, Mechanismen, Berlin 2000, S. 86.

dem Ziel gegründet worden, die kulturelle Außendarstellung der DDR im sozialistischen Ausland zu sichern. Sie wurde zur Dachorganisation einer Reihe von binationalen Freundschaftsgesellschaften in der DDR. Diese Funktion übernahm ab 1961 die *Liga für Völkerfreundschaft* (LfV), die die internationale Isolierung der DDR nach dem Mauerbau kulturpolitisch zu unterlaufen suchte. Die LfV wurde zum zentralen kulturpolitischen Mittler der DDR im Ausland, war direkt durch das Politbüro gesteuert und zeichnete verantwortlich für die Kulturzentren der DDR und die Koordination der DDR-Freundschaftsgesellschaft im Ausland.[82] Obwohl die Liga in enger Abstimmung mit der SED/ZK-Abteilung für Kultur und dem Außenministerium agierte, konnte sie im Ausland als nichtstaatliche Organisation auftreten und somit durch den Abschluss von Verträgen mit Partnerorganisationen die Hallsteindoktrin umgehen. Die Gründung und Unterstützung von Sympathisantenvereinigungen im Ausland, für die oft überparteiliche und bekannte Persönlichkeiten des kulturellen Lebens gewonnen werden konnten, verlief recht erfolgreich, so dass in den 1980er Jahren bereits 48 DDR-Freundschaftsgesellschaften existierten.

Um der Arbeit der *Goethe-Institute* effektive Propaganda entgegenzusetzen, eröffnete die DDR unter der Regie der Liga eine Reihe von Kultur- und Informationszentren, unter anderem in Warschau, Prag, Paris, Stockholm und Kairo. Hier fanden Sprachkurse, Seminare, wissenschaftliche und politische Vorträge, Konzerte und Kunstausstellungen statt. Die chronische Devisenknappheit begrenzte allerdings die Reichweite und die Erfolgsaussichten der Auslandskulturarbeit der DDR.

Berufsverband bildender Künstler der DDR (VBK)

Der offizielle *Berufsverband bildender Künstler der DDR* (VBK) war 1950 als Zwangsinnung für alle bildenden Künstler eingerichtet worden. Er war die zentrale Vermittlungsinstanz für die offizielle Kulturpolitik der SED. Die Leitung wurde im Abstand von vier Jahren unter Einflussnahme der Partei- und Staatsorgane bestimmt. Die Vorgaben der SED-Kulturpolitik wurden unter den VBK-Mitgliedern relativ offen und kontrovers diskutiert, doch blieb der Verband insgesamt immer loyal zur Parteiherrschaft. Für die Mitgliedschaft war ein mehrjähriger Kandidatenstatus obligatorisch. Nur die Vollmitgliedschaft führte zur Berechtigung, in der DDR als freier Künstler tätig zu sein. Rebellische Geister und Künstler, die in westlich-postmoderner Manier arbeiteten, wurden auf diese Weise ins Abseits manövriert. Sie konnten nur privat arbeiten und mussten sich Tarnberufe zulegen, um der Strafverfolgung als berufslose und beschäftigungslose „Asoziale“ zu entgehen.[83]

Der VBK betrieb auch eine eigene „Außenpolitik“, was gerade in Ländern

82 Dissertationsprojekt über die kulturpolitische Selbstdarstellung der DDR im Ausland mit dem Schwerpunkt LfV von Jan Behrendt, Hamburg 2008.

83 Deutscher Bundestag, Referat Öffentlichkeitsarbeit (Hg.), 35. Sitzung der Enquetekommission ‚Aufarbeitung von Geschichte und Folgen der SED-Diktatur, Öffentliche Anhörung zu Kunst und Kultur in der DDR, Bärbel Boley, „Zensur in der Malerei“ 4. 5. 1993, S. 65ff.

sinnvoll war, die die DDR diplomatisch nicht anerkannten. Der VBK wählte in Absprache mit Institutionen des Gastlandes unter seinen Mitgliedern Künstler aus, die die DDR bei Auslandsausstellungen vertreten durften und suchte die Zusammenarbeit mit ausländischen Künstlerverbänden. Alle wichtigen Entscheidungen mussten jedoch vom Politbüro genehmigt werden. Im Vorfeld der Auslandsausstellungen legten Vertreter der Partei, des MfK und des VBK die Künstlerlisten fest. Das MfS suchte regelmäßig den Kontakt zum VBK, um den politisch-kämpferischen Charakter der Organisation sicherzustellen. Dabei wurde gewarnt, es gäbe die „Absicht äußerer und innerer feindlicher Kräfte, die bildenden Künstler zu missbrauchen, um politische Untergrundarbeit zu organisieren." Wichtig seien daher die verstärkte ideologische Arbeit im VBK, die strikte Auswahl zuverlässiger Reisekader und ein Mentorenprogramm für „schwankende und vom Feind beeinflusste Künstler".[84] Vorbehalte des MfS gegen ideologisch als unzuverlässig eingeschätzte Künstler und gegen kurzfristig gestellte Ausreiseanträge von Künstlern sorgten manchmal dafür, dass Auslandsausstellungen von DDR-Künstlern nicht in geplanter Form stattfinden konnten. So konnte einer Einladung der französischen Botschaft an Thomas Florschuetz nach Frankreich nicht entsprochen werden, weil dieser im März 1986 einen Ausreiseantrag gestellt hatte. Bei ihm galt nun „Fluchtgefahr" bzw. er war nicht mehr geeignet, die DDR im Ausland zu vertreten.[85]

Der VBK unterhielt offizielle, vertraglich fixierte Beziehungen zu den Künstlerverbänden anderer Staaten, hauptsächlich der Ostblockstaaten, aber auch zu linksorientierten Künstlerverbänden westlicher Staaten. Diese Verträge beinhalteten den Austausch von Ausstellungen und Delegierten, gemeinsame Pleinairs und Kontakte der Kunstzeitschriften. 1985 unterhielt der VBK vertragliche Beziehungen zu Künstlerverbänden aus 15 Staaten sowie der PLO und SEW (*Sozialistische Einheitspartei Westberlins*). 67 Auslandsausstellungen organisierte der VBK im Jahr 1985.[86] In den späten 1980er Jahren wandten sich immer mehr Künstler von den offiziellen Verbänden und Gremien ab, so dass diese um Einfluss kämpfen mussten.

Für Unmut sorgte 1986 auch das Verhalten des Nationalpreisträgers und Kunstprofessors Volker Stelzmann. Er war nach einer Ausstellung in Westberlin mit seinen Gemälden dort geblieben. Dies wurde aber nicht mit Ausschluss und Strafverfolgung seitens der DDR geahndet, sondern legalisiert, indem das MfK die Abwesenheit Stelzmanns zu einem „Auslandstipendium" deklarierte. Weniger prominente VBK-Mitglieder bezahlten Fluchtversuche dagegen mit Haftstrafen und Ausschluss aus dem Künstlerverband.[87] Die Entpolitisierung der Künstler war Folge einer weit verbreiteten gesellschaftspolitischen Frustration. Die Ausstellung „Konturen", die zum 40. Staatsjubiläum am 7. Oktober 1989 in der Nationalgale-

84 BStU HA XX 12852, Bl. 27. Vermerk des MfS über die Tagesordnung eines Treffens mit Willi Sitte, 27. 3. 1984.

85 BStU MfS HA XX Nr. 12687, Bl. 343.

86 Stiftung Archiv der Akademie der Künste Berlin, VBK ZV Nr. 41/2.

87 BStU HA XX 12391, Bl. 488. Bericht eines IM 8. 12. 1986.
Später protestierten Studenten und Professoren (Koberling, Baselitz) der HdK gegen die Einstellung Stelzmanns an der Westberliner Kunstakademie. *Berliner Morgenpost* 8. 7. 1988.

rie veranstaltet wurde, versuchte, die jüngeren Künstler mit dem System zu versöhnen, indem sie ihnen breiten Raum zur Verfügung stellte.[88]

Zentrum für Kunstausstellungen (ZfK)

Um den Austausch von Ausstellungen professioneller zu bewerkstelligen, gründete die DDR 1973 das *Zentrum für Kunstausstellungen* (ZfK), das als Auftragnehmer des Ministeriums für Kultur Ausstellungen von DDR-Künstlern im Ausland durchführte oder ausländische Ausstellungen empfing.[89] Hier arbeiteten 1974 sechs Kunsthistoriker.[90] In der Presseerklärung zum 15-Jährigen Bestehen wurden 2.000 Ausstellungen aufgeführt, die das ZfK bereits durchgeführt habe. Kunstausstellungen aus der DDR seien in über 90 Länder, die mit der DDR diplomatische Beziehungen pflegten, vermittelt worden. Zum Aufgabengebiet gehörten die Übersendung von DDR-Beiträgen für große internationale Ausstellungen sowie die Organisation von repräsentativen Überblicksschauen und von gut transportablen Genre-, Plakat- und Reproduktionsausstellungen. Malerei, Graphik, Fotographie, Bühnenbild, Denkmalpflege und Industriedesign waren dabei vertreten. In den 1980er Jahren hatte das ZfK insgesamt 90 Mitarbeiter, die jährlich über 10.000 Kunstwerke der Öffentlichkeit zugänglich machten und zudem die *Große Dresdner Kunstausstellung* organisatorisch betreuten.[91] Auch kaufte das ZfK regelmäßig Kunst an und besaß 1988 über 10.000 Kunstwerke.[92] Unter den jährlich etwa 130 Ausstellungen des ZfK waren 50 reine Kunstausstellungen, die von Kunstwissenschaftlern in Absprache mit den ausländischen Partnern zusammengestellt wurden. Ein Schwerpunkt war dabei die Präsentation zeitgenössischer Kunst aus der DDR im Ausland.[93]

Bei der Auswahl der Kunstwerke besaß das ZfK einen gewissen Spielraum. Dennoch fand eine politische Kontrolle der Ausstellungen statt. Vertreter des ZK, des MfK und des MfAA vollzogen die Abnahme der reisefertigen Ausstellungen. Doch die Parteifunktionäre griffen selten ein und ließen nur in wenigen Fällen einzelne Werke entfernen oder ersetzen. In der Regel waren die Parteiinstitutionen und das MfS schon im Vorfeld in die Ausstellungsplanung miteinbezogen worden, sodass Konflikte frühzeitig entschärft wurden und nicht an die Öffentlichkeit dringen konnten. Als beispielsweise in den 1980er Jahren eine Ausstellung in den

88 Martin Damus, Malerei in der DDR. Funktionen der bildenden Kunst im realen Sozialismus, Reinbek 1991, S. 348.

89 In den „Ausstellungsdirektiven" des Ministeriums wurde stets nach der „kulturpolitischen Zielstellung" und der anschließenden kulturpolitischen Auswertung der Ausstellung gefragt. BArch DR 1 Nr. 8177.

90 Unter den Mitarbeitern soll sich nur ein SED-Mitglied befunden haben. Der spätere Kulturse nator Thomas Flierl (PDS/Linkspartei) arbeitete zwei Jahre lang im ZfK, bevor er ins Ministerium für Kultur, *Abteilung Internationale Beziehungen*, wechselte. Hans Joachim Schirmbeck (ehemals Mitarbeiter ZfK) im Gespräch mit dem Verfasser, Berlin im November 2005.

91 ZfK (Hg.), *Mitteilungen* 5, Berlin 1981, S. 3.

92 Presseerklärung vom 22. 9. 1988: 15 Jahre ZfK. BArch DR 123 Zentrum für Kunstausstellungen 321.

93 Wolfgang Polak, „Bilanz und Ausblick", in: ZfK (Hg.), 15 Jahre ZfK, Berlin 1988, S. 4.

Iran geschickt werden sollte, mussten die Aktgemälde aus religiös-politischen Gründen entfernt werden.

Ein weiteres Konfliktfeld ergab sich aus der Frage, welche Künstler und Kunsthistoriker Ausstellungen in westliche Länder begleiten durften. Während der VBK und das ZfK möglichst vielen Mitarbeitern und Mitgliedern die Reise in den Westen ermöglichen wollten, trachtete die Staatssicherheit danach, die Zahl der „Reisekader" möglichst gering zu halten – aus Gründen der Flucht- und Spionagegefahr. Die Listen der in den Westen reisenden Künstler mussten der Stasi vorgelegt werden, später musste das ZK-Mitglied Kurt Hager mit seiner Unterschrift die politische Verantwortung für die Rückkehr der Künstler übernehmen. Tatsächlich ist die Zahl der im Westen gebliebenen künstlerischen „Reisekader" gering. Offenbar schreckten die unsicheren Arbeits- und Lebensbedingungen der bildenden Künstler und der undurchsichtige Kunstmarkt in der Bundesrepublik viele Künstler aus der DDR ab, die im VBK eine vergleichsweise gesicherte Existenz vorfanden.[94] Selbst ein erfolgreicher Maler wie Wolfgang Mattheuer, der auf dem westlichen Kunstmarkt sicher Chancen gehabt hätte, fühlte sich vom schnelllebigen westlichen Medien- und Kunstbetrieb abgestoßen: „Ich will dort keine Nummer sein".[95]

94 Bei einer Ausstellung junger Dresdner Künstler bei der BASF in Ludwigshafen setzte sich die verantwortliche Mitarbeiterin in den Westen. Zeitweise erwogen SED-Funktionäre, die ganze Ausstellung abzusagen, konnten jedoch vom Gegenteil überzeugt werden. Wolfgang Polak, von 1981 bis 1989 Direktor des ZfK, im Gespräch mit dem Autor 13. 3. 2007.

95 Eduard Beaucamp, „Lob des Misstrauens. Das Innenleben eines ostdeutschen Malers", in *FAZ* 7. 3. 2008.

Kapitel V
BILDENDE KUNST ALS INTERNATIONALES AUSHÄNGESCHILD DER DDR – ERFOLGE UND RISIKEN AUS OSTBERLINER SICHT

Im Rahmen der DDR-Auslandskulturarbeit stellte die bildende Kunst zunächst keinen wichtigen Bereich dar. Propaganda, Literatur, Musik und darstellende Kunst standen in den 1950er und 1960er Jahren im Vordergrund. Auf dem Höhepunkt des Kalten Krieges fand die Konfrontation der Systeme auf den militärischen und wirtschaftlichen Ebenen statt. Technische Zusammenarbeit, Wissenschaftsbeziehungen und Schriftpropaganda standen zunächst weit höher in der Prioritätenliste als bildende Kunst. Die Kunst des Sozialistischen Realismus hatte damals im Westen, selbst in den neutralen Staaten wie Schweden, keinen guten Ruf. Sie galt weithin als niveaulose Propagandakunst, die von „gleichförmiger Heroisierung, Idealisierung, hohlem Pathos und Humorlosigkeit" geprägt sei.[1] Zudem war eine gewisse Nähe zur nationalsozialistischen Bildsprache unübersehbar. Da die DDR in ihrer Propagandaarbeit auch sonst wenig Rücksicht auf die Empfindlichkeiten westlicher Rezipienten nahm, wirkt die Zurückhaltungen in Sachen zeitgenössische Kunst eigenartig. Offenbar blieb auf Seiten der SED eine Unsicherheit zurück, ob der Weg zum Sozialistischen Realismus der richtige sei. Qualitätsprobleme der Kunst aus der DDR wurden intern diskutiert.

Parallel zum Aufschwung der Entspannungspolitik gewann die bildende Kunst an Bedeutung. Die DDR diente als Gastgeber für internationale kunstwissenschaftliche Konferenzen. So im Jahr 1974, als über 100 Mitglieder des *Internationalen Kunstkritikerverbandes* (AICA) nach Ostberlin und Dresden reisten.[2] Die Zahl internationaler Ausstellungen mit DDR-Beteiligung nahm zu und die internationalen Kontakte des VBK vervielfältigten sich. Die Zahl der Auslandsausstellungen von Kunst aus der DDR stieg im Laufe der 1980er Jahre immer weiter an: Jährlich organisierte des ZfK etwa 100, der VBK 25 und der Staatliche Kunsthandel zwischen 60 und 70 Verkaufsausstellungen, an denen nicht nur die im Westen

1 Schwedische Pressestimmen zur Ausstellung „Kunst für das Volk – eine Jubiläumsausstellung der DDR" in der Kunsthalle Lund, 22. 5. – 19. 6. 1970. Zitiert nach Tilo Herrmann, „Bellephoron und Sisyphos – zwei Abgesandte der SED. Die schwedische Rezeption von bildender Kunst aus der DDR", in: Jan Hecker-Stampehl (Hg.), Nordeuropa und die beiden deutschen Staaten 1949– 89, Leipzig und Berlin 2007, S. 159–177.

2 1982 fand auf der Wartburg eine Tagung des *Internationalen Komitees für Kunstgeschichte* statt. Gespräch des Verfassers mit Peter H. Feist (1968 bis 1981 Direktor der Kunsthistorischen Institutes der Humboldt-Universität, anschließend Leiter des Instituts für Ästhetik und Kunstwissenschaften der Akademie der Wissenschaften und Nationalpreisträger der DDR).

bereits bekannten Meister, sondern auch die jüngere Künstlergeneration mitwirkten.[3]

Entideologisierung in der bildenden Kunst

Die Ausweitung internationaler Kontakte war nur durch eine innenpolitische Flexibilisierung des Kulturbetriebs in der DDR möglich geworden. Der Wechsel in der Staatsführung von Walter Ulbricht zu Erich Honecker hatte auch für die bildende Kunst Folgen. Wie Ulbricht stand zwar auch Honecker der Kunst fern, doch das Dogma des Sozialistischen Realismus wurde jetzt gelockert. Manche Künstler und die VBK-Leitung versuchten im Rahmen von Erich Honeckers Programm der „Weite und Vielfalt“ den Spielraum für internationale Kontakte und Ausstellungen zeitgenössischer Kunst zu erweitern.[4] Direkte Eingriffe der SED-Ideologen in den Kunstbetrieb wurden selten und waren auch nicht mehr nötig, weil SED und Staatssicherheit den Kulturbetrieb insgesamt effektiver kontrollierten. Die umfassende politische Kontrolle durch den Ausbau des Überwachungsapparates führte zu einer gewissen formalen und inhaltlichen Befreiung in der bildenden Kunst.

Die Entideologisierung war in der bildenden Kunst leichter und weiter vorangeschritten, weil sie keine direkte, politisch wirkende Sprache verwendete wie das Theater oder die Literatur. Die hoch differenzierte und komplexe Kunst bot „schier unendliche Möglichkeiten für immer neue Nuancen affirmativer Klänge und kritischer Untertöne.“[5] Es war ebenso möglich, bei der Kunstbetrachtung Kritisches auszublenden und die Bilder als Beispiele sozialistischer Kultur zu sehen als auch symbolische Systemkritik darin zu erkennen: „Der Auftraggeber, der gläubige Parteigenosse konnte bekommen, was er erwartete und gleichzeitig konnten Wissende, Verstehende, Kritische befriedigt werden.“[6] Kunst war eben keine schnell wirkende „Waffe“ wie das Wort. Die SED riskierte nicht viel mit einer liberaleren Kunstpolitik, die die Vielfalt und ein kritisches Moment in Auslandsausstellungen von DDR-Kunst zuließ. Außerdem ließ sich die Berichterstattung über diese Auslandsausstellungen kanalisieren. Die DDR-Bürger erfuhren wenig über die Ausstellungen ihrer Künstler im Ausland, die oftmals in ihrer Vielfalt und Ambivalenz innerhalb der DDR nicht möglich gewesen wären. Und manch Zweifel an der politischen Wirksamkeit von Kunst wurde gerade dadurch genährt, dass der bildenden Kunst ein relativ großer Spielraum gewährt wurde.

Die wachsende Auslandspräsenz von Kunst aus der DDR wirkte auch auf die Verhältnisse im Inneren zurück: In dem Maße, indem einzelne Künstler aus der

3 Peter Pachnicke, „Bemerkungen zur Wirkung verstärkter Ausstellungs- und Verkaufstätigkeit bildender Kunst in kapitalistischen Ländern“, S. 9. Tagung des ZV des VBK 29. 5. 1986. Stiftung Archiv der Akademie der Künste Berlin, VBK ZV Nr. 5744.
Willi Sitte, Präsident des VBK mit Kurt Hager, Mitglied des Politbüros und Sekretär des ZK der SED im Winter 1982/83. SAdK Berlin VBK-ZV 5845.

5 Martin Damus, Malerei in der DDR. Funktionen der bildenden Kunst im realen Sozialismus, Reinbek 1991, S. 17.

6 Ebda.

DDR im Ausland bekannt wurden und dort das Ansehen der DDR steigerten, konnte sie nicht mehr von der SED reglementiert werden. Auf diese Weise hatte sich auch der Aufstieg der Maler Wolfgang Mattheuer, Bernhard Heisig, Werner Tübke und Willi Sitte vollzogen. Sie wurden in den 1960er Jahren wegen der „Verfremdung der gesellschaftlichen und geschichtlichen Wirklichkeit“ von SED-Funktionären kritisiert, die an einer klassischen Konzeption des Sozialistischen Realismus festhielten. Durch die politischen Vorwürfe wurden westliche Kritiker auf die Maler aufmerksam.

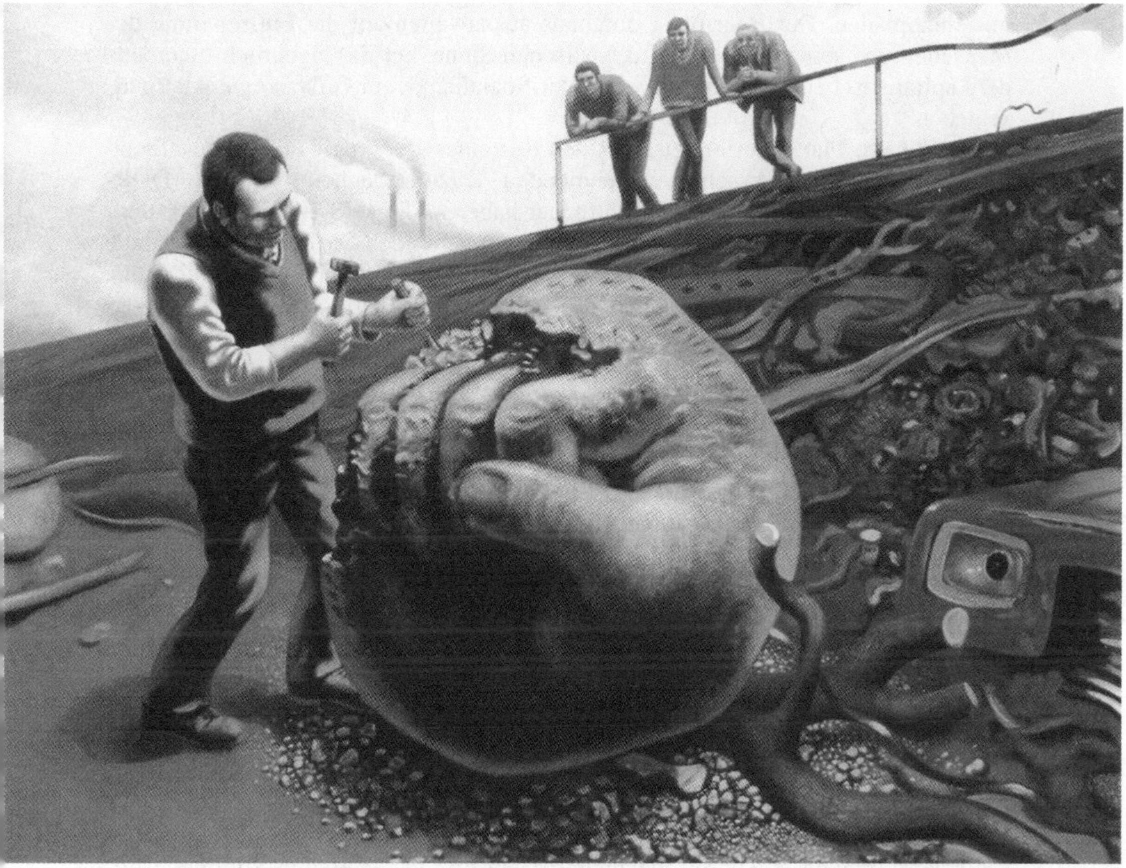

Abb.: Wolfgang Mattheuer, Sisyphos behaut den Stein 1974 (41. Biennale Venedig, Beitrag der DDR im Venezianischen Pavillon) Mattheuer kleidet seine Kritik und seine Zweifel an der Funktionsfähigkeit und Humanität des sozialistischen Gesellschaftssystems in antike Metaphern. Aus seinen Bildern scheinen Umweltzerstörung, Misswirtschaft und die Sinnlosigkeit eines entfremdeten Alltags auf. Keine gute Werbung für den Sozialismus.

Das Werk Wolfgang Mattheuers steht exemplarisch für diesen Wandel: Das Aufbaupathos der ersten DDR-Jahrzehnte, in denen die Kunst heroische Arbeiter und Industrieprojekte in den Mittelpunkt stellte, verschwand in seinen Bildern der 1970ern vollkommen. Stattdessen bevölkerten mythische Gestalten wie Sisyphos oder Ikarus die Bildfläche. Damit suggerierte Mattheuer die Sinnlosigkeit und Fehlplanung im sozialistischen Wirtschaftssystem. Seine Landschaften, die unverkennbar heimatliche Züge trugen, spiegelten deutlich die Umweltschäden, die Zersiedlung und Zerschneidung des Raumes durch die sozialistische Wirtschaftsweise. Damit formulierte er Zweifel an dem offiziell zur Schau getragenen marxistisch-wissenschaftlichen Fortschrittsglauben. Gleichzeitig ließ er eine Interpretation seiner Werke im marxistischen Sinne offen: „Sisyphosarbeit ist jede sinnlose Arbeit, zum Beispiel etwas zu produzieren und den baldigen Verschleiß schon mit einzuplanen. Der Begriff ist durchaus auszuweiten auf die Entfremdung des Menschen von seiner Arbeit im marxistischen Sinne, auf das eigentlich Inhumane der kapitalistischen Produktionsweise. Der Sozialismus muss dazu eine Alternative geben."[7]

Bald hatte Mattheuer in der DDR den Ruf eines Querkopfes und Schwarzmalers. Er geriet wegen seiner zunehmenden Unzufriedenheit mit dem DDR-Kunstsystem ins Visier des MfS. Mattheuer habe, so die MfS-Beobachter im Jahr 1976, bis 1974 eine „grundsätzlich DDR-verbundene, den Sozialismus bejahende Position eingenommen", würde sich jedoch nun zunehmend kritisch über die Kunstpolitik und die allgemeine Lage in der DDR äußern. Bedenklich sei das westliche Interesse an Mattheuer. So habe man Zweifel, ob Mattheuer „den verstärkten Bemühungen seitens BRD-Journalisten und Mitarbeitern der Ständigen Vertretung der BRD in der DDR an einem ständigen Kontakt mit der notwendigen parteilichen und staatsbürgerlichen Haltung gegenübertritt."[8] Obwohl Wolfgang Mattheuer in einer Diktatur lebte, stellte er seine Kunst in den Dienst der Aufklärung. Seine Gemälde bezeichnete er als „realistische Zeitbilder". Sie waren das Gegenteil von fröhlicher Propaganda. Trotzdem vertrat er die DDR bei wichtigen Ausstellungen im Westen, wie bei der Biennale von Venedig 1984. Obwohl die vier erwähnten Maler sehr unterschiedlich arbeiteten, wurden sie bald als Kristallisationskerne einer Bewegung bezeichnet, die vor allem im Westen als *Leipziger Schule* bekannt wurde: „Präzise Dingerfassung der Realität, Simultankonzeption, die allegorische, metaphorische und symbolische Verdichtung von subjektiven Wahrnehmungsinhalten" zeichneten diese Strömung aus.[9]

Der offiziell geforderte inhaltliche Antifaschismus und sozialistische Neohistorismus wurde zwar von Mattheuer, Heisig, Hartwig Ebersbach und Tübke pro forma akzeptiert, in der konkreten künstlerischen Ausführung aber massiv unterwandert. Die Künstler nahmen mit ihren fragmentierten und collagierten Geschichtspanoramen, mit ihren melancholischen und verzweifelten Stimmungsbildern das Scheitern der sozialistischen Utopie vorweg. Sie schufen eine überfrach-

7 Interview Mattheuers in der *Leipziger Volkszeitung* 15. 8. 1973.

8 BStU MfS ZAIG Nr. 15743 „Einzelinformation über Verhaltensweisen des Leipziger Malers und Grafikers Wolfgang Mattheuer", 25. 3. 1976.

9 Harald Behrendt, Werner Tübkes Panoramabild in Bad Frankenhausen. Zwischen staatlichem Prestigeprojekt und künstlerischem Selbstauftrag, Kiel 2006, S. 64.

tete Bildwelt, in ihrer erzählerischen Fülle fast schon der Literatur nahe stehend und von anderen ostdeutschen Malern wie Harald Metzkes als „Leipziger Symbolgulasch“ verspottet.[10] Verstanden die politisch Verantwortlichen diese subversive Botschaft nicht? Unter den führenden Funktionären der SED gab es keinen Kunstverständigen. Weder Erich Honecker, noch Kurt Hager oder andere Mitglieder des Politbüros waren auf dem Gebiet der modernen Kunst kundig oder leidenschaftlich engagiert. Die Vielschichtigkeit und Unübersichtlichkeit der modernen und zeitgenössischen Kunst waren den überwiegend kleinbürgerlich und proletarisch aufgewachsenen Parteigrößen fremd. Unter den Regierenden der DDR herrschte eine „Mentalität von rotem Plüsch und roter Gartenlaube.“[11] Aus der Partei heraus gab es wenig Initiative zur Förderung der zeitgenössischen Kunst und zur Verbreitung zeitgenössischer Kunst der DDR in aller Welt. Seit Mitte der 1970er Jahre lief die politische Führung der DDR stattdessen dem nationalen und internationalen Kunstgeschehen hinterher und versuchte, die Entwicklung nachträglich mit der Staatsräson in Einklang zu bringen. Die Existenz einer oppositionellen *Leipziger Schule* musste nach außen hin geleugnet werden. Vielmehr galt es aus Sicht der SED, dieses neue, ambivalente Phänomen in die offizielle Selbstdarstellung der DDR zu integrieren. Die SED konnte das Dogma des Sozialistischen Realismus nicht mehr strikt anwenden. Inhaltlich musste man einen gewissen Freiraum gewähren, und sich damit zufrieden geben, dass die Künstler sich formal in der Kategorie ‚figurative Kunst’ bewegten. Generell galt jedoch der Sozialistische Realismus in seinen verschiedenen „Gestalttypen“ noch immer als verbindlich. Durch die Teilnahme an der documenta 1977 avancierten Mattheuer, Heisig, Tübke und Sitte, die zu den bekanntesten Künstlern der DDR – auch international. Bald folgten zahlreiche Ausstellungen mit Kunst aus der DDR im Westen, auch Verkaufsausstellungen in Privatgalerien. Nun wurden Überlegungen angestellt, wie man der DDR-Kunst ein unverwechselbares Profil verschaffen könnte, damit sie in der internationalen Arena wahrgenommen würde. Hermann Raum, der „Außenminister“ des VBK, fragte 1980: „Was ist unser unverwechselbarer Beitrag zur Weltkunst?“ Es sei wichtig, im internationalen Vergleich das eigene Gesicht zu zeigen. Im Westen habe „niemand ein künstlerisches Interesse an Beuys-Ablegern und Rauschenberg-Verschnitten aus der DDR – und schon gar kein Marktinteresse.“[12] Damit wurde der akademisch vermittelten, realistischen oder gemäßigt expressiven Malerei und Bildhauerei eindeutig der Vorrang gegenüber gegeben. Für Künstler, die am erweiterten Kulturaustausch mit der Bundesrepublik teilnahmen, waren aktionistische und prozessuale Aktionsformen, Concept Art, Videokunst und experimentelle Fotographie undenkbar. Nur Kunst, die im Rahmen der DDR-Bezirksausstellungen und der großen Dresdner Ausstellung bereits durch mehrere konventionelle Jurys gefiltert worden war, und die sich in den Gattungen Malerei, Grafik und Plastik durch traditionelle Handwerklichkeit auszeichnete, konnte im Westen gezeigt werden.

10 Nach Roland März, Eröffnungsrede der Ausstellung „Kunst aus der DDR“, in: *Jahrbuch Preußischer Kulturbesitz*, Bd. 40, 2003, S. 59–66, hier S. 62.

11 Ebda. S. 59.

12 Hermann Raum auf der Tagung des ZV des VBK 6. 11. 1980, S. 26. Stiftung Archiv der Akademie der Künste Berlin, VBK ZV Nr. 5764/1.

Politischer Prestigegewinn durch Auslandsausstellungen?

Eine Debatte zwischen dem SED-Chefideologen Kurt Hager und dem Kultusminister Hans-Joachim Hoffmann im Jahr 1983 zeigte, dass der politische Prestigegewinn bei Auslandsausstellungen umstritten war. Führende SED-Genossen sahen die Vorteile nicht, die die DDR von der Präsentation und dem Verkauf ihrer Kunst im Ausland haben könnte. Auf die Vorhaltungen Hagers, mit dem Verkauf von Meisterwerken der zeitgenössischen Kunst auf dem westlichen Kunstmarkt werde wertvolles DDR-Kulturgut verschleudert, antwortete Hoffmann, dass die Ausfuhr der Werke von Sitte, Heisig und Mattheuer „nicht unerheblich unsere übergeordnete außenpolitische Ziele zu erfüllen half. Die durch uns in westlichen Ländern herausgeforderte öffentliche Kenntnisnahme der DDR-Kunst hat namhafte Publizisten und Kunstwissenschaftler, vor allem der BRD, zu Einsichten gebracht, die sich von den Anfeindungen der 1970er Jahre erheblich unterscheiden […]. Mehr oder weniger widerwillig müssen westliche Medien heute zur Kenntnis nehmen, dass die sozialistisch-realistische Kunst der DDR sich durch einen hohen sozialen Gehalt und gestalterische Qualität auszeichnet und eine tiefe Übereinstimmung unserer Künstler mit der sozialistischen Gesellschaft und deren Zielen und Idealen dokumentiert.“[13] Unübersehbar war die bildende Kunst der DDR nicht mehr kleinlichen Reglementierungen ausgesetzt. Das führte zu einer größeren individuellen und stilistischen Vielfalt, die gerade bei Ausstellungen im Westen erstaunt kommentiert wurde. Dieses Erstaunen kam der DDR auch politisch zu Nutze: Es konnte als „Beweis“ für die geistige Freiheit in der DDR genutzt werden.[14]

Der VBK-Präsident zog 1987 eine Bilanz der Erfolge von DDR-Kunst im Westen: Sie werde nun intensiv zur Kenntnis genommen, verschwunden seien die „böswilligen Kritiken in den großen bürgerlichen Zeitungen.“ Die angebliche Unfehlbarkeit modernistischer Kunst auf dem kapitalistischen Markt gerate ins Wanken. Er zeigte sich überzeugt, dass dank der Kunst auch politisch etwas in Bewegung geraten sei.[15]

Politische Störgeräusche blieben bei Auslandsausstellungen allerdings nicht aus. Für die ostdeutschen Künstler und Kunsthistoriker, die die Ausstellungen in den Westen begleiteten, sollten bald politische Schulungen organisiert werden, denn die Erfahrung mit Ausstellungen in westlichen Ländern zeigte, dass die Diskussionen über Kunst rasch in allgemeine politische Diskussionen über die DDR übergingen. Die Reisekader müssten solchen Diskussionen gewachsen sein.[16]

13 Brief an Kurt Hager 1. 9. 1983. BArch DY 30 Nr. 30444, zitiert nach Eckart Gillen, Das Kunstkombinat DDR, Köln 2005, S. 144f.

14 Referat Peter Pachnicke, „Bemerkungen zur Wirkung verstärkter Ausstellungs- und Verkaufstätigkeit bildender Kunst in kapitalistischen Ländern“, S. 1, Tagung des ZV des VBK 29. 5. 1986. Stiftung Archiv der Akademie der Künste Berlin, VBK ZV Nr. 5744.

15 Brief an Kurt Hager 1. 12. 1987 SAdK VBK ZV 5846.

16 Siegfried Wege (ZfK) auf der Tagung des ZV des VBK 6. 11. 1980, S. 52. Stiftung Archiv der Akademie der Künste Berlin, VBK ZV Nr. 5764/1

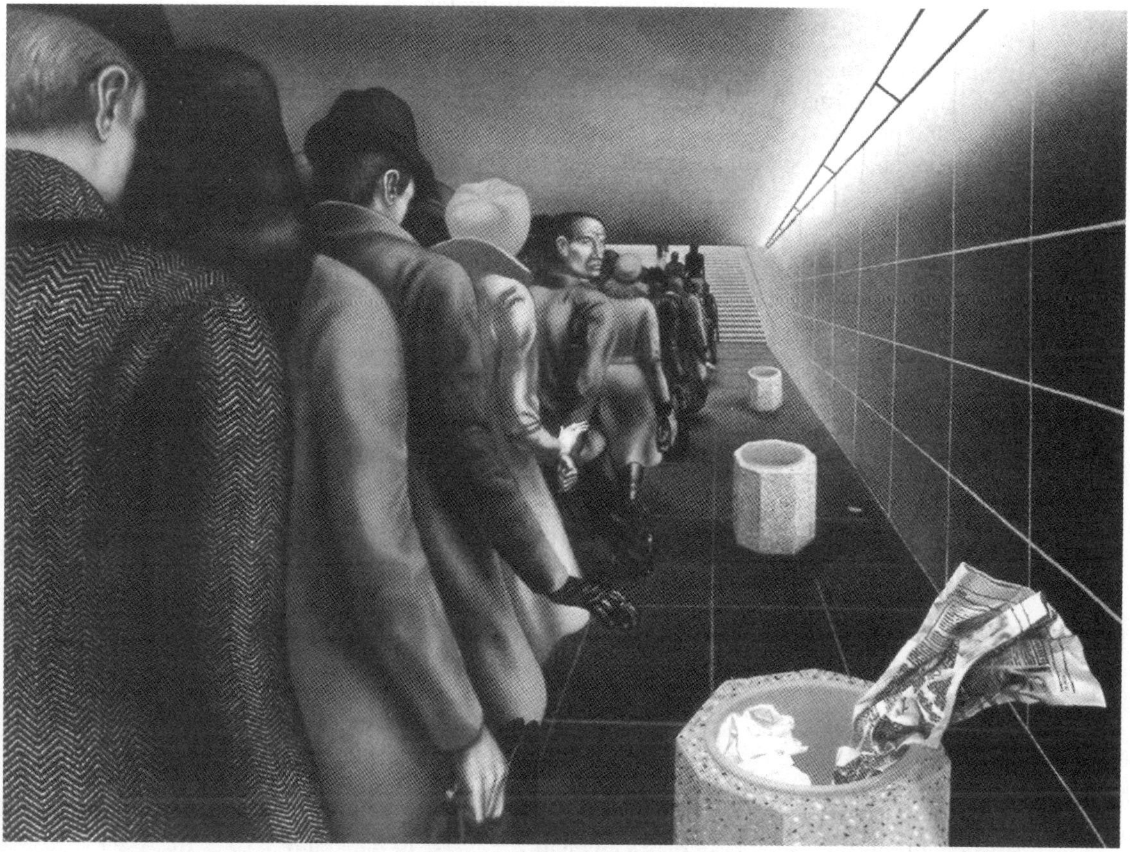

Abb.: Uwe Pfeifer, Feierabend 1977 (40. Biennale Venedig 1982, Beitrag der DDR im Venezianischen Pavillon) Das Bild zeigt die negativen Seite der modernen Industriegesellschaft: Uniformität, Eintönigkeit und Anonymität. Als Propaganda für den Sozialismus war es kaum geeignet.

Die SED-Führung nahm sogar hin, dass die westliche Presse die Kunst junger DDR-Künstler als Zeugnis individueller und politischer Verzweiflung interpretierte. Gerade die oftmals düster-expressive Malerei der 1980er Jahre, die Kriegsgefahr und Umweltzerstörung aufgriff, war zwar Ausdruck eines systemübergreifenden Zeitstils, konnte aber auch speziell gegen die Lebensverhältnisse in der DDR angeführt werden. In diesem Sinn erreichten Ausstellungen mit Kunst aus der DDR das Gegenteil einer positiven Propagandawirkung. Über den DDR-Beitrag zur Biennale von Venedig 1984 spottete der *Rheinische Merkur*, man habe ihn für eine Präsentation des Vatikans halten können: Soviel Leidvolles, Religiöses, Düsteres war in den Werken Tübkes, Stelzmanns oder Heisigs zu sehen.[17] Über die Beiträge von DDR-Künstlern zu internationalen Ausstellungen wie der Biennale von Venedig berichteten die DDR-Medien oft nur knapp. Die Parteiführung war offenbar unsicher darüber, welchen innenpolitischen Rückkopplungseffekt sie damit auslösen könnte. In den 1980er Jahren mussten sich einige jüngere Künstler wie Walter Libuda in der DDR-Fachpresse den Vorwurf gefallen lassen, ihre Bilder würden eine alptraumhafte Katastrophenstimmung hervorrufen, sie würden dem Betrachter keinen politischen Ausweg bieten, sondern nur lähmende Angst erzeugen. Es wurde vor der Wiederkehr einer rauschhaft-exzessiven Arbeitsweise des Expressionismus gewarnt, der politisch ambivalent gewesen sei.[18]

Kunstwerke als Devisenquelle

Um mit dem Verkauf von DDR-Kunst Devisen erwirtschaften zu können, gründete der Ministerrat der DDR im Mai 1974 den *Volkseigenen Handelsbetrieb Bildende Kunst und Antiquitäten*. 1978 fanden bereits neun Ausstellungen von DDR-Kunst im westlichen Ausland statt – wie schon erwähnt eine Folge des documenta-Auftritts von ostdeutschen Künstlern im Vorjahr. Die Auslandserfolge und Valutaeinnahmen der Vertreter der *Leipziger Schule* festigte deren Position nach innen und erweiterte ihre künstlerische Freiheit. Einen Sonderfall stellte Werner Tübke dar, der bereits 1971 durch den italienischen Galeristen Emilio Bertonati entdeckt worden war und der ihm rasch Ausstellungen in Italien ermöglichen konnte.[19] Zeitweilig stellten die berühmten „Leipziger" bis zu 80 % der in der Bundesrepublik ausgestellten DDR-Kunstwerke.[20] Nach einem ehrgeizigen, aber nicht realisierten Plan des MfK sollten die Valutaeinnahmen für Kunst und Antiquitäten zwischen 1976 und 1980 von 35,8 auf 50,3 Mio. Valutamark gesteigert werden.[21] Tatsächlich erwirtschaftete die DDR mit dem Export von Kunst und Antiquitäten zwischen 1974 und 1989 nur 37 Mio. Valutamark, die zeitgenössische bildende Kunst hatte daran einen Anteil von 3,8 Mio.[22] Eine Übersicht der Generaldirektion des staatlichen Kunsthandels weist in den Jahren 1984 bis 1987 zahlreiche Verkaufsausstellungen von Kunst aus der DDR in westlichen Ländern aus: 115 in der Bundesrepublik, 16 in Westberlin, 6 in Frankreich, 4 in den USA und 3 in GB. Zudem war der DDR-Kunsthandel 1987/88 auf den Messen in Basel, Köln und Chicago präsent.[23] Der staatliche Kunsthandel besaß das Ausstellungs-

17 *Rheinischer Merkur* 15. 6. 1984.

18 Ingrid Schulze, „Verpflichtung der Gesellschaft und dem Erbe gegenüber", in: *Bildende Kunst* 1/1983, S. 19.

19 Harald Behrendt, „Die Leipziger Malschule und Werner Tübke", in: *Zeitschrift für Kunstgeschichte* 1/2008, S. 101–120.

20 Harald Behrendt, Werner Tübkes Panoramabild in Bad Frankenhausen. Zwischen staatlichem Prestigeprojekt und künstlerischem Selbstauftrag, Kiel 2006, S. 68

21 Erhöhung des Exports und der Exportrentabilität kultureller Erzeugnisse in das nichtsozialistische Wirtschaftsgebiet 24. 1. 1977. BArch DY 30 IV B 2/2.024/76.

22 Bernd Lindner, „Mauerspringer – Mauersprenger", in: Bernd Lindner und Rainer Eckert (Hg.), Mauersprünge (Katalog), Leipzig 2002, S. 21–42, S. 29.

23 BArch DR 1 Nr. 8178.

und Verkaufsmonopol auf alle Auslandsgeschäfte mit Kunst aus der DDR und bemühte sich, westliche Kunstmarktpreise zu erzielen. Vom Verkaufserlös erhielten die Künstler 15%, ebenso wurden Reisen der VBK-Mitglieder mit dem Gewinn finanziert. Das Monopol des staatlichen Kunsthandels konnte auch als Disziplinierungsinstrument benutzt werden, um unbotmäßige Künstler und Stilrichtungen vom Westgeschäft auszuschließen. Wolfgang Mattheuer wünschte sich 1988 gegenüber Kurt Hager die Erhöhung der Künstleranteils aus den Valutaerlösen exportierter DDR-Kunst von 15 % auf 25%. Im Ergebnis wurde dem zugestimmt, der Anteil des Staatshaushaltes der DDR an den Kunsterlösen wurde auf 50% beschränkt. Die verbleibende Summe kam dem staatlichen Kunsthandel und dem MfK. Um den Staatshaushalt weiter Einkünfte zukommen zu lassen, plante man, das Exportvolumen von Kunst aus der DDR ab 1988 deutlich zu erhöhen. Damit wuchs aus Sicht des MfS die Gefahr, das immer mehr „Künstler am Export beteiligt werden, die in ihren Themen und Gestaltungsformen vom Sozialistischen Realismus stark abweichen. Weiterhin machen die IM darauf aufmerksam, dass westliche Galerien und Sammlungen aus kommerziellem Interesse versuchen könnten, am staatlichen Außenhandelsmonopol vorbei Kontakt zu Künstlern aus der DDR zu knüpfen". Die starke Nachfrage des Westens könne so zur illegalen Ausfuhr von Kunstwerken aus der DDR führen.[24]

Künstler, die das Monopol des VBK bzw. des staatlichen Kunsthandels umgingen und selbständig Auslandsausstellungen durchführten, wurden vom MfS als staatsfeindlich eingestuft. Dabei nutzten Künstler wie Carlfriedrich Claus oder A. R. Penck Kontakte zu westlichen Kunsthändlern, die die Werke dann aus der DDR herausschmuggelten. Für beide Seiten war dies ein lukratives Geschäft. Manche Händler suchten offenbar systematisch Kontakt zu ostdeutschen Künstlern, weil sie gute Profitmöglichkeiten auf dem westlichen Kunstmarkt dafür sahen. So soll der Kölner Galerist Michael Werner 90% der Einnahmen für Werke Pencks behalten haben und sich deshalb äußerst umtriebig für dessen Ausstellungs- und Verkaufsmöglichkeiten eingesetzt haben. Die Zusammenarbeit begann 1968 mit Ausstellungen in Köln. Werner holte die Bilder persönlich ab. 1976 wurde Werner vom DDR-Zoll kontrolliert. Man fand in seinem Wagen „Bilder von Winkler, die antikommunistische Symbole aufwiesen und eine Verletzung des Ansehens der DDR beinhalteten", ließ ihn aber damit ausreisen. Im Januar 1979 gab es erneut Ärger um ein Winkler-Bild, das in der Sammlung Ludwig in der Ausstellung „Kunst heute in der DDR" präsentiert wurde. Sitte protestierte, das Bild müsse abgehängt werden, weil Winkler kein Mitglied des VBK sei. Darauf antwortete Winkler mit einem polemischen Brief an Sitte, ob er ihn wie Biermann ins Exil treiben wolle. Winkler werde, so das MfS, systematisch von interessierten westlichen Kreisen zu einer Gegenposition gegen den Sozialistischen Realismus aufgebaut. Auch die Künstlerpartnerschaft mit Jörg Immendorff wurde wegen dessen offensichtlicher gesamtdeutscher Bildthematik für problematisch gehalten: „Die künstlerischen Arbeiten des Immendorff sind eindeutig DDR-

24 BStU MfS Akte „Fritz" (Donner) Bd. 7, Bl. 267f.

feindlich."[25] Carl Friedrich Claus war 1981 mit Werken bei einer Grafik-Ausstellung von ostdeutschen Künstlern in Paris vertreten und sollte für die Reisedelegation vorgeschlagen werden. Doch zur Diskussion über die Kunst sollte er nichts beitragen. Als offizielle Sprecher waren Sitte und Heisig vorgesehen. Darauf habe Claus die Reise selbst abgesagt.[26]

Für die Gesundung der DDR-Finanzen waren Kunst- und Antiquitätenverkäufe letztlich marginal gewesen. Verglichen mit den Milliardenkrediten aus der Bundesrepublik in den 1980er Jahren waren sie eine Kleinigkeit und ein Ausdruck dafür, mit welcher Verzweifelung Ostberlin nach neuen Devisenquellen suchte.

Internationaler Kulturaustausch als Sicherheitsrisiko

Honeckers blumige Parole von „Weite und Vielfalt" täuschte darüber hinweg, dass der Überwachungsapparat im Hintergrund stetig ausgebaut wurde. Die MfS-*Abteilung XX/7 für Kultur und Massenkommunikationsmittel* wurde nach den Ereignissen in der CSSR, wo die „konterrevolutionäre" Gefährlichkeit von Massenmedien und Intellektuellen evident geworden waren, zügig ausgebaut. Um einer ähnlichen Entwicklung in der DDR vorzubeugen, sollten wichtige Kultureinrichtungen unter Kontrolle des MfS gebracht und Persönlichkeiten des Kulturlebens überwacht werden. 1968/69 waren bereits elf bildende Künstler Gegenstand personenbezogener Überwachungsmaßnahmen. In den 1970er Jahren widmete sich die *Abteilung XX/7* in erster Linie Funk, Fernsehen, Verlagen und Presse, hatte aber auch das MfK, den Zentralvorstand des VBK, das ZfK, den staatlichen Kunsthandel und andere Einrichtungen im Blick. Häufig waren dort sogar Mitarbeiter oder Informanten (*Inoffizielle Mitarbeiter* – IM) platziert. Dies bedeutete für Kunstausstellungen, dass politische Konflikte um einzelne Werke und Künstler schon im Vorfeld erstickt werden konnten, bevor sie öffentlich wurden. Die politische Endabnahme von Ausstellungen, die die DDR im Ausland vertreten sollten, durch SED-Funktionäre war deshalb nur noch eine Formsache: Alle strittigen Punkte waren vorab in Konfliktvermeidender Weise durch Vertreter des VBK, der SED und des MfS geklärt worden.

Der Ausbau des internationalen Kulturaustauschs in den 1970er Jahren war nur möglich geworden, weil der Sicherheitsapparat nunmehr alle beteiligten Institutionen überwachte und infiltrierte. Aus Sicht des MfS und der SED musste so auf die wachsenden Risiken der westlichen Subversion reagiert werden, die der Kulturaustausch mit sich brachte. Besondere Sorgen machten dem MfS dabei Künstler, die als Individualisten keiner Organisation nahe standen und politisch gegen Rüstung, Umweltzerstörung und Unterdrückung opponierten. Sie standen im Fokus der Überwachungs- und Verunsicherungsmaßnahmen („Zersetzungstätigkeit") der späten 1980er Jahre. 1989 hatte die *Abteilung XX/7* 170 offizielle

25 BSTU MfS Winkler XIV 73/75 Beiakte Bd. 1, „Zur negativen politischen und künstlerischen Wirksamkeit des Winkler", Bl. 42f.

26 BStU MfS „Eremit" (Carlfriedrich Claus) V, 31. 1. 1983 Bl. 179.

Mitarbeiter und etwa 400 Informanten. Allein in Berlin gab es 43 „Sicherungsobjekte“: Theater, Verlage, Schriftsteller und freischaffende Künstler.[27]

Im Zuge der immer stärkeren Präsenz ostdeutscher Künstler auf dem westlichen Kunstmarkt sah das MfS die Gefahr heraufziehen, dass der westliche Kunstmarkt eine wachsende Anziehungskraft auf die ostdeutschen Künstler ausüben könnte, die nun ihre besten Arbeiten für den Export anfertigten – immerhin erhielten sie 15% des Verkaufspreises in westlicher Währung. Wenn die besten Arbeiten in den Westen gingen, musste damit ein Niveauverlust für den nationalen Kunstbetrieb einhergehen. Der Einfluss westdeutscher Galeristen auf die ostdeutschen Künstler galt als gefährlich. Manch ein Galerist sah im Ost-West-Kunsthandel sicherlich die Möglichkeit, hohe Gewinne zu erzielen und eine Monopolstellung zu erringen. Das MfS beobachtete diese Geschäftstüchtigkeit argwöhnisch, traute Kunsthändlern wie Dieter Brusberg nicht und unterstellte ihnen „Preismanipulationen“ zuungunsten des staatlichen Kunsthandels der DDR.[28]

Der Sammler-Fürst Peter Ludwig: Ein Botschafter für DDR-Kunst

Eine einzigartige Figur im Ost-West-Kunsthandel war der Sammler Peter Ludwig, Aachener Schokoladenproduzent und promovierter Kunsthistoriker – eine seltene Kombination. Ludwig kaufte Kunst quer durch alle Epochen. In Köln baute die Stadt für seine Schenkungen das Museum Ludwig und zeitweise hatte Ludwig wichtige Leihgaben in 17 europäischen Museen. Ludwigs langjähriges Engagement in der DDR war umstritten. Nicht nur, dass an die DDR-Schulen seit dem Abschluss von Kooperationsverträgen Mitte der 1970er in großem Stil Ludwigs „Trinkfix-Schokolade“ geliefert wurde: Der Zugang zu billigen Arbeitskräften öffnete dem Sammler auch den Zugang zu einer Kunst ohne Markt.[29] Nachdem Ludwig 1976 Kontakt mit Willi Sitte aufgenommen hatte, fand bald darauf ein Treffen mit Eberhard Bartke (Generaldirektor der Staatlichen Museen Ostberlin), Sitte, Ludwig und Wolfgang Schreiner, Direktor der Trumpfschokoladenfabrik in Westberlin, statt. Schokolade und Kunst wurden an einem Tisch verhandelt.[30] Die monopolartige Stellung Ludwigs als Devisenbringender Sammler von DDR-Kunst sicherte ihm auf den *Großen Dresdner Kunstausstellungen* eine Art Vorkaufsrecht, wie es sonst nur die Ostberliner Nationalgalerie besaß. Hilfe und Beratung

27 Thomas Auerbach u. a., Hauptabteilung XX: Staatsapparat, Blockparteien, Kirchen, Kultur, politischer Untergrund. Erschienen in der Reihe BStU (Hg.), Anatomie der Staatssicherheit, Berlin Januar 2008, S. 122–136.

28 BStU MfS HA XX/AKG Nr. 1493, Bl. 162f.

29 Ein anderes Beispiel für mehrgleisige wirtschaftliche und kulturelle Zusammenarbeit zwischen Westunternehmen und der DDR lieferte die württembergische Salamander AG, die in die Schuhindustrie der DDR investiert hatte (und durch dieses politisch-wirtschaftliche Ost-West-Engagement eine bedrohliche Schieflage durch neu konsolidierte Kreditwürdigkeit meistern konnte). Zum 125-Jährigen Firmenjubiläum wünschte sich das Unternehmen eine Ausstellung von DDR-Kunst in Esslingen, die im Mai 1986 in der Villa Merkel stattfinden konnte. Wolfgang Polak, (1981 bis 1989 Direktor des ZfK) im Gespräch mit dem Autor, Berlin am 13. 3. 2007.

30 Schirmer, Sitte, S. 250.

fand er bei dem ostdeutschen Publizisten Lothar Lang und dem Dresdner Kunsthistoriker und Leiter des Kupferstichkabinetts, Werner Schmidt. Lange bevor das deutsch-deutsche Kulturabkommen ratifiziert wurde, zeigte Ludwig schon 1979 in Aachen seine „Kunst aus der DDR“ und gewährte mit seiner Ausstellung in der Ostberliner Nationalgalerie den DDR-Bürgern ab 1977 einen seltenen Einblick in die moderne westliche Kunst. Die Leihgaben suchten Bartke und Sitte in Absprache mit Ludwig aus dessen Sammlung aus. Als Leihgaben blieben Werke Picassos, Warhols, Baselitz’ u. a. dort. Der Katalog erschien erst 1982, offenbar wollte man seitens der DDR ein weiteres Bekenntnis zu dieser Kunst vermeiden.

1983 gründete Peter Ludwig auf der Basis seiner Sammlung das „Ludwig-Institut für DDR-Kunst“ in Oberhausen. Ludwig im O-Ton: „Die so genannte westliche Welt sieht ausschließlich sich selbst, sieht nahezu ausschließlich ihre Kunst, und mitunter wird sogar bestritten, dass es außerhalb ihrer Definition Kunst gibt. Das ist für meine Frau und mich unhaltbar!“ Ludwig plädierte für einen Blick über den eigenen Tellerrand, nach Osten, wobei erst noch Vorurteile zu überwinden seien: „Sozialistischer Realismus wird bei uns als ein negatives Schlagwort gebraucht. Gruselnd denken viele unserer Kunstfreunde an Muskelbepackte Arbeiterbataillone, die allein Bildinhalt wären.“ Dagegen machte Ludwig als positiven Kern der sozialistischen Kunst aus, dass Kunst dort eine gesellschaftliche Aufgabe habe, die über die Individuen hinausweise. Seine Offenheit sei ihm bisher nicht gedankt worden, sie habe ihm vielmehr „Beschimpfungen eingetragen. Wir befaßten uns mit Kunst, die gar keine Kunst sei, sondern Propaganda, Staatskunst, Hofkunst, wie immer sie genannt wurde.“ Ein weiterer Kritikpunkt westlicher Beobachter war der künstlerische Konservatismus, für den die *Leipziger Schule* stehe. Dem konnte Ludwig entgegnen, „daß es seit einigen Jahren in unserer Malerei die Tendenz, an den Expressionismus anzuknüpfen. Insofern sind auch die Stimmen leiser geworden, die sich über die Zurückgewandtheit in der DDR-Kunst auslassen. Unsere neueste bundesrepublikanische Kunstentwicklung, mit der wir gegenwärtig auch in den USA große Beachtung finden, ist ebenfalls deutlich Traditionsbezogen und knüpft unübersehbar an die Leistungen großer deutscher Künstler der ersten Hälfte unseres Jahrhunderts an.“ Jetzt komme auch im Westen eine Tendenz zur Gegenständlichkeit zum Vorschein, die in der DDR schon seit Jahrzehnten gepflegt werde. Zur Standortwahl in Oberhausen sagte Ludwig, dass die Tatsache, hier keine Museumskonkurrenz zu haben, ein klarer Vorteil sei. In einer von Industriearbeit geprägten Stadt habe das Institut den Anspruch, Kunst „für möglichst alle Menschen erlebbar und verständlich zu machen. Wir wollen, daß Kunst nicht das Vergnügen einer elitären Schicht bleibt“, führte Ludwig aus, der sich hier als westdeutscher Arbeiterfreund in Szene setzte.[31]

„Faktisch wird ein DDR-Bild und ein Bild der DDR-Kunst durch ein Institut vermittelt, das von der BRD finanziert und geleitet wird“, schrieb die Bonner *Ständige Vertretung der DDR* an Ostberlin. Man müsse nun dezent versuchen,

31 Ludwig-Institut für Kunst aus der DDR (Hg.), Durchblick, Oberhausen 1984. Interview mit Peter Ludwig S. 11–15.

diese Institution zu beeinflussen, „an deren Existenz wir nichts ändern können".[32] Der ideologische Hardliner und MfS-Mitarbeiter Fritz Donner warnte anlässlich der geplanten Eröffnung des Ludwig Institutes für DDR-Kunst, das Institut könne vom kulturellen Alleinvertretungsanspruch der BRD vereinnahmt werden oder noch schlimmer: „Mit dem Oberhausener Institut verfügt die BRD über eine Einrichtung, die in der Kombination mit anderen Faktoren sowohl passiv als auch aktiv die politisch-ideologische Diversion – vor allem im Bereich der bildenden Kunst der DDR, verstärken wird." Die bekannten Argumente dieser westlichen „Zersetzungsarbeit seien die Ansichten, der Sozialistische Realismus sei tot, bzw. die besten DDR-Künstler verweigerten sich dem Sozialistischen Realismus und nähmen damit gleichzeitig eine systemkritische Haltung ein. Diese Position, so Donner, sei sogar bei den „angeblichen Partnern unseres Kunsthandels" zu finden.[33]

Ludwig kaufte nicht nur Kunst aus der DDR, er sah sich als kultureller Mittler zwischen Ost und West. Daher hatte er auch das Bedürfnis, moderne Kunst aus dem Westen in die DDR zu bringen. Dies aber nicht ohne Gegenleistung: Wolfgang Schreiner, der Partner Ludwigs, besuchte das MfK und unterbreitete dort die Bedingungen für Schenkungen Ludwigs an ostdeutsche Museen. So erwartete der Sammler erstens die Verleihung der Ehrendoktorwürde durch eine DDR-Universität, zweitens die Kennzeichnung eines eigenen Ludwig-Raumes für die geschenkten Werke, drittens eine hohe staatliche Auszeichnung seitens der DDR sowie eine weitere Auszeichnung für seinen Mitarbeiter Schreiner und viertens eine bevorzugte Behandlung beim Grenzübertritt. Nur bei Erfüllung aller Bedingungen werde die Schenkung durchgeführt, eine mündliche Zusage sei ausreichend.[34] Ludwig bekam, was er wollte. Kurze Zeit später revanchierte sich die Karl-Marx-Universität Leipzig mit der Ehrendoktorwürde für den Unternehmer, der „gerührt" annahm.[35] 1989, noch in den letzten Tagen der maroden DDR, empfing Ludwig die Auszeichnung „Stern der Völkerfreundschaft" für seine Verdienste um den Kulturaustausch zwischen den westdeutschen und ostdeutschen „Völkern". Willi Sitte erinnert sich: „Ludwig war erpicht auf Ehrungen aller Art und zeigte sie gerne. Bei ihm zuhause hing die Wand voll: Die allerhöchste Form des Bundesverdienstkreuzes neben Delfter Kacheln."[36] Ludwig stöberte auch gerne in Ateliers. Er besaß einen Dauerpassierschein, um schneller in die DDR zu kommen. Sitte besorgte ihm Einladungen zu Ausstellungen, bei denen sich Ludwig seine Lieblingsstücke aussuchte. Das sorgte natürlich für Neid unter den nicht berücksichtigten Künstlern. Diskussionen gab es immer wieder über die niedrigen Preise. Sitte schrieb dazu: „Doch sah ich auch die kulturpolitische Seite: Immer

32 Schreiben der Ständigen Vertretung der DDR in Bonn 12. 7. 1983. BStU MfS HA II 645/92, B. 1ff das Ludwig-Institut wurde am 1. 6. 1983 gegründet, hatte zunächst zwei feste Mitarbeiter und einen Jahresetat von 100.000 DM.

33 Hausmitteilung Donners an den Kulturminister Hoffmann, 7. 2. 1983. BStU MfS Akte „Fritz" (Donner) , Bd. 6, Bl. 198–200.

34 BStU MfS Akte „Fritz" (Donner), Bd. 6, Bl. 350.

35 Rede Ludwigs bei der Ehrendoktorverleihung in Leipzig am 25. 5. 1983. BStU MfS HA II 645/92, Bl. 14f.

36 Schirmer, Sitte, S. 252ff.

noch besser, für einen geringeren Beitrag im >Feindesland< vertreten zu sein, als bei uns in irgendeinem Provinzmuseum zu landen.“ Sitte bemühte sich, den ostdeutschen Künstlern und dem VBK einen größeren Anteil am Verkaufspreis zu sichern (je 15 %).[37] Nach 1989 bot Ludwig der (Ost)-Berliner Nationalgalerie die Schenkung der Arbeiten an, im Tausch gegen die Benennung einer „Galerie Ludwig“ im Verbund der Nationalgalerie. Die Mitarbeiter empfanden dies als Erpressung, und Ludwig zog seine Leihgaben verärgert ab.[38]

37 Ebda.

38 Peter Sager, Die Besessenen. Begegnungen mit Kunstsammlern zwischen Aachen und Tokio, Köln 1992, S. 175–205. Schon zwei Jahre zuvor, auf der documenta 8 (1987), hatte der Künstler Hans Haacke Ludwigs Unternehmenspolitik und Sammlerengagement zum Gegenstand einer kritischen Arbeit gemacht. Sie hieß: „Der Pralinenmeister“. Dirk Schwarze, Meilensteine: 50 Jahre documenta, Berlin 2005, S. 131.

Kapitel VI
KUNSTAUSSTELLUNGEN IM INNERDEUTSCHEN VERHÄLTNIS

In den 1950er und 1960er Jahren stand die Kulturpolitik im Zeichen der Systemkonfrontation. Nur wenige Ausstellungen und Ausstellungsbeteiligungen von ostdeutschen Künstlern waren im Westen möglich. So beteiligte sich 1955 der VBKD mit Werken u. a. von Arno Mohr, Fritz Cremer und Otto Nagel bei der Messe „Die Neuzeit ruft" in Nürnberg. Im Bericht der Beteiligten an das MfK hieß es, der westdeutsche Zoll hätte den Kunsttransport penibel kontrolliert und nach der Einfuhr von Lenin-, Stalin-, Pieck- und Grotewohlbüsten gefragt. Des Weiteren hätten die Messeveranstalter den Gästen aus der DDR „arbeitsunwillige politische Flüchtlinge aus der DDR" als Hilfskräfte zugeteilt. Auch die Pressekonferenz sei in gespannter Atmosphäre verlaufen und die regionalen Zeitungen hätten negative Kommentare über die „ostzonalen Künstler" abgegeben. Später wurden „provozierende Fragen von Vertretern des katholischen Jugendverbandes zur Religionspolitik in der DDR in gebührender Weise beantwortet. Die Verbandsfunktionäre nahmen daraufhin ihren Rückweg durch den Notausgang der Ausstellungshalle", erklärten die beteiligten SED-Kader. Offenbar waren handfeste Drohungen der Auseinandersetzung gefolgt.[1]

In einer Konferenz mit Vertretern des MfK, des VBKD, der Redaktion *Bildende Kunst*, und des *Deutschen Kulturbundes* im Institut für Gesellschaftswissenschaften beim ZK der SED im Jahr 1962 wurden die Kulturorganisationen auf die ideologische Auseinandersetzung mit dem Westen eingeschworen. Man müsse analysieren, wie die bildende Kunst „in die militaristische klerikale Politik der westdeutschen Machthaber" eingebunden werde. Der „Doppelcharakter der herrschenden Kultur Westdeutschlands" liege in der „gegenständlichen reaktionären Massenbeeinflussung und der abstrakt-tachistischen Kulturzerstörung" – Kitsch für die Massen und Abstrakte Kunst für die Eliten. Die Redaktion der Zeitschrift *Bildende Kunst* wurde aufgefordert, Artikel über die „Nato-Kunstpolitik" und das „westdeutsche Ausstellungswesen im Rahmen der Kriegsvorbereitungen" zu verfassen. Als weitere Maßnahmen waren vorgesehen: Ein Offener Brief führender DDR-Künstler an ihre westdeutschen Kollegen im Rahmen der Friedenskampagne des Ostblocks, Direktkontakte linientreuer DDR-Kunststudenten mit westdeutschen Künstlern, die Förderung von „progressiver Kunst" aus der Bundesrepublik und schließlich die öffentliche „Entlarvung von Künstlern mit faschistischer und militaristischer Vergangenheit". Auf wichtige Ausstellungen im Westen sollte mit Gegenveranstaltungen reagiert werden, so sollten in Reaktion auf die Westberliner

1 Protokoll der Sitzung der „AG Bildende Kunst/ Kulturelle Arbeit nach Westdeutschland" mit Vertretern des MfK, VBKD, Redaktion *Bildende Kunst*, Deutscher Kulturbund, Institut für Gesellschaftswissenschaften beim ZK der SED 30. 1. 1962. BArch DR 1 Nr. 7968, Bl. 86f.

Festspiele „progressive westdeutsche Künstler" in Ostberlin ausstellen, die Kasseler documenta sollte mit einer „documenta humanis" in der Ostberliner Akademie der Künste gekontert werden.[2] Nur ein kleiner Teil dieser Pläne konnte umgesetzt werden.

Manchmal nahmen DDR-Künstler an politischen Ausstellungsprojekten in der Bundesrepublik teil, die sich gegen die Wiederbewaffnung und Atomrüstung richteten, so Willi Sittes Ausstellung zum 20. Jahrestag der Befreiung in der Neue Galerie München. Im Folgejahr beteiligten sich ostdeutsche Künstler am gleichen Ort an der Ausstellung „Vietnam". 1966 folgten Ausstellungsbeteiligungen bei der Schau „Proteste" in Bremen (Die Werkstatt) und bei „Kunst und Gesellschaft" im Frankfurter Club Voltaire sowie bei der Schau „situation 66" in Augsburg (Carlo Schellemann). Westdeutsche Partnerinstitutionen wie die Künstlergruppe *tendenzen* oder die Neue Münchner Galerie standen der KPD bzw. später der DKP nahe.

Nicht wenige Kunstwerke entstanden in der DDR als Reaktion auf politische Vorgänge in der Bundesrepublik. Kunst sollte als Agitationsmittel, als politische Waffe dienen.[3] Diese Werke in den 1950er und 1960er Jahren in Westdeutschland zu zeigen, war besonders schwierig und nur im Sympathisantenmilieu der KPD oder DKP möglich. Generell erreichten derartige Polit-Ausstellungen auch nur eine linksorientierte Teilöffentlichkeit. In den 1970er Jahren häuften sich die Anfragen westdeutscher Institutionen an Willi Sitte – eine Folge der Entspannungspolitik, des linken Zeitgeistes im westdeutschen Kulturbetrieb und des wachsenden Interesses an einem neuen Realismuskonzept in den Künsten. Interessiert waren z. B. die Neue Galerie im Rathaus Aachen, der Hamburger Kunstverein und der Frankfurter Kunstverein. Der VBK plante die Ausstellung über die DKP abzuwickeln, die westlichen Partner sagten jedoch ab, weil städtische Museen und Kunstvereine nicht mit der DKP zusammenarbeiten konnten. Die Ausstellung im Hamburger Kunstverein kam 1975 schließlich zustande, weil die FDP-Kultursenatorin Helga Schuchardt bereit war, die Rolle der DKP zu kaschieren. Willi Sitte berichtete von politischen Turbulenzen um die Ausstellung, mitverursacht von der plötzlichen Aktualität seines Werkes „Höllensturz". Sitte hatte den Tryptichon „Höllensturz in Vietnam" 1966/67 geschaffen. Und nun mussten die Amerikaner am Vortag der Hamburger Ausstellungseröffnung Saigon überstürzt räumen. Die Bilder vom letzten Hubschrauber, der das Dach der Botschaft verlässt, wurden weltberühmt.[4] Maoistische Aktivisten forderten jetzt, das Gemälde solle aus dem Ausstellungsraum hinaus genommen werden – weil es an diesem

2 Protokoll der Sitzung der „AG Bildende Kunst/ Kulturelle Arbeit nach Westdeutschland" im Institut für Gesellschaftswissenschaften beim ZK der SED 30. 1. 1962. BArch DR 1 Nr. 7968, Bl. 1–31.

3 Selbst ein eher parteiferner Künstler wie Wolfgang Mattheuer griff tagespolitische Ereignisse auf: So betitelte er eine Arbeit in seiner Ikarus-Reihe mit dem Hinweis: „Am 9. Mai 1976 starb Ulrike Meinhof". In einer verdüsterten Weltlandschaft fällt Ikarus in Gestalt einer steifen Puppe, die an einen beschädigten bunten Blechvogel gebunden ist, in die Tiefe. Die Rote-Armee-Fraktion wird hier als gescheitertes, heroisches Unternehmen interpretiert und mystifiziert. Dieter Brusberg u. a. (Hg.), Zeitvergleich 1988. 13 Maler aus der DDR, Berlin 1988, S. 61.

4 Schirmer, Willi Sitte, Leipzig 2003, S. 243.

bürgerlichen Ort keinen politische Wirkung habe und stattdessen bei Demonstrationen in den Hamburger Straßen als Banner mitgeführt werden.

Die documenta 6 – Durchbruch von Kunst „made in GDR" auf dem westlichen Markt[5]

Der Durchbruch für Kunst aus der DDR im Westen kam mit der Beteiligung von Willi Sitte, Bernhard Heisig, Wolfgang Mattheuer, Werner Tübke, Fritz Cremer und Jo Jastram an der documenta 6. Harald Szeemann hatte bereits 1972 als Leiter der documenta 5 den Versuch gemacht, im Rahmen eines speziellen Realismusprogramms Künstler aus der Sowjetunion, China und der DDR einzubinden. Die DDR hielt sich zurück, weil keine Beteiligung aus den anderen sozialistischen Ländern zustande kam. Keineswegs wollte Ostberlin als einziges Ostblockland im Rahmen einer „innerdeutschen" Veranstaltung vereinnahmt werden.[6] Die ostdeutschen Künstler beobachteten trotzdem das Geschehen auf der documenta 5 genau und besuchten die Ausstellung, sofern es ihnen möglich war. Heisig vertrat in Diskussionen des VBK die Ansicht, man hätte sich ruhig der Einladung stellen können. Die Arbeiten der ostdeutschen Künstler wären in Kassel nicht ohne Resonanz in der Bevölkerung geblieben angesichts des „riesigen Angebots von Sinnlosigkeiten, die auf der documenta gezeigt wurden."[7] Die Leitung der nächsten documenta um Manfred Schneckenburger und Lothar Romain lud erneut Künstler aus der DDR ein.[8] Diesmal sagte die DDR-Führung zu. Wie kam es zu diesem Sinneswandel? Wieder waren Künstler aus der SU und anderen sozialistischen Ländern erfolglos eingeladen worden. Die DDR hätte das sozialistische Lager erneut allein vertreten müssen, was anfangs starke Bedenken des MfAA hervorrief. Rückendeckung lieferte aber der Sekretär des Künstlerverbandes der SU, Salachow, der empfahl, die DDR solle die Möglichkeit nutzen, ihre Kunstpolitik offensiv zu vertreten.[9] Weitere Gründe für die positive Entscheidung des ZK waren die nach der Einrichtung der Ständigen Vertretungen verbesserten deutsch-deutschen Kommunikationswege sowie die Kontakte Sittes mit dem Kunstsammler Peter Ludwig, der den künstlerischen Austausch zwischen West und Ost unterstützte. Schneckenburger und Romain galten zudem in Ostberlin als „linke Sozi-

5 Gisela Schirmer, DDR und documenta. Kunst im deutsch-deutschen Widerspruch, Berlin 2005.

6 Brief von Hans Joachim Hoffmann, Leiter Kulturabteilung des ZK an Kurt Hager, 18. 4. 1972. BArch DY 30/IV B 2/9.06/74. Zuvor hatte der Geschäftsführer der documenta erfolglos Kultuusminister Gysi angeschrieben (11. 11. 1971) und Erich Honecker versichert, „daß das Publikum der nächsten documenta sich besonders aufgeschlossen mit den Werken der Künstler der DDR beschäftigen wird." Die Räume für DDR-Künstler würden noch einige Zeit freigehalten werden und Harald Szeemann wäre gerne bereit, zu Gesprächen in die DDR zu reisen, so Friedrich Heise im Brief an „Herrn Erich Honnecker" (sic!) 24. 3. 1972, in: Roland Nachtigäller (Hg.), Wiedervorlage d 5. Eine Befragung des Archivs zur documenta 5, Ostfildern-Ruit 2001, S. 245.

7 Protokoll 4. Tagung Zentralvorstand am 22./23. 3. 1973, S. 9/6. VBK. SAdK VBK-ZV 5783.

8 Einladungsschreiben an Tübke vom 2. 11. 1976, Abschrift BArch DR 1 Nr. 8171, Bl. 80.

9 Schirmer, DDR und documenta, S. 101.

aldemokraten“ mit einer gewissen Offenheit für die Belange der DDR. Nachdem das ZK dem Beschlussentwurf des VBK endlich am 20. April 1977 zugestimmt hatte,[10] wurde eine ‚AG documenta' gegründet.[11] Bernhard Heisig, Horst Kolodziej und Lothar Lang reisten umgehend nach Kassel, „zur Kontrolle der zugesagten Voraussetzungen für die Teilnahme der sechs DDR-Künstler.“[12] Als ideologische Prämisse bei der documenta-Vorbereitung formulierte die SED: Die documenta habe einen Doppelcharakter als „Demonstration des herrschenden Kulturbetriebs“ und gebe sich modern, während politisch „progressive Künstler von der Ausstellungsleitung zielbewusst ferngehalten“ würden. Und als politisches Ziel wurde ausgegeben: „Gegenüber den herrschenden Kreisen und einer breiten Öffentlichkeit, den politisch-parteilichen Charakter und die künstlerische Meisterschaft der DDR zu demonstrieren“ und die Ausstellung zur „offensiven Darlegung sozialistischer Positionen“ zu nutzen. [13] VBK-Präsident Sitte hatte den Kunstwissenschaftler Lothar Lang damit beauftragt, Werke der eingeladenen Künstler auszuwählen.[14]

Lang sprach von der „bisher größten Wirksamkeit, die die bildende Kunst der DDR im kapitalistischen Ausland erreichen konnte.“ Der einzige kontroverse Diskussionspunkt auf der Pressekonferenz mit 800 Teilnehmern sei die DDR-Präsenz gewesen. Während der Ausstellung seien die Videointerviews mit den DDR-Künstlern in der Abrufstatistik hinter Beuys und Staeck auf dem dritten Platz gelandet. Zahlreiche Besucher hätten die maltechnische Versiertheit der Künstler bewundert. Die Kunst der DDR erschien ihnen nicht nur als „Botschafter aus einem anderen Land, sondern auch aus einer anderen Zeit, in der Kunst noch Kunst war.“[15] Leider, so Lang, sei die direkte Konfrontation mit der westlichen realistischen Malerei ausgeblieben. Dann hätte sich die technische Überlegenheit der ostdeutschen Künstler gezeigt.[16] Hier spielte der Kunsthistoriker auf Georg Baselitz, Gerhard Richter und Markus Lüpertz an, die ihre Bilder abgehängt hatten. Ob dies wirklich aus Protest gegen die DDR-Teilnahme geschah, ist bis heute umstritten. Wahrscheinlicher ist es, dass die Künstler mit der Repräsentation ihrer Werke unzufrieden waren und die Gelegenheit zum publicityträchtigen „politischen“ Skandal nutzten. Zumindest im Fall Richter herrschten damals keine politischen Motive vor, seine nachträgliche Einbeziehung in die Protestfront machte sie im Rückblick erst bedeutungsvoll. Diese Künstler hätten, so Lang damals, vor dem direkten Ost-West-Vergleich gekniffen und damit „ein Eigentor geschossen“.

10 VBK DDR 16. 3. 1977, Vorlage für das ZK. BArch DY 30/J IV 2/3 A 2966, Bl. 74ff. Vgl. Protokoll Nr. 40/77 BArch DY 30/J IV 2/3 A 2582 Bl. 6.

11 Fritz Donner, Abt. Bildende Kunst MfK (Leiter), Alfred Schubert, Horst Kolodziej u. a. 26. 4. 1977. BArch DR 1 Nr. 8171, Bl. 71.

12 Bericht über die Reise nach Kassel 24. 4. – 27. 4. 1977, 23. 5. 1977. Stiftung Archiv der Akademie der Künste Berlin, VBK ZV Nr. 174/3.

13 MfK Konzept für den Beitrag aus der DDR Mai 1977. BArch DR 1 Nr. 8171, Bl. 124ff.

14 Er publizierte einige wichtige Bücher über die Kunst aus der DDR, die für den westlichen Buchmarkt gedacht waren, so sein Buch „Malerei und Grafik in der DDR“ das 1979 auch als Lizenzausgabe für die Bundesrepublik, die Schweiz und Österreich erschien.

15 Georg Bussmann und Hubertus Gassner im Vorwort zu Lothar Lang, Malerei und Grafik in der DDR, Luzern/Frankfurt 1979, S. II.

16 BArch DR 1 Nr. 8171, Bl. 10–23ff.

Politisch brisant war die documenta-Teilnahme von A. R. Penck. Der Maler, Musiker, Filmemacher und Schriftsteller Ralf Winkler, im Westen bekannt unter dem selbst gewählten Pseudonym A. R. Penck (dem Namen eines Völkerkundlers), wurde in den 1970er Jahren zum Politikum. Seine Arbeiten passten nicht ins Schema des Sozialistischen Realismus. Der Autodidakt war sowohl an den Akademien als auch beim VBK der DDR abgelehnt worden. Stattdessen machte er auf dem westlichen Kunstmarkt Karriere. Seine an Höhlenmalerei und Stammesikonografie orientierten Linien- und Zeichensysteme waren im Westen heiß begehrt, noch bevor Keith Haring ähnliche Bildmotive marktgerecht aufbereitete. In den VBK wollte Penck laut Sitte nur als „Ehrenmitglied" eintreten: „Gelegentlich bekam ich Post von Penck: Wenn irgend ein Bild von mir in einer Zeitschrift oder Zeitung reproduziert worden war, überarbeitete er es mit Fettstift und schrieb dazu, er habe Korrekturen vorgenommen, damit es wenigstens etwas mit Kunst zu tun habe."[17] Die mangelnde Anerkennung durch die DDR wirkte stimulierend auf den westlichen Kunstbetrieb, in Penck einen „Künstler der Freiheit" zu sehen. 1972 nahm er zum ersten Mal an einer documenta teil. 1984 gestaltete er gemeinsam mit Lothar Baumgarten sogar den bundesdeutschen Pavillon der Biennale von Venedig – immer noch ein Affront für die DDR, obwohl Penck bereits 1980 in die Bundesrepublik übergesiedelt war. Die DDR-Führung empfand Pencks Erfolge im Westen als Brüskierung, zumal seine Werke auf illegale Weise die Grenze passiert haben mussten.

Bei der documenta 6 soll Lothar Lang erwirkt haben, dass Pencks Gemälde „Struktur (TM Serie)" vor Ausstellungsbeginn aus dem Umfeld der DDR-Malerei entfernt wurde. Nach anderen Berichten habe Pencks Galerist Michael Werner aus Solidarität mit Baselitz Pencks Bild umhängen lassen.[18]

Ein weiterer Zwischenfall konnte nicht so diskret gelöst werden. Eine Gruppe ehemaliger DDR-Bürger um Sieghard Pohl und Sigmar Faust protestierte mit Flugblättern, Umhängetafeln und Plakaten vor den Gemälden der DDR-Künstler gegen die politische Unterdrückung einiger, nicht systemkonformer ostdeutscher Künstler. Faust berichtete, dass Sitte und das DDR-Fernsehen eiligst verschwunden wären, als sie die Demonstranten im Ausstellungsraum antrafen.[19] Die documenta-Geschäftsführung ließ die Plakate entfernen und sprach Hausverbot gegen die Aktivisten aus.

Der Leiter der Abteilung Bildende Kunst im MfK, Fritz Donner war als sogenannter *Gesellschaftlicher Mitarbeiter für Sicherheit* eine Schlüsselfigur des MfS im Kultusministerium.[20] Er analysierte die documenta 6 aus der Sicht eines ideologischen Hardliners: Charakteristisch für die Ausstellung sei „der Rückzug ins gesellschaftlich Unverbindliche, der Trend zum Elitären, zur Hypertrophierung des künstlerischen Subjekts." Hier würde sich paradigmatisch „das gegenwärtige

17 Schirmer, Sitte, S. 257.

18 Ebda., S. 383.

19 Bericht von Sigmar Faust, in: Edda Pohl und Sieghard Pohl, Die ungehorsamen Maler der DDR. Anspruch und Wirklichkeit der SED-Kulturpolitik 1965–1979, Berlin 1979, S. 134f. Das Flugblatt „Die ungehorsamen Maler der DDR" verwies auf unterdrückte und inhaftierte Künstler, Abschrift BArch DR 1 Nr. 8171, Bl. 34.

20 BStU Akte Fritz Donner.

Verfallstadium, die Krise und Perspektivlosigkeit der imperialistischen Kunstpolitik“ zeigen. Donner meinte sogar „nationalistische Töne“ im neuen Avantgardeanspruch der westdeutschen Kunst auszumachen, die sich nun von der amerikanischen Dominanz freimache. Obwohl die ostdeutschen Maler im Fridericianum einen ganzen Raum zur Verfügung gehabt hatten, war Donner mit der Präsentation der DDR-Kunst unzufrieden: Der Raum sei gerade noch annehmbar gewesen, alle Abstrakten hätten bessere Räume gehabt. Die Aufstellungsweise der Plastiken Cremers und Jastrams habe ihnen jegliche politische Brisanz genommen und die Präsenz Pencks mit seinen „illegal ausgeführten Kunstwerken“ sei eine einzige „Verleumdung unserer Kulturpolitik“. Angesichts der „riesenhaften Menge wahrhaften Mülls“ habe sich die Kunst aus der DDR zwar sehr gut abgehoben. Doch dürfe man diese Wirkung bei einer Gesamtmenge von mehreren Tausend Kunstwerken nicht überschätzen.[21] Auch Willi Sitte berichtete, die relativ niedrigen Ausstellungsräume („ein barackenartiger Durchgangsraum“) seien für die großformatigen Bilder der ostdeutschen Maler völlig ungeeignet gewesen: „Es war eine diskriminierende Präsentation“. Herausgefordert durch westdeutsche Kritiker, die die DDR-Kunst als Kitsch oder Kaufhauskunst bezeichneten, äußerte Sitte: „Wir werden niemals einen in Bronze gegossenen Hundescheißhaufen in einen Plexiglaskasten setzen und die Sache zur Kunst erklären.“[22]

Der Auftritt auf der documenta 6 führte in den folgenden Jahren zu einer ständigen Präsenz dieser Maler auf dem westdeutschen Kunstmarkt – begleitet von z. T. wütenden Protesten westdeutscher, figürlich arbeitender Maler, die Konkurrenz witterten. So sagte Jörg Immendorff: „Ich bezweifle, daß es sich bei deren Bildern überhaupt um Kunstwerke handelt. Das waren reine Zierpflanzen der Diktatur. In diesem Fall stellten sich Farbkleckser zur Verfügung, um ein verbrecherisches System mit Dekorationsmaterial zu versorgen. Ich kann mir nicht vorstellen, daß Kunst ohne gewisse ethische Grundlagen auskommt, daß ein Charakterschwein ein gutes Bild malt.“[23] Große Worte eines ehemaligen Linksextremisten, der einst treu Propagandabildchen für die westdeutschen Pol-Pot-Anhänger malte. Immendorffs Galerist Michael Werner wetterte gegen den „antifaschistischen DDR-Kitsch und die Surrogate im Stil des 16. Jahrhunderts“. Er sah durch den Auftritt ostdeutscher Kunst auf dem westdeutschen Kunstmarkt sogar eine „Restauration kleinbürgerlichen Miefs in der Bildenden Kunst“ heraufziehen. Tatsächlich dürfte ihm die neue Konkurrenz figürlich-gegenständlicher Maler zu schaffen gemacht haben. Einem qualitativen Vergleich mit Mattheuer hätte sein Schützling Immendorff wohl kaum standgehalten.[24]

Obwohl eine Teilnahme an der nächsten und übernächsten documenta nicht mehr zustande kam, folgten 1977 bis 1989 auf der Ebene der Kunstvereine viele Gruppen- und Einzelausstellungen ostdeutscher Künstler in der Bundesrepublik, aufmerksam beobachtet von der Presse und oftmals durch die Präsenz westdeut-

21 Bericht vom 11.7.1977. BArch DR 1 Nr. 8171, Bl. 35ff.
22 Schirmer, Sitte, S. 248f.
23 Peter Dittmar, (Hg.), Künstler beschimpfen Künstler, Leipzig 1997, S. 43.
24 Interview Werners in *FAZ* 22. 1. 1988.

scher Politiker aufgewertet.[25] Einflussreiche Förderer wie Peter Ludwig, der Galerist Dieter Brusberg aus Hannover oder der Kunstkritiker der *Frankfurter Allgemeinen Zeitung*, Eduard Beaucamp, hatten zur Wertschätzung der DDR-Malerei bei Sammlern und Prominenten beigetragen. Hannovers Oberbürgermeister Herbert Schmalstieg (SPD) spielte 1983 mit dem Gedanken ein staatlich-kommunal betriebenes „Zentrum für Kunst und Kultur der DDR“ mit Ausstellungen, Archiv und wechselndem Kulturprogramm einzurichten. Damit wollte er Hannover als Kunststandort mit gesamtdeutscher Geltung stärken. Angeregt worden war er von der Ausstellung „Zeitvergleich“, von den Ankäufen des Sprengel Museums und den Aktivitäten des Hannoveraner Galeristen Brusberg. Es blieb bei einem Plan: Die Idee einer Dauerausstellung von Kunst aus der DDR, die von Sprengel Museum betreut werden sollte, wurde nicht realisiert.[26] Ludwig kam dem mit seiner privaten Institutsgründung zuvor.

Der Altkanzler Helmut Schmidt (SPD) ließ sich 1985 von Bernhard Heisig portraitieren, das Bild hängt heute im Bundeskanzleramt. Es ist Usus scheidender Kanzler, einen Künstler für ein Portrait zu wählen, das dauerhaft im Kanzleramt ausgestellt wird. Schmidt wählte mit Heisig einen Künstler, der akademische Ausbildung, Geschichtsbewusstsein und einen expressiv-figürlichen Malstil vereinigte. Damit sorgte Schmidt einerseits für einen Prestigegewinn der DDR-Kunst, andererseits für ein gesamtdeutsches kulturelles Signal, mit dem er sich auf das gemeinsame expressionistische Erbe Deutschlands bezog.

Auch international folgten dem Gastspiel auf der documenta 6 zahlreiche prestigeträchtige Ausstellungen: 1981 die erste große Überblicksausstellung von DDR-Kunst in Frankreich, 1984/85 in Großbritannien. 1982, 1984 und 1986 war die DDR bei der Biennale von Venedig vertreten, wobei sie 1984 mit dem Beitrag „Die Aktualität der Mythen“ große Aufmerksamkeit erregte. Bei der Biennale von Venedig blieb allerdings das Problem, dass der kulturelle Alleinvertretungsanspruch Westdeutschlands als architektonisches Phänomen wiederkehrte: Die Bundesrepublik bespielte den historischen Germania-Pavillon, während sich der DDR-Beitrag im Venezianischen Pavillon einzurichten hatte. 1986 wurde die DDR sogar kurzfristig ausquartiert und musste sich unter Protest in der Corderie

25 Einige der wichtigsten Ausstellungen: 1978/79 „Als guter Realist muß ich alles erfinden. Internationaler Realismus heute“, Kunstverein Hamburg; 1979 „Kunst heute in der DDR“ (Sammlung Ludwig), Aachen, Mainz, Bonn; 1979 Kunst aus der DDR. Bezirk Halle. Kunstverein Hannover Kunst aus der DDR. Bezirk Halle (Katalog Kunstverein Hannover), Hannover 1979; 1982/84 Zeitvergleich (Verkaufsveranstaltung des Staatlichen Kunsthandels der DDR) Auf Initiative von Dieter Brusberg/Axel Hecht (Magazin *Art)* und Uwe M. Schneede, die 60 Ateliers in der DDR besuchten und 13 Künstler in Absprache mit dem VBK und dem VEH Kunsthandel auswählten. Hamburger Kunstverein (1982/83), Württembergischer Kunstverein Stuttgart, Städtische Kunsthalle Düsseldorf, Städtische Galerie Lenbachhaus München, Städtische Kunsthalle Nürnberg (alle 1983), Kunstverein Hannover (1983/84) Zeitvergleich. Malerei und Grafik aus der DDR (Katalog Kunstverein Hamburg u. a.), Hamburg 1982; 1986 „DDR-Künstlerinnen“, Galerie unterm Turm Stuttgart und Galerie in der Böttcherstraße Bremen; 1986 „Menschenbilder – Kunst aus der DDR“, u. a. Westfälisches Landesmuseum Münster, 1987 „Bildhauerkunst aus der DDR“, München, Mannheim und Bonn; 1988 Ausstellung „Zeitvergleich“ 13 Maler aus der DDR in Westberlin.

26 BStU MfS Akte „Fritz“ (Donner) Bd. 7, Bl. 69ff.

des Arsenals in eine Koje quetschen, eingeklemmt zwischen Peru, Kolumbien und San Marino. Willi Sitte warnte Erich Honecker 1986, dieses Erscheinungsbild berge die Gefahr der nationalen Deklassierung, deshalb müsse rasch ein eigener DDR-Pavillon errichtet werden.[27] Dies scheiterte an der Devisenknappheit. Wenigstens konnte die DDR 1988 wieder ihren angestammten Platz im Venezianischen Pavillon beziehen.[28]

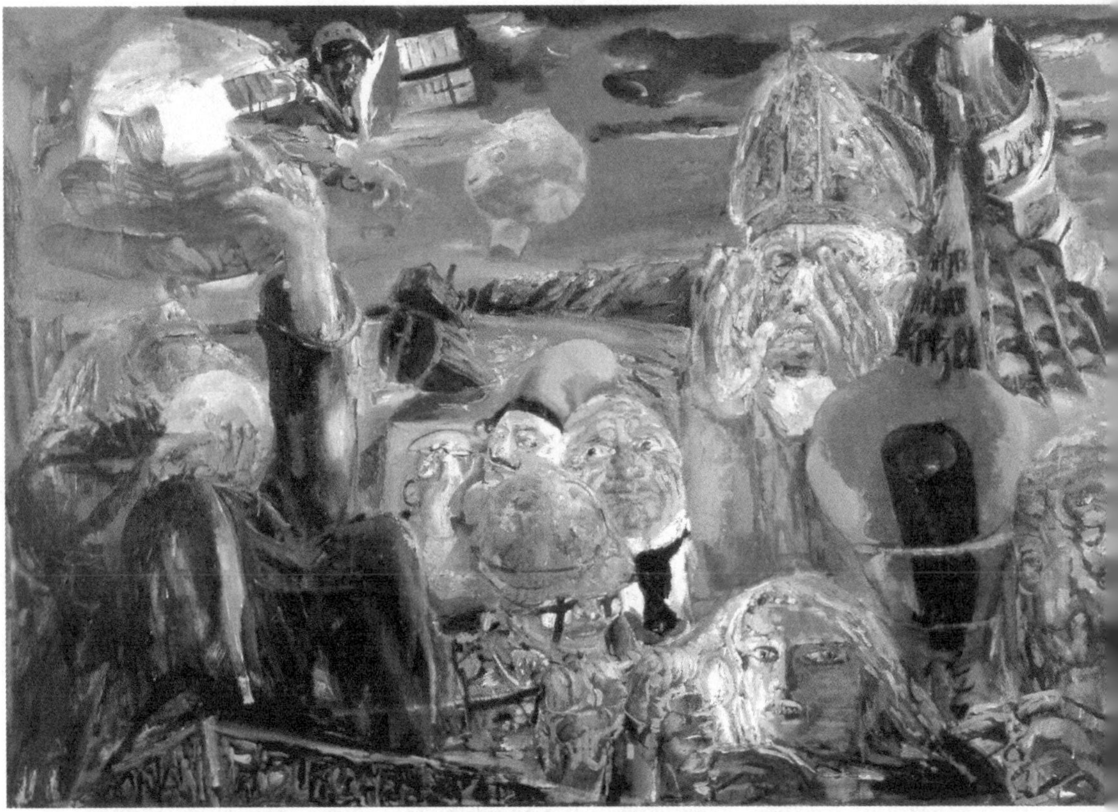

Abb.: Bernhard Heisig, Ikarus – Schwierigkeiten beim Suchen nach Wahrheit 1973 (41. Biennale Venedig, Beitrag der DDR im Venezianischen Pavillon) Heisig bewältigt in seinen Geschichtspanoramen sein Kriegstrauma. Private Sinnsuche und Weltendeutung in einer verwirrenden Fülle von historischen Gestalten und kollagierten Ereignissen.

27 Brief Sittes an Honecker 11. 7. 1986. Stiftung Archiv der Akademie der Künste Berlin, VBK ZV Nr. 5846.

28 Der letzte DDR-Beitrag in Venedig wurde 1990 durch Walter Libuda und Hubertus Giebe geleistet, zwei Künstler der mittleren Generation. Giebes Arbeiten, in denen er sich mit der im Osten vergessenen Geschichte der antistalinistischen Opposition befasste, wirkten wie eine Fortsetzung der Geschichtsmalerei á la Heisig, deren politische Brisanz aber durch den Zusammenbruch der DDR erledigt worden war.

Unterstützung sozialistisch getönter Kunst im Westen

Zur Unterstützung der verbündeten DKP stellte die DDR Kunstausstellungen zur Verfügung, die im kulturellen Umfeld der Partei gezeigt wurden.[29] Doch insgesamt gesehen konnte die DDR wenig kulturpolitischen Einfluss auf das westdeutsche Kunstgeschehen und den Kunstmarkt ausüben. Zwar wurden westdeutsche Künstler, die in einer der SED annehmbaren Weise kritisch-realistisch arbeiteten, gelegentlich durch Ausstellungen in der DDR geehrt.[30] So konnte beispielsweise die Gruppe *tendenzen* 1966 in Halle ausstellen. 1976 gab es „Progressive Kunst aus der BRD" in Ostberlin, Karl-Marx-Stadt (heute Chemnitz) und Weimar zu sehen. 1987 ehrte die DDR Jürgen Waller, der als Professor an der Bremer Hochschule für Kunst und Musik lehrte und sich gegen Berufsverbote und Atomrüstung in der Bundesrepublik engagierte. Waller wurde als früherer „Transportarbeiter und Straßenkehrer" präsentiert, der „in seiner Kunstausübung die Begegnung mit dem Arbeiter sucht."[31] Für manche realistisch arbeitende Künstler aus der Bundesrepublik waren die DDR-Akademien durchaus vorbildhafte Institutionen. So bat 1978 der Hamburger Maler Harald Duwe Sitte, ein Studium seines „begabten" Sohnes, der im vierten Semester an der Hamburger Kunsthochschule studiere, in der DDR zu ermöglichen.[32] Studienaufenthalte und Bildungsreisen für westliche Künstler und Kunsthistoriker in die DDR wurden von Ostberlin gefördert. Auf diese Weise gelang es hin und wieder, überzeugte Anwälte für die Kulturpolitik der DDR zu finden. So etwa den schwedischen Kunsthistoriker Thomas Millroth, der nach einem DDR-Aufenthalt im Jahr 1975 positiv in schwedischen Fachblättern und Zeitungen über die Kunst und das Künstlerdasein in der DDR schrieb.[33]

Regelmäßige Ankäufe zur Unterstützung sozialistisch gesinnter westdeutscher Künstler, wie es DKP-Funktionäre forderten, waren aufgrund der Devisenknappheit aber nicht möglich.[34] Der westdeutsche Kunstmarkt ließ sich auf diese Weise nicht umgehen. Es war der DDR aus finanziellen Gründen nicht möglich, dort eine eigene Marktmacht zu entwickeln. Offensichtlich diente die DDR auch einigen erfolglosen westdeutschen Künstlern und Kunsthistorikern als finanzieller Ret-

29 „Zur Unterstützung ihrer massenpolitischen Arbeit wird der DKP eine Ausstellung bildender Künstlerinnen aus der DDR in Bremen zur Verfügung gestellt." Plan der Zusammenarbeit zwischen SED und DKP. Stiftung Archiv der Akademie der Künste Berlin, VBK ZV Nr. 41/3.

30 So sollte die Westberliner Malerin und Funktionärin der SEW, Monika Sieveking 1985 durch eine Ausstellung in der DDR geehrt werden. Plan der Zusammenarbeit zwischen SED und SEW 1985. Stiftung Archiv der Akademie der Künste Berlin, VBK ZV Nr. 41/3.

31 VBK (Hg.), Jürgen Waller. Gemälde 1961–87, (Neue Berliner Galerie 8. 4. bis 3. 5. 1987), Berlin 1987, S. 10.

32 Brief Duwes an Sitte 15. 10. 1978. Stiftung Archiv der Akademie der Künste Berlin, VBK ZV Nr. 174/1.

33 Tilo Herrmann, „Bellephoron und Sisyphos – zwei Abgesandte der SED. Die schwedische Rezeption von bildender Kunst aus der DDR", in: Jan Hecker-Stampehl (Hg.), Nordeuropa und die beiden deutschen Staaten 1949–89, Leipzig und Berlin 2007, S. 159–177.

34 Hannelore Offner und Klaus Schröder (Hg.), Eingegrenzt-Ausgegrenzt. Kunst und Parteiherrschaft 1961–89, Berlin 2000, S. 465.

tungsanker. So verhandelte die DKP 1988 über die Übersiedlung eines seit 12 Jahren arbeitslosen Bremer Kunsthistorikers in die DDR und verlangte, Ostberlin solle dem DKP-Genossen „möglichst hochkarätige Arbeitsplatzangebote“ machen.[35] Kunsthistoriker aus dem Umfeld der DKP wiesen den VBK darauf hin, dass sie wegen des im Westen geltenden Berufsverbotes gegen Kommunisten in besonderem Maße auf Unterstützung angewiesen seien.[36] Nicht immer akzeptierten die DDR-Behörden die Zuwanderungswilligen. Der Kunsthistoriker Friedbert Ficker, ein in München lebender ehemaliger DDR-Bürger, wünschte sich 1982 aus politischen Gründen die Rückkehr. Der Kunsthistoriker und Sammler war 1949 mit der SED in Konflikt geraten. Er trat aus der Partei aus und wurde daraufhin von seiner Kunstlehrerposition entfernt. Ein Hochschulstudium wurde ihm 1953 wegen „Beleidigung der Partei der Arbeiterklasse“ verwehrt. Von politischer Repression bedroht, floh er 1957 in die Bundesrepublik.[37] Sein Rückkehrgesuch machte jedoch einen dubiosen Eindruck. Das MfK lehnte ab, angeblich weil es keine freie Professur für ihn in der DDR gäbe. Ficker sagte, er würde gerne die DDR auf internationaler Ebene kulturpolitisch und fachlich vertreten. Er führte seine Fachkenntnis und seine Kunstsammlung im Umfang von 3.600 Blatt Graphik als Mitgift ins Gespräch. Die Begegnung zeigte aber nach Einschätzung der Ständigen Vertretung der DDR, „daß Prof. Fickers Denken außerordentlich von Illusionen behaftet ist und er seine eigene Rolle weitgehend überschätzt.“[38]

Geflüchtete Künstler als politische Störer

Die künstlerischen Aktivitäten ehemaliger DDR-Bürger im Westen wurden von der SED kritisch gesehen und vom MfS stets beobachtet. Partei und Staatssicherheit befürchteten, dass das DDR-Bild von diesen Künstlern beeinflusst werden konnte. Bei prominent gewordenen Künstlern aus der DDR wie Baselitz und Penck war dies sicherlich der Fall. Ehemalige DDR-Flüchtlinge wie Georg Baselitz waren gegen jede Aufwertung des SED-Regimes eingestellt. Georg Kern bekam 1957 einen Verweis an der Ostberliner Hochschule für bildende und angewandte Kunst wegen „Gesellschaftlicher Unreife“. Im gleichen Jahr verließ er die DDR und ging nach Westberlin. Kurz darauf benannte er sich in „Baselitz“ um. 1978 zum Professor an der Akademie in Karlsruhe und später an die Westberliner HdK berufen, wurde er bald international zu einem der bekanntesten deutschen Maler. In der Öffentlichkeit äußerte er sich gelegentlich rabiat gegen DDR-Künstler und setzte die DDR mit dem „Dritten Reich“ gleich. Baselitz war bereits so prominent, dass Ostberlin auf ihn keinen Einfluss mehr hatte. Trotzdem be-

35 Gespräch von DKP und VBK-Funktionären über die Übersiedlung des Kunsthistoriker-Ehepaars Dr. Wolfgang und Heide Grape am 21. 1. 1988 in Bremen. Stiftung Archiv der Akademie der Künste Berlin, VBK ZV Nr. 43/1.

36 Brief des Kölner Kunsthistorikers Günter Dünkel an Willi Sitte 19. 1. 1987. Stiftung Archiv der Akademie der Künste Berlin, VBK ZV Nr. 55.

37 Offner, Eingegrenzt, S. 585.

38 Gespräch in der Ständigen Vertretung der DDR in Bonn, 5. 5. 1982, BStU MfS Akte „Fritz“ (Donner), Bd. 6, Bl. 178f.

mühte sich das MfS, wenigstens andere ehemalige DDR-Bürger im Auge zu behalten. Über eine Tagung ehemaliger VBK-Mitglieder in der Bundesrepublik hieß es 1988: „Der IM schätzt ein, dass es sich um einen massiven Versuch handelt, ehemalige bildende Künstler der DDR, die mittlerweile in die BRD übergesiedelt sind, zu formieren und den Nachweis zu erbringen, dass die wirklich repräsentative DDR-Kunst von den ‚Ehemaligen' geschaffen wurde. Der IM ist beauftragt, über zukünftige ähnliche Störversuche durch ehemalige DDR-Bürger aus dem kulturellen Bereich zu informieren und entsprechende Analysen zu erarbeiten."[39] Noch schwerwiegender wurden für die DDR-Reputation schädliche Ausstellungen von DDR-Künstlern im westlichen Ausland bewertet, wie z. B. die Teilnahme „operativ bekannter" DDR-Bürger und ehemaliger DDR-Bürger an der Ausstellung „Die Zusammenhänge sind einfach – Bilder, Grafiken, Lyrik und Prosa aus der DDR", die im Juni 1984 in der Amsterdamer Galerie „Suspect" stattfand. Der Betreiber der Galerie war ein ehemaliger DDR-Bürger, der die Ausstellung in Zusammenarbeit mit dem Goethe-Institut veranstaltete.[40] Besonders ärgerlich für Ostberlin war die Tatsache, dass das Goethe-Institut hier interveniert hatte und die Ausstellung von unangepassten, ostdeutschen Boheme-Künstlern ermöglicht hatte.

Als ebenso unangenehm empfand Ostberlin politische Proteste bei Präsentationen ostdeutscher Kunst in der Bundesrepublik, wie etwa die Flugblattverteilung „Die ungehorsamen Maler der DDR" bei der documenta 6. Auch bei den folgenden Ausstellungen „Kunst aus der DDR-Bezirk Halle" in Hannover und „Mensch und Umwelt" in Westberlin gab es Störungen, wie der Jahresbericht des VBK vermerkte: „Dort trat der Klassengegner mit gezielten Provokationen auf, z. B. der ehemalige DDR-Bürger Sieghard Pohl mit einem angeblich gerade aus DDR-Haft entlassenen Künstler in Erscheinung, was die Notwendigkeit einer besonders gewissenhaften ideologisch-politischen Vorbereitung unsererseits noch unterstreicht".[41]

39 „Operative Information über eine Studientagung ehemaliger Mitglieder des VBK in Willebadessen (BRD)", 6. 1. 1988. BStU MfS Akte „Fritz" (Donner) Bd. 7, Bl. 260.
40 BStU MfS HA XX Nr. 12851, Bl. 85f.
41 SAdK VBK ZV 5006, S. 13.

Kapitel VII
OSTDEUTSCHE KUNST IM DIPLOMATISCHEN EINSATZ IN FRANKREICH

Frankreich gehörte in der Perspektive der DDR-Außenpolitik zu den „kapitalistischen Schwerpunktländern", in denen intensiv Propaganda betrieben werden sollte.[1] Einmal galt Frankreich als alliierte Siegermacht, so dann war es wichtigster Partner der Bundesrepublik. Zudem war die französische KP neben der italienischen die stärkte kommunistische Partei Westeuropas.[2] Die französischen Beziehungen zur DDR waren zunächst von wirtschaftlichen Gesichtspunkten geprägt, entwickelten sich aber unbefriedigend. Kultur spielte erst in den 1980er Jahren eine größere Rolle. Frankreich betrieb im Rahmen seiner Außenpolitik eine aufwendige politique culturelle extérieur. Die Errungenschaften der französischen Kultur und die Verbreitung der französischen Sprache sollten die internationale Position Frankreichs stärken. In diesem Sinne nahm Paris auch mit der DDR kulturpolitische Beziehungen auf.[3] Frankreich blieb schließlich die einzige westliche alliierte Macht, die einem ostdeutschen Staats- und Parteichef eine Bühne bot. Während im das Weiße haus und der Buckingham Palast versperrt blieben, konnte Erich Honecker im Januar 1988 zum Staatsbesuch nach Paris reisen.

Die DDR konnte sich auf das kommunistische Milieu Frankreichs stützen, das zwischen 15 und 20% der Wählerschaft umfasste. Als gemeinsame Werte galten Sozialismus und Antifaschismus. Die Pflege der Erinnerung an die „gemeinsame Front", an der Resistance und kommunistischer Untergrund gekämpft hätten, wurde durch Gedenkfeiern, Publikationen und Ausstellungen bewerkstelligt, an denen Ostdeutsche und Franzosen teilnahmen. Zumindest in Konzentrationslagern wie Buchenwald oder im Spanischen Bürgerkrieg war der gemeinsame Kampf von deutschen und französischen Kommunisten Realität gewesen.

1 Dorothee Röseberg (Hg.), Frankreich und >Das andere Deutschland<, Tübingen 1999. Vgl. a. Christian Wenkel, Les relations entre la France et la patrie de Brecht und Pierre Jardin, Objectifs et outils de l'action culturelle à l'etranger de la République démocratic allemande 1949–1969, in : Centre d'Etudes Slaves, Culture et politique étrangère des démocraties populaires, Paris 2007, S. 13–43 und S. 47–62.

2 Friedhelm B. Meyer zu Natrup, Die Beziehungen der DDR zu Frankreich, in: Hans-Joachim Veen u. a. (Hg.), Die Westpolitik der DDR. Die Beziehungen der DDR zu ausgewählten westlichen Industriestaaten in der 1970er und 1980er Jahren, Melle 1989, S. 14–66; Ulrich Pfeil, Zentralisierung und Instrumentalisierung der auswärtigen Kulturpolitik der DDR: Ein anderer Aspekt der Frankreichpolitik der DDR 1949–89, in: Heiner Timmermann (Hg.), Die DDR-Analysen eines untergegangenen Staates, Berlin 2001, S. 621–642.

3 Frankreich setzte bereits unmittelbar nach dem Krieg auf seine Rolle als kulturbringende Besatzungsmacht. So fanden nicht nur im eigenen südwestdeutschen Besatzungsgebiet Ausstellungen mit französischer Kunst statt, sondern auch in Berliner Stadtzentrum, das offiziell zur sowjetischen Zone gehörte: Im Kriegszerstörten Königlichen Schloss konnten die Berliner im Herbst 1946 die Schau „La peinture Francoise moderne" sehen und im Sommer des folgenden Jahres im Zeughaus die Ausstellung „La sculpture Francaise de Rodin à nos jour".

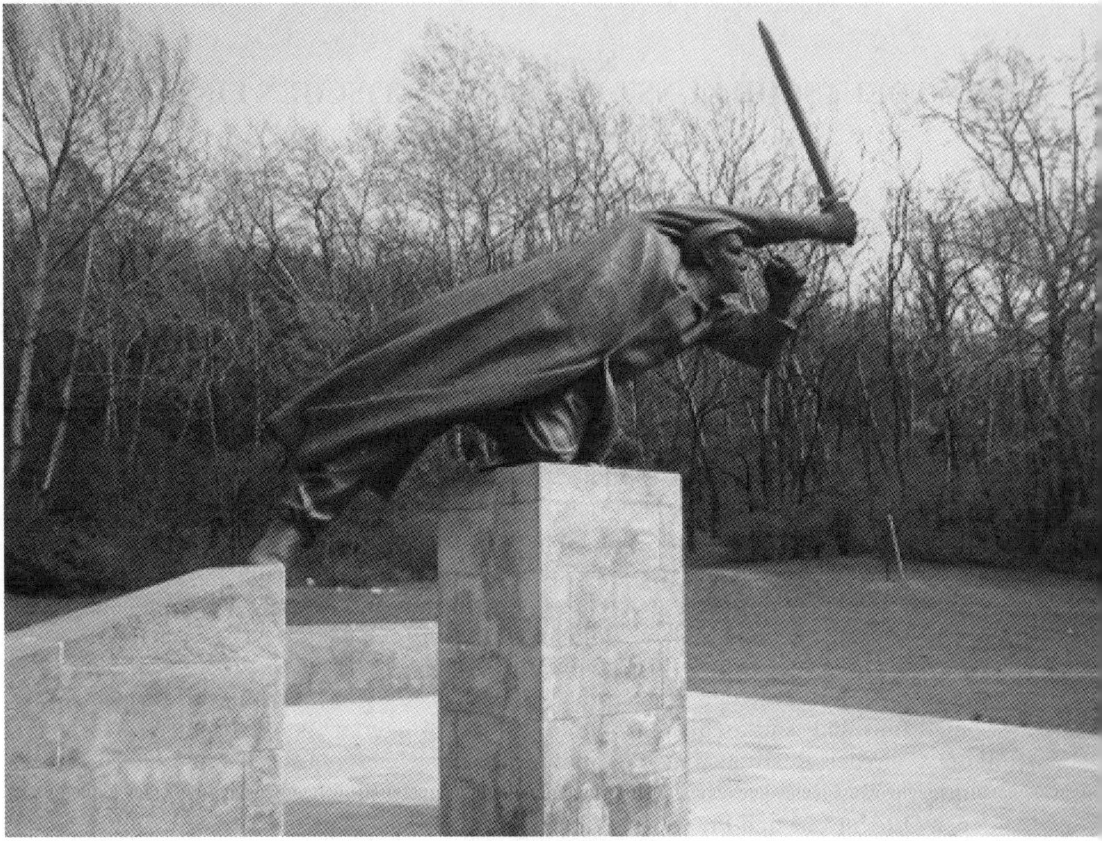

Abb.: Fritz Cremer, Denkmal der Spanienkämpfer, Berlin 1968.
Kommunisten aus zahlreichen Nationen hatten im Spanischen Bürgerkrieg auf Seiten der republikanischen Regierung gekämpft. Hier bestand ein gemeinsames historisches Erbe von deutschen und französischen Kommunisten. Cremer war einer der wichtigsten Repräsentanten der DDR auf dem Gebiet der Bildhauerei – auch international. In diesem Denkmal in Berlin sollte die internationalistische Ausrichtung der DDR durch ein historisches Beispiel bekräftigt werden. Die DDR erscheint hier als Erbfolgerin der Internationalistischen Brigaden, die im spanischen Bürgerkrieg für die Republik kämpften.

In den Jahren der außenpolitischen Isolation bemühte sich die DDR zunächst, eine DDR-freundliche zivilgesellschaftliche „Anerkennungsbewegung" zu fördern und zu steuern. Hilfsmittel dazu waren auch die seit 1952 gegründeten Heine-, Dürer-, Beethoven- oder Bach-Arbeitskreise. Die *Association francaise pour la reconciliation franco-allemand et la reconnaissance de la R. D. A.* wurde 1958 ins Leben gerufen. In jener Zeit mussten DDR-Künstler bei Frankreich-Gastspielen noch Turnhallen auftreten, die den kommunistischen Bürgermeistern der Vororte unterstanden. Die offizielle kulturelle Bühne blieb ihnen noch versperrt. „Internationale Kampfwochen für die Anerkennung der DDR“ wurden im Frühjahr 1970 von Ostberlin in verschiedenen westlichen Ländern initiiert. In Frankreich nehme die DDR-Freundschaftsbewegung schon Massencharakter an, frohlockte der für Westpropaganda verantwortliche Funktionär Albert Norden, doch: „Einige bürgerlich-demokratische Kräfte erschrecken angesichts der Wucht der Bewegung, lehnen Demonstrationen unter freiem Himmel ab und bremsen sogar.“[4] Diese westeuropäischen Gruppen und „Freundschaftsgesellschaften“, die sowohl im bürgerlichen als auch im starkem kommunistischen Milieu wurzelten, wurden mit Propagandamaterial und Künstlertourneen unterstützt und in die DDR eingeladen. Die französisch-ostdeutsche Freundschaftsbewegung hatte bald 12.000 Mitglieder – sie war die stärkste dieser Art in Westeuropa.[5] Zahlreiche Gruppen von Schülern, Künstlern, Kommunisten, ehemaligen Zwangsarbeitern, Resistance-Kämpfern und Häftlingen wurden in die DDR eingeladen. Schulungen für französische Delegationen wie 1970 die „Studientage zur Anerkennung der DDR durch Frankreich als Grundlage kultureller Beziehungen“ fanden in der DDR statt. Auch eine ganze Reihe von französischen Künstlern wurden durch Ausstellungen in der DDR geehrt, manche mit einem dezidiert antifaschistischen Hintergrund, so u. a.: 1967 André Fougeron in der Neuen Berliner Galerie und 1968 in den Weimarer Staatlichen Kunstsammlungen.[6]

Zu ihrem 20. Jahrestag führte die DDR „30 Kleinstausstellungen“ durch, die oft historisch-politische Aussagen transportierten, wie etwa die Schau „25 Jahre befreites Land“. Zudem finanzierte die DDR einige Publikationen wie das *Écho d' Allemagne* mit einer monatlichen Auflage von 75.000 und die *DDR-Revue* (monatliche Auflage 3.000).[7] Auch in Frankreich sollten Direktbeziehungen zu kulturellen Institutionen und Kommunen als Vorstufe zu einem Kulturabkommen aufgebaut werden.[8] 1971 gab es den Plan, Ausstellungen zwischen den Dresdner Sammlungen und dem Louvre auszutauschen, die französische Seite ging allerdings von einer mehrjährigen Vorbereitungszeit aus.[9]

In den 1970ern finden bereits einige Ausstellungen von Künstlern aus der DDR in Frankreich statt, so etwa von Lothar Sell, John Heartfield oder Curt Querner. Allerdings blieben die große Bühne, die renommierten Museen in Paris

4 BArch DY 30 IV A 2/2.028/145.

5 BArch DY 30 IV A 2/2.028/138.

6 Weitere Ausstellungen dieser Art folgten bis zum Ende der 1980er Jahre, so kam z. B. 1987 eine Gruppenausstellung von sieben Künstlern aus Bordeaux in die DDR (Robert Vallet, Jean Hugon, Michel Joussanne, Antoine Vasquez, J. Danguet, Jean-Francois Darnau-Guillem, Jean Francois Lassere) und 1987/88 zeigte Boris Taslitzky, ein ehemaliger Buchenwaldhäftling und KPF-Mitglied aus Paris Zeichnungen, im Berliner Otto-Nagel-Haus. Im gleichen Jahr folgte Jean Helion mit Papierarbeiten in der Nationalgalerie.

7 Albert Norden, „Informationen für das Politbüro über Formen und Methoden der auslandsinformatorischen Arbeit der DDR in und gegenüber Frankreich. 24.11.1970. BArch DY 30 IV A 2/2.028/138, Bl. 50.

8 MfK Perspektivplan Kulturelle Beziehungen mit dem Ausland 17.3.1970. BArch DR1 Nr. 8791.

9 Brief Klaus Gysi an Hermann Axen 30. 4. 1971. BArch DR 1 Nr. 8740.

noch versperrt.[10] Bei der Vorbereitung einer „Repräsentationsausstellung“ von ostdeutschen Künstlern verfiel der VBK auf die Strategie, über ein Abkommen mit dem linksorientierten Künstlerverband UAP den Zugang zu den großen französischen Museen zu finden.[11] Schwierigkeiten machten die Verhandlungen von VBK und UAP über einen Freundschaftsvertrag, weil die Franzosen einen Passus über die künstlerische Freiheit einflechten wollten. Dies war für die DDR-Vertreter allerdings „unannehmbar“. Am Ende verzichtete die UAP auf den Text.[12] Einige Jahre später, nach Abschluss des Kulturabkommens 1980/81, gelingt der große Coup: Im Pariser Musée d'Art moderne de la ville Paris konnte 1981 die repräsentative Ausstellung „Malerei und Grafik aus der DDR“ stattfinden, allerdings nicht ohne politische Querelen. So wurden trotz der Ausstellung demonstrativ Renovierungsarbeiten am Gebäude vorgenommen, so dass sich die Besucherzahl signifikant verringerte.[13] 130 Werke von 30 Künstlern hatte die Direktorin Bernadette Contensue ausgewählt, die jeweiligen Außen- und Kultusminister sowie Bürgermeister Jacques Chirac übernahmen die Schirmherrschaft. Zur Vernissage kamen Hunderte von Gästen aus Politik und Kultur, ein Festessen für die DDR-Künstler und ein Symposium zur Kunst aus der DDR in der ostdeutschen Botschaft folgten. Das Presseecho war lebhaft und kontrovers. Westdeutsche Zeitungen schrieben von einem „Reinfall“ und geringen Besucherzahlen.[14] Etwa 20.000 Besucher sahen die Schau. Die Vielfalt des künstlerischen Ausdrucks wurde allgemein bestaunt, Klischees über die DDR-Kunst seien ausgeräumt worden, so der Generalsekretär des internationalen Kunstkritikerverbandes *AICA*.[15] Insgesamt war die Ausstellung ein großer Erfolg für die DDR, fand sie doch unmittelbar nach einer Ausstellung „Kunst in Deutschland heute“ im gleichen Museum statt, wo zeitgenössische Kunst aus der Bundesrepublik gezeigt worden war. Damit hatte das französische Publikum die Möglichkeit zum direkten Vergleich.

Ausstellungen im Kulturzentrum der DDR in Paris

Im Herbst 1983 wurde das *Kulturzentrum der DDR* (KUZ) unter der Regie des MfAA im Pariser Stadtteil St. Germain eröffnet. Die Einrichtung gegenseitiger

10 Einige Beispiele: 1969 Fritz Kühn im Musée de Arts decoratifs; 1975 John Heartfield-Ausstellung in Paris; 1975 DDR-Beteiligung Internationale Biennale von Paris und Salon „1. Mai“; 1976 Lothar Sell, (41 Plastiken und 53 Grafiken) in Marseille auf Initiative der *Gesellschaft Frankreich-DDR*; 1977 Curt Querner (70 Aquarelle) im Museum „Alte Mühle“, Charleville-Meziere, ebenfalls auf Initiative der *Gesellschaft Frankreich-DDR*.

11 Reisebericht Willi Sittes, Frankreich 31. 5. bis 14. 6. 1976. SAdK VBK Zentralvorstand Nr. 5843.

12 Vermerk über ein Gespräch mit dem Maler Jean Pierre Jouffroy in der Botschaft der DDR in Paris 29. 3. 1977. Stiftung Archiv der Akademie der Künste Berlin, VBK ZV Nr.174/3.

13 Siegfried Wege, ehemaliger Mitarbeiter des ZfK, im Gespräch mit dem Autor, Berlin am 10. Juni 2008.

14 *Bayernkurier* am 20. 6. 1981.

15 *Berliner Zeitung* 13. 3. 1981.

Kulturzentren war Teil des Kulturabkommens von 1980/81 gewesen.[16] Ein Jahresetat von 3 Mio. Mark, davon 1,9 Mio. Devisen, sollte das Zentrum in die Lage versetzen, u. a. Ausstellungen mit sozialistischer Gegenwartskunst zu veranstalten. Im Vordergrund stand die Selbstdarstellung der DDR als moderner Kulturstaat, auf offensichtliche Propaganda sollte verzichtet werden. Die Jahresplanungen des Zentrums wurden vom ZK kontrolliert, in diesem Fall war eine Nähe zu nichtstaatlichen Kooperationspartnern unerwünscht. Mit dem KUZ stand ein Raum zur Verfügung, der ganz in Eigenregie bespielt werden konnte. Leider war er für repräsentative Ausstellungen völlig ungeeignet. Der eigentliche Ausstellungsraum des Hauses war recht klein, kabinettartig und fensterlos. Die Eröffnungsausstellung von Fritz Cremer konnte daher nur auf Kleinplastiken und Papierarbeiten zurückgreifen. Eine repräsentative Wirkung war so nicht zu erzielen. Entsprechend spottete die *FAZ* über die mickrige Anmutung der Eröffnungsausstellung.[17] Regelmäßig wurden im Zentrum dokumentarische, kulturhistorische und künstlerische Vorträge gehalten, Konzerte gegeben und Lesungen durchgeführt.

Gelegentlich gab es politische Störfälle, wie die Flugblattaktion „Freiheit für die Friedensbewegung in der DDR" des ausgewiesenen DDR-Bürgers Roland Jahn, der den Vortrag des Schriftstellerverbandsvorsitzenden Hermann Kant nutzte, um im Dezember 1983 gegen die Verfolgung der Friedensbewegung in der DDR zu protestieren. U. a. war die Künstlerin Bärbel Boley wegen ihres Protestes gegen sowjetische Raketenstationierungen zeitweilig verhaftet worden. Kant distanzierte sich sofort vom Ansinnen Jahns, der aus dem Haus geleitet wurde.[18]

Im Herbst 1984 zeigte man Werke Willi Sittes. Im Gästebuch fand sich die Eintragung von Staatspräsident Francois Mitterand, der dem Künstler großmütig beschied: „Malen Sie weiter so, dann werden Sie es zu etwas bringen!"[19] Andere Besucher zeigten sich enttäuscht: „Die antifaschistischen Themen sollen den Kern aus bürgerlicher Laszivität und westlichem Erotismus überdecken. In Zeiten Stalins sah man so etwas wenigstens nicht", schrieb ein altgläubiger Kommunist, der offenbar handfeste Propaganda-Kunst erwartet hatte.[20] 1986 stellten einige Künstlerinnen aus der DDR im KUZ aus: Christa Böhme, Gudrun Brüne, Ellen Fuhr, Angela Hampel u. a.

Das französische Gegenstück zum KUZ wurde im Januar 1984 eingeweiht. Das Zentrum, das die DDR laut Kulturabkommen in Berlin zulassen musste, war der Staatsicherheit rasch ein Dorn im Auge. Vor allem der unkontrollierte Zugang

16 „Abkommen der DDR und Frankreichs über Statut und Modalitäten der Arbeitsweise der Kulturzentren" vom 16. 6. 1980. Anlage 1 (Bl. 25) fixiert auf Wunsch von Frankreich den uneingeschränkt öffentlichen Zugang zum Haus. BStU MfS ZAGG Nr. 27–33, Bl. 17–25.

17 *FAZ* 15. 12. 1983.

18 BStU MfS HAXX Nr. 8958, Bl. 4.

19 Abschrift der Gästebuchkommentare, SED Kulturabteilung 7. 1. 1985. SAdK VBK Zentralvorstand Nr. 5845.

20 Abschrift der Gästebuchkommentare, SED Kulturabteilung 7. 1. 1985. SAdK VBK Zentralvorstand Nr. 5845.

zum Haus, auf dem Frankreich bestanden hatte,[21] wurde zum Problem. Das MfS fahndete nach Verstößen gegen das Kulturabkommen, und beabsichtigte, den Missbrauch des Zentrums durch westliche Geheimdienste aufdecken und darüber Buch führen, welche ostdeutschen Künstler zu Veranstaltungen und Ausstellungen gingen.[22] Das Französische Kulturzentrum war eines der erfolgreichsten Institute dieser Art mit hoher Auslastung von Sprachkursen und Veranstaltungen. In einem Bericht über das französische Kulturinstitut hob das MfS in den späten 1980er Jahren zwar hervor, es gäbe keine Hinweise auf Mitarbeiter gegnerischer Geheimdienste im Kulturzentrum, „jedoch ist zu verzeichnen, dass an der französischen Botschaft, als Diplomaten abgedeckt, erkannte Mitarbeiter des französischen Geheimdienstes DGSE sowohl Einfluss auf die Tätigkeit des Kulturzentrums nehmen, als auch dort unmittelbar tätig werden. Der ehemalige Kulturrat der französischen Botschaft, Jean Louis Lepetre, nahm besonders starken Einfluss auf die Programmgestaltung des Zentrums. Er stellte auch den inspirierenden Faktor für die gezielte Einladung operativ interessierender Personen, insbesondere aus dem Kunst- und Kulturbereich der DDR, zu Veranstaltungen des Zentrums dar und führte in diesem Rahmen eine umfangreiche Kontakttätigkeit durch. Diese Kontakttätigkeit wurde sukzessive vom Direktor des KUZ, Dominique Paillarse, übernommen (...). Er nutzt den Kontaktkreis, insbesondere unter politisch negativen bzw. indifferenten Kunst- und Kulturschaffenden, zum systematischen Auf- und Ausbau von Abschöpfungs- und Einflusskontakten aus. Die Einflussnahme reicht bis zur praktischen Unterstützung dieser Personen zur Präsentation ihrer Arbeiten in Frankreich.“[23] Aus Sicht des MfS waren alle künstlerischen Kontakte, die nicht durch die offiziellen Kulturbeziehungen kanalisiert werden konnten, ein Sicherheitsrisiko, das durch genaue Beobachtungen der Künstler mit Westkontakten vermieden werden sollte.

„Es ist wichtig, dass man uns Kunst aus der DDR zeigt. Warum ist sie so traurig und düster?“ – französische Reaktionen auf ostdeutsche Kunst

Die Schau „Temperamente“ versammelte im Herbst 1987 im Pariser KUZ 30 junge Berliner Künstler, um Frankreich das Bild einer jungen, vitalen Kunstszene in der ostdeutschen Hauptstadt zu präsentieren. Die Arbeiten waren im ganzen Ge-

21 „Abkommen der DDR und Frankreichs über Statut und Modalitäten der Arbeitsweise der Kulturzentren“ vom 16. 6. 1980. Anlage 1 fixiert auf Wunsch von Frankreich den uneingeschränkt öffentlichen Zugang zum Haus. BStU MfS ZAGG Nr. 27–33, Bl. 25.

22 Konzeption für den Einsatz operativer Kräfte am französischen Kulturzentrum 27. 2. 1984. BStU MfS HA II 34582, Bl. 60ff. Im Jahr 1987 wurden z. B. die Künstler Thomas Florschuetz, Bärbel Boley, Harald Hauschild und der Ausstellungsmacher Christoph Tannert beim Besuch des Hauses beobachtet. (Bl. 67.) Thomas Florschuetz hatte schon 1986 einen Antrag auf Ausreise gestellt. Ein Jahr später erhielt er den Preis für „Junge europäische Fotographie“ der Deutschen Leasing AG, verbunden mit Arbeitsstipendium in den USA, von dem er nicht in die DDR zurückkehrte.

23 BStU MfS HA II Nr. 23624, Bl. 1–4.

bäude verteilt worden.[24] Bei der Eröffnung waren auch der Bonner Botschafter und westdeutsche Gäste anwesend. Der Kurator berichtete auch vom querulantenhaften Auftritt eines westdeutschen Besuchers, der lautstark bestritt, dass in der ausgestellten Kunst irgendein moralisch-politischer Gehalt sichtbar werde. Der Gast verteilte später Material des Pariser Goethe-Instituts.[25] Bis auf die Eröffnung und eine Künstlergespräch wurde die Ausstellung offenbar nur von wenigen Besuchern gesehen und in der Presse kaum besprochen, wie ein Pariser Magazin berichtete.[26] Die Eintragungen im Besucherbuch zeugen von einem lebhaften Echo. Viele Gäste betonen die Traurigkeit, die Gewalt und Kraft der Arbeiten und ziehen eine Verbindungslinie zum deutschen Expressionismus. Zahlreiche Einträge zollen den Künstlern Respekt, bleiben aber in kritischer Distanz zum Staat DDR. Der propagandistische Effekt für das SED-Regime war sicher gering, wenn nicht sogar kontraproduktiv, wie die folgenden Besucherzitate zeigen. Ein Gast schrieb: „Es ist wichtig, dass man uns Kunst aus der DDR zeigt. Warum ist sie so traurig und düster?“ Ein anderer Besucher zeigte sich beeindruckt: „Diese Maler leben in einem finsteren Land, strahlen aber viel Kraft aus.“ Der folgende Kommentar ist wohl als Sarkasmus zu werten: „Achtung, die Deutschen sind da. Erst überfallen sie uns mit Bildern, später werden es Panzer sein.“ Noch immer prägte die Mauer das Bild der DDR, da mochte man noch so viele Kunstausstellungen organisieren. Dies kam in Bemerkungen wie der folgenden zum Ausdruck: „Warum stellen Sie keine Architektur aus? Sie sind doch Meister dieses Faches, sehen Sie sich doch die Mauer an!“[27]

Welche Wirkung das KUZ insgesamt entfaltete, kann nur schwer bewertet werden. Im Jahr 1985 zählte man 5.800 Besucher. Die Ausstrahlungskraft dürfte nicht allzu groß gewesen sein. Den Mitarbeitern fehlte es letztlich an kreativem Spielraum, um im turbulenten Pariser Kulturbetrieb Akzente setzen zu können.[28] Im Programm für 1990 sollte das Kulturzentrum die „Politik des Dialogs“ umsetzen und vor allem die „Intelligenz, Jugend und Vertreter bürgerlich-liberaler Bevölkerungskreise“ ansprechen und mit den Leistungen der DDR bekannt machen. Ausstellungen über die Gedenkstätte Buchenwald, über die Résistance, über Umweltpolitik und Architektur waren vorgesehen.[29] Vorgesehen war für 1989/90 eine Tournee mit Werken von sechs Künstlern aus der DDR in Frankreich und im Gegenzug eine Ausstellung französischer zeitgenössischer Kunst in der DDR im Jahr 1991. Delegationen sollten die jeweiligen Projekte im Gastland vorbereiten. Darüber hinaus wünschte sich Ostberlin für 1991/92 eine Ausstellung französischer

24 Temperamente. 30 junge Berliner Künstler. Eröffnung 9. 9. 1987, Ausstellung bis 21. 10. 1987.

25 Mitarbeiter des KUZ berichteten, dass solche Störungen gelegentlich vorkämen. Ausführlicher Reisebericht des Kurators Jörg Makarinus, Berlin 15. 9. 1987. SAdK VBK Zentralvorstand Nr. 5012.

26 Eine sonst sehr positive Besprechung von Muriel Berg, *7 à Paris* 30. 9. 1987.

27 Abschrift der Gästebuchkommentare 7. 12. 1987. SAdK VBK Zentralvorstand Nr. 5012.

28 Sophie Brachvogel, Die Kulturpolitik der DDR gegenüber Frankreich in den 1980er Jahren. Das Centre Culturell Francais in Berlin und das Kulturzentrum der DDR in Paris. Magisterarbeit Humboldt-Universität zu Berlin 2004, S. 80.

29 BArch DY 30 Nr. 40119.

Kunst der klassischen Moderne und sagte das Projekt einer Ausstellung zum Thema „kulturelles Erbe“ in Frankreich zu, deren genauer Inhalt von deutschen und französischen Experten festgelegt werden sollte.[30] Doch dazu sollte es nicht mehr kommen. Stattdessen endeten die Kulturbeziehungen beider Staaten etwas abrupt: Mit dem raschen Untergang der DDR im Herbst 1989.

Der glanzvolle Schlusspunkt der Kulturbeziehungen zwischen Frankreich und der DDR war ein dreitägiges Festival in der Pariser Ausstellungshalle Le Villette, bei dem Ausstellungen bildender Kunst, Theateraufführungen, Lesungen und Konzerte stattfanden. Der französische Kommunist Maurice Majman hatte diese Veranstaltung, bei der viele Künstler der DDR-Subkultur teilnahmen, gemeinsam mit dem ostdeutschen Ausstellungsmacher Christoph Tannert im Rahmen des neuen *Centre Allemagne hors les mures* organisiert. Systemferne Künstler und Kuratoren wie Tannert, die noch bis vor kurzem von den DDR-Behörden misstrauisch beäugt wurden, kamen jetzt zum Zuge. Eingeladen vom Madame Mitterand kamen 400 Künstler und Künstlerinnen aus der DDR nach Paris und wurden festlich im Elyséepalast empfangen. Die Veranstaltung wurde von Zehntausenden Parisern besucht. Sie ist als paradox wirkender Versuch deutscher und französischer Sozialisten zu werten, die untergehende DDR durch die Zurschaustellungen ihrer vitalen und vielfältigen Kulturszene zu stabilisieren. Gerade die gestern noch ungeliebte und scharf beobachtete ostdeutsche Subkultur sollte nun dazu dienen, die marode DDR zu stützen und die deutsche Einheit zu hintertreiben.[31] In ähnlichem Zusammenhang erscheint auch der demonstrative Staatsbesuch von Mitterand in Ostdeutschland im Dezember 1989, mit dem er die wankende DDR aufzuwerten gedachte.

30 „Programmvereinbarung zwischen der Regierung der DDR und der Französischen Republik über die kulturelle und wissenschaftliche Zusammenarbeit für die Jahre 1989, 1990 und 1991.“ Tagung der gemischten Kommission für kulturelle Zusammenarbeit vom 31. 5. bis 2. 6. 1989 in Paris. BStU MfS HA II 23628 Bl. 19f.

31 Christoph Tannert im Gespräch mit dem Autor, 30. 8. 2006.

Kapitel VIII
DIE BILDENDE KUNST IN DER BEZIEHUNG ZWISCHEN DER DDR UND GROSSBRITANNIEN

Großbritannien gehörte zu den „kapitalistischen Schwerpunktländern" für die Außenpolitik der DDR.[1] Dennoch blieben die wirtschaftlichen und kulturellen Beziehungen beider Staaten relativ schwach entwickelt. Großbritannien stimmte seine DDR-Politik sorgfältig mit Bonn ab. Zudem galt die DDR in der britischen Öffentlichkeit lange Zeit als farbloser Vasallenstaat Moskaus. Wie in anderen westlichen Ländern mussten vor der Aufnahme diplomatischer Beziehungen zunächst auf privater Ebene und unter Gesinnungsgenossen Kontakte geknüpft werden.[2] Im Gegensatz zu Frankreich oder Italien war die kommunistische Bewegung in Großbritannien immer schwach gewesen. Für die DDR kamen die kleine, bedeutungslose Communist Party (CPGB), aber auch manche Mitglieder der Labour Party als Ansprechpartner in Frage.[3] Ein Glücksfall für die DDR-Propaganda war der britische Überläufer John Peet, ehemaliger Chefkorrespondent der Nachrichtenagentur Reuters in Westberlin, der nun von Ostberlin aus versuchte, die britische Öffentlichkeit zu beeinflussen.[4]

Die englische Arbeiterklasse war stark germanophob eingestellt und viele britische Politiker und Intellektuelle empfanden die deutsche Teilung als historischen Glücksfall. Hier konnte die DDR-Auslandsagitation ansetzen und verdeutlichen, dass Großbritannien im Eigeninteresse am Fortbestand und an der Stärkung der DDR mitwirken sollte. Dennoch blieb die DDR-Propaganda lange Zeit unprofessionell und unwirksam.[5] Wie blind und ungezielt die DDR agitieren musste, zeigt sich darin, dass Schriften des *GDR-Review* anonym und ohne persönliches An-

1 Ian Wallace, „The GDR's cultural activities in Britain", in: *German life and letters* Nr. 53, 2000, S. 394–411.

2 Die DDR-freundliche Gruppe *Bridge* sollte unterstützt und gefestigt werden. Stützpunkte in Leeds, Glasgow, Coventry, Hull und Birmingham sollten eingerichtet werden. „Perspektivplan Kulturelle Beziehungen mit dem Ausland", 17. 3. 1970. BArch DR 1 8791.

3 David Childs, "British Labour and Ulbricht's state. The fight for recognition", in: Britain and East Germany since 1918, München/New York 1992, S. 95–106 und Colin Munro, "The acceptance of a Second German state", ebda. S. 121–130.

4 John Peet, The long engagement. Memoirs of a Cold War Legend, London 1989.
In einer Aussprache mit Vertretern des MfAA am 17. 11. 1957 resümierte der Herausgeber des *Democratic German Report*, daß 9.000 Exemplare nach GB geschickt würden. Nur 200 bis 300 Stück würden im Handel verkauft, alle anderen an Adressen von Labourabgeordneten, Gewerkschaftlern u. a. versendet. Zwischenzeitlich umfasste die Liste der Zielpersonen 30.000 Namen. Bis 1955 bekam Peet monatlich etwa 200 Zuschriften, jetzt waren es nur noch 25, was offenbar nicht nur mit der Qualität der DDR-Propaganda, sondern mit dem allgemein nachlassenden Deutschlandpolitischen Interesse zu tun hatte. PA AA MfAA B 3.337, Bl. 76.

5 „Die Arbeit im Jahre 1957 war ungenügend und zum Teil sporadisch", hieß es in einem Bericht des „England-Referates im MfAA" vom 2. 12. 1957. PA AA MfAA B 3.337, Bl. 94.

schreiben an britische Bibliotheken und öffentliche Einrichtungen verschickt wurden.

1957 reiste Inge Lessing, Mitarbeiterin der *Gesellschaft für kulturelle Verbindungen mit dem Ausland,* nach London, um für das MfAA Kontakte zum *Arts Council of Britain*, zur Redaktion der Zeitschrift *The Studio* und zum *Institute for Contemporary Art* aufzunehmen. Die Verbindung zu diesem Institut war offenbar infolge der Ungarnkrise von 1956 abgebrochen. Auch jetzt verlief die Begegnung mit der Direktion frostig, und die Auftritte von DDR-Künstlern sowie Vorträge über das DDR-Kulturleben waren undenkbar. Allenfalls eine Heartfield-Ausstellung schien möglich, allerdings ohne Anreise von John Heartfield selbst und anderen Repräsentanten der DDR, die unerwünscht waren.[6] Es dauerte elf Jahre, bis die Ausstellung zustande kam. Im Herbst 1957 gab es immerhin eine Ausstellung englischer Gebrauchsgrafik in der DDR und 1959 organisierte Ostberlin eine propagandistische Ausstellung zum 10. Gründungstag der DDR in London: „Das Leben in der DDR". Offenbar hatte die Bonner Botschaft sogar versucht, ein Verbot der Ausstellung zu erwirken, blieb dabei aber erfolglos.[7]

Die Kryptodiplomatie ostdeutscher Handelsmissionen und Freundschaftsgesellschaften

In den 1960er Jahren beauftragte die Ostberliner Führung die Londoner Werbeagentur *Notley's Advertising Ltd.* für die ansprechende Gestaltung von Schriftprodukten, Empfängen und Ausstellungen.[8] Später wurde *Lex Hornsby & Partners* engagiert, um für Reisen und DDR-Produkte zu werben.[9] Nach der Einsicht, keine Massenwirkung in der britischen Öffentlichkeit zu erzielen, entschloss sich Ostberlin, sich auf Kontakte zu geneigten Einzelpersonen des Kulturlebens, der Medien und der Politik zu konzentrieren. 160 Members of Parliament, fast allesamt Labourabgeordnete, wurden in den frühen 1960er Jahren persönlich in die DDR eingeladen, um das Land kennen zu lernen. Die Vereinigung *Bridge,* gegründet am 9. Januar 1965 als *Britain Democratic Germany Information Exchange*, war eine lockere Gemeinschaft von anfangs 40 DDR-Sympathisanten, die ohne große Resonanz unter britischen Intellektuellen blieb – trotz ihrer Seminare für Lehrer und Studenten, die von der DDR finanziert wurden: „It was largely a case of preaching to the converted."[10] Von ihrer Wirkung war man in Ostberlin bald ent-

6 PA AA MfAA B 3.337, Bl. 116.
7 *Daily Express* 19. 9. 1959. S. a. MfAA B 3.337, Bl. 7.
8 BArch DY 30/ JVI 2/3a /962 Bl. 6. S. a. Bert Becker, Die DDR und GB. Politische, wirtschaftliche und kulturelle Kontakte im Zeichen der Nichtanerkennungspolitik, Bochum 1991, S. 258. Und allgemein: Arnd Bauerkämper (Hg.), Britain and the GDR. Relations and Perceptions in a divided world, Wien 2002.
9 Jahresanalyse der kulturellen Beziehungen zu GB, MfAA 15. 2. 1971, PA AA MfAA C 227/73, Bl. 1–3.
10 Wallace, *German Letters* 2000, S. 395.

täuscht.[11] Im *House of Commons* wurde im gleichen Jahr die Parteiübergreifende *Britain-GDR Parliamentary Group* gegründet, die sich für die Anerkennung der DDR stark machte, ohne die Britische Regierungspolitik substantiell beeinflussen zu können. Auch die Verbindung mit der Bruderpartei CPGB brachte wenig ein, weil die Partei nach 1945 stetig an Bedeutung verlor. Ostberlin unterstützte die CPGB bei Filmprojekten und finanzierte 1953 die Sanierung des Marx'schen Grabes auf dem Highgate Cemetery in London. Kader der Bruderparteien besuchten sich wechselseitig, doch erst 1970 kam eine offizielle Delegation des ZK der SED nach London.

In den 1960er Jahren gab es einige Ausstellungen von Künstlern aus der DDR in Großbritannien, die auf persönlichen Kontakten aus der Exilzeit beruhten, aber meistens ohne große Resonanz blieben, so z. B. Hans und Lea Grundigs Schau in der Herbert Art Gallery in Coventry im Herbst 1963. Werke des Bildhauers Theo Balden – ein jüdischer Kommunist namens Otto Köhler, der unter diesem Pseudonym nach England ins Exil geflüchtet war – wurden 1965/66 in den städtischen Museen von Leicester, Nottingham, Stoke on Trent, Derby, Coventry, Lincoln und Watford gezeigt.

Die Schau englischer Aquarelle in der Berliner Nationalgalerie im Jahr 1964 war die erste Ausstellung von britischen Originalkunstwerken in der DDR, vermittelt vom Kunsthistoriker Richard Carline, einem Bekannten John Heartfields aus dessen Zeit im englischen Exil. Die endlich 1969 stattfindende Heartfield-Ausstellung in London war ein erster Höhepunkt der DDR-Kulturarbeit. 300 Gäste, darunter Wieland Herzfelde und eine offizielle DDR-Delegation, nahmen an der Eröffnung teil. Die University of Sussex, die Richard Demaroo Gallery sowie weitere Interessenten übernahmen die Ausstellung danach. Mit Bedauern stellten die DDR-Funktionäre fest, dass die britische Presse kaum auf das Engagement Heartfields in der DDR abhob.[12] Der Rückblick auf Heartfields Antifaschismus habe im Mittelpunkt der Rezeption gestanden. Weit schwerer sei es dagegen, Ausstellungsmöglichkeiten für zeitgenössische Kunst aus der DDR zu finden, da die abstrakte Kunst alle wichtigen Ausstellungshäuser und Galerien Londons belege.[13]

Zu Beginn der 1970er Jahre bemühte sich die DDR, Beziehungen zu staatlichen Einrichtungen wie dem *British Council*[14], dem British Museum, dem Victoria and Albert-Museum oder dem *Arts Council* aufzubauen. Obwohl die eigene Kulturarbeit noch immer selbstkritisch als „sporadisch" eingeschätzt wurde, witterte das MfAA ein wachsendes Interesse an der DDR. Zwar gab es einige ge-

11 Es sei „nicht gelungen, in Großbritannien ein organisatorisches Zentrum für Kommunikation" und Auslandsarbeit der DDR zu schaffen. *Bridge* sei damit überfordert. „Jahresanalyse der kulturellen Beziehungen zu GB", 21. 1. 1966, PA AA MfAA B 3.345, Bl. 4.

12 BArch DR 1 Nr. 8102.

13 „Jahresanalyse der kulturellen Beziehungen zu GB", 21. 1. 1971, PA AA MfAA C 227/73, Bl. 4ff.

14 Der BC war eigentlich nur für Kriegs- und Krisenzeiten der 1930er und 1940er Jahre ins Leben gerufen worden und sollte nach Kriegsende abgeschafft werden. Auf öffentlichen Druck erhielt er nach 1945 eine Fünfjahresfrist zur Weiterarbeit, die dann immer wieder verlängert wurde.

meinsame Ausstellungsprojekte zu Beginn der 1970er Jahre[15], doch die folgende Einschätzung des MfAA wirkt doch etwas überzogen: „Bald können wir „die direkte Konfrontation mit dem westdeutschen Einfluss suchen."[16]
Die diplomatische Anerkennung der DDR durch GB beendete die Kryptodiplomatie ostdeutscher Handelsmissionen und Freundschaftsgesellschaften. Nun war der Weg frei für offizielle Kulturbeziehungen. Es folgte 1975 die Ausstellung „Sechs Grafiker aus der DDR" im London College of Printing.[17] *Bridge* wurde 1973 in *Britain-GDR-Society* umbenannt und konnte bis 1989 viele neue Mitglieder gewinnen.

Seit Ende der 1970er Jahre gab es alle zwei Jahre Konsultationen zwischen der DDR und Großbritannien, um die kulturelle Zusammenarbeit beider Länder zu organisieren. Zwischen Dresden und Coventry bestand zudem eine Städtepartnerschaft, die auch kulturelle Veranstaltungen umfasste. Bereits 1965 hatte in Dresden eine Ausstellung von Studenten des College of Arts von Coventry stattgefunden, begleitet von einer 20-köpfigen britischen Delegation. Bei dieser Gelegenheit war ein Freundschaftsvertrag zwischen den Kunstakademien beider Städte unterzeichnet worden.[18] Weitere Städtepartnerschaften wurden im den folgenden Jahren besiegelt und eine Reihe von wechselseitigen Kunstausstellungen konnte in den 1980er Jahren verwirklicht werden.[19] Das Ansinnen Großbritanniens, ein eigenes Kulturzentrum in der DDR zu eröffnen, lehnte Ostberlin Ende der 1970er Jahre allerdings strikt ab. Ein praktisches Ergebnis der deutsch-britischen Vereinbarungen auf dem Gebiet der Kunst war die Ausstellung „Britische Aquarelle und Zeichnungen 1900-1950" in der DDR. 80 Arbeiten von 31 Künstlern, darunter Henry Moore, waren in Berlin, Leipzig, Weimar und Karl-Marx-Stadt (Chemnitz) zu sehen, wo der britische Kulturattachee durch die Ausstellung führte.[20] Es folgte

15 1971 Deutsche Grafik zwischen den Weltkriegen (Kupferstichkabinett Berlin) in GB; 1971 Industrial design in the GDR, London; 1971 Caspar-David-Friedrich-Ausstellung in der Tate Gallery
1971 Turner-Ausstellung aus der Tate in Dresden; 1971 Böcklin-Ausstellung aus Dresden in der Hayward Gallery London; 1971 Ausstellung von Grafik von Grosz, Dix, Beckmann in der Hayward Gallery London.

16 „Jahresanalyse der kulturellen Beziehungen zu GB", 15. 2. 1971, PA AA MfAA C 227/73, Bl. 1–3.

17 Helmut Diehl, Wolfgang Mattheuer, Dieter Goltzsche, Karl-Georg Hirsch, Otto Paetz und Herbert Tucholski) mit insgesamt 58 Arbeiten.

18 Merrilyn Thomas, "Idealism as a political tool. The Coventry-Dresden-relationship 1963–65", in: Arnd Bauerkämper (Hg.), Britain and the GDR. Relations and Perceptions in a divided world, Wien 2002, S. 305–324. Vgl. a. Axel Bachmann, "Die Beziehungen der DDR zu den Angelsächsischen Ländern", in: Hans-Joachim Veen u. a. (Hg.), Die Westpolitik der DDR. Die Beziehungen der DDR zu ausgewählten westlichen Industriestaaten in der 1970er und 1980er Jahren, Melle 1989, S. 69–129.

19 1984 Zeichnungen von Henry Moore aus den Kriegsjahren Nationalgalerie Ostberlin, anschließend Leipzig, Museum für bildende Künste, Galerie Moritzburg und Albertinum Dresden; 1986 Dietrich Kaufmann, Royal Festival Hall London (Gemälde und Theaterplakate); 1989 Britische Fotographie der 1980er, Fotogalerie Helsingforser Platz Berlin (47 Arbeiten von 10 Künstlern, u. a. Martin Parr), anschließend Leipzig und Gera.

20 *Neues Deutschland* 2. 7. 1981

bald eine Ausstellung von Henry Moores Kriegszeichnungen aus den Tagen des Luftkriegs gegen London, zu der auch westdeutsche Pressevertreter in die Nationalgalerie kamen.

Im Oktober 1981 kam der Sekretär der Ausstellungssektion der Royal Academy of Art, Norman Rosenthal, nach Berlin. Zweck des Gesprächs war Rosenthals Wunsch, eine Ausstellung in der Art von „The Splendor of Dresden", die sehr erfolgreich in den USA gelaufen war, nach Großbritannien zu holen. Auch sollte generell die Bereitschaft der DDR erkundet werden, Leihgaben alter Kunst nach Großbritannien zu entsenden. Zudem gab Rosenthal, ein früherer deutscher Emigrant, sein privates Interesse an zeitgenössischer Kunst aus der DDR zu erkennen. Ostberlin sah jetzt eine Chance für den lange gehegten Plan, in Großbritannien eine Ausstellung zeitgenössischer Kunst mit sozialistischen Inhalten zu platzieren. Auf Ostberliner Nachfrage musste Rosenthal aber bremsen, sein Institut könne prinzipiell keine ausländischen Gegenwartskunstausstellungen veranstalten. Die kürzlich durchgeführte Schau „The new spirit of painting" sei eine Ausnahme gewesen. Dies war aus DDR-Sicht umso ärgerlicher, weil A. R. Penck daran teilgenommen hatte und Rosenthal sich zudem als Bekannter Pencks zu erkennen gab.[21] Dennoch ergab sich für die DDR bald eine Alternative zur Royal Academy: Das Museum of Modern Art Oxford.

Ein Erfolg für die DDR? „Tradition and renewal – contemporary art in the German Democratic Republic"

Im Museum of Modern Art Oxford konnte die Auslandskulturarbeit der DDR ihren größten Erfolg in Großbritannien feiern: Es war die erste Überblicksausstellung von zeitgenössischer Kunst aus der DDR in Großbritannien: „Tradition and renewal – contemporary art in the German Democratic Republic."[22] 1981 regte Willy Lange, der Kulturattacheé der DDR, gegenüber David Elliott, Direktor vom Museum of Modern Art Oxford an, eine Ausstellung von zeitgenössischer Kunst aus der DDR zu zeigen. Elliott war interessiert: "The reason I wanted to do this exhibition was the rediscovery of painting at the beginning of the 1980s – and in particular the German painters Baselitz, Lüpertz, Kiefer. The avantgarde had crashed at the end of 1970s and we were all presented by a return to painting as a viable medium. It struck me that this new – and not so new – neoExpressionism had mirrored in the DDR where there had been much

21 Bericht über den Besuch des Sekretärs der Ausstellungssektion der Royal Academy of Art, Norman Rosenthal, am 27. 10. 1981 in Berlin. BStU MfS Akte „Fritz" (Donner) Bl. 53f.

22 „Tradition und Erneuerung". Zeitgenössische Kunst in der DDR. 13 Künstler aus drei Generationen, darunter Willi Sitte, Bernhard Heisig, Werner Tübke, Stelzmann, Hartwig Ebersbach, Sighard Gille, Carlfriedrich Claus, Hubertus Giebe, Dagmar Stoev, Gudrun Brüne, Walter Libuda .Eröffnung der Tournee in Oxford, Museum of Modern Art, anschließend Herbert Art Gallery Coventry (Eröffnung am 11. 8. 1984, Ausstellung bis 23. 9. 1984, City of Sheffield Art Galleries 29. 9. bis 4. 11. 1984, Hatton Art Gallery Newcastle upon Tyne 26.11. 1984 bis 19. 1. 1985, London Barbican Gallery (Eröffnung am 14. 2. 1985, Ausstellung bis 8. 4. 1985).

less of a rupture after the War in the traditions of German art. I was also fascinated by the way in which two strongly ideological art histories had been written after the war – one in the West with which we were familiar but never challenged it, and one in the East with which we were almost completely."[23] Die DDR-Behörden und der *British Council* organisierten daraufhin Elliotts Reise zur Großen Dresdner Kunstausstellung und zu einzelnen Künstlern.[24] Drei Jahre später konnte die Ausstellung stattfinden. Sie war von Elliott in Absprache mit dem MfK und ZfK zusammengestellt worden,[25] finanziell unterstützt vom *Visiting Arts Unit of GB*, und ging anschließend nach Coventry, Sheffield, und Newcastle. Die Auswahl der Künstler lief nicht konfliktfrei ab. So sagte die Kunst Sittes Elliott überhaupt nicht zu, Ostberlin bestand aber darauf, der VBK-Präsident müsse dabeisein. Auch das Fehlen von Künstlerinnen wurde beklagt[26] Die Eröffnung in der Barbican Gallery London fand in Anwesenheit Willi Sittes und des DDR-Botschafters statt. Elliott bemühte sich, dem britischen Publikum die Kunst der DDR als europäische Kulturleistung nahezubringen: "East German art is within the mainstream of European pictorial tradition which allows reference to the work of Cranach and Rubens as easily and as logically as it does to that of closer percursers like such as Corinth, Dix and Beckmann." Die akademische Ausbildung sei solide und konservativ, fuhr Elliott fort: "The admission to these art schools is carefully controlled. Generally, teaching in these schools trends to be rather more conservative than in this country with an emphasis laid upon life studies."[27] Der Katalog betonte, die Kunstwerke verkörperten "human values rather than the clichés of an idealised socialist realism. There is little false optimism in any of this painting. All of these artists are well aware of the precariousness of our times. They hope, perhaps to find some stability in the present by confrontation with the past.[28] Das Presseecho war stark: „Nothing like it has been seen in Britain before […] schrieb Frank Whitford im renommierten *Burlington Magazine*. Er notierte vor allem in den Gemälden der jüngeren Künstler „an atmosphere of gloom and pessimism. Apparently there is little fun in the land of thight lipped bureaucrats and five-year-plans." Erstaunt registrierte Whitford, dass ein Bild sogar eine Grenzsituation darstellte, die an die Mauer erinnerte.[29] Andere Medien registrierten erstaunt die Abwesenheit von Propaganda, den Einfluss eines "Neoexpressionismus" und das offensichtliche Leiden an der eige-

23 David Elliott an den Verfasser per Email am 12. 2. 2007.

24 Gabriele Wittrin, ehemalige Mitarbeiterin des Zentrums für Kunstausstellungen, betreute Elliott während der Atelierbesuche. Elliott lag offenbar daran, sich durch die Präsentation osteuropäischer Kunst einen eigenes Profil zu schaffen. Gespräch Wittrins mit dem Verfasser, Berlin 25. 1. 2007.

25 Verantwortlich für das Projekt waren: Elisabeth Grigull (MfK), Gabrielle Wittrin (ZfK), Graham Coe (Brit. Kulturattachée in Berlin), Georges Menzel (Kulturattacheé der DDR in London).

26 Elliott an den Verfasser per Email am 12. 2. 2007.

27 Catalogue, Tradition and Renewal. Contemporary Art in the GDR, Oxford 1984, S. 8.

28 Ebda. Einband.

29 Frank Whitford, Modern art from East Germany, in: *The Burlington Magazine* Nr. 126, 8/1984, S. 516–519.

nen Geschichte, das mit starker künstlerisch-technischer Leistung dargestellt werde. Ein Kritiker verglich das Menschenbild in den Gemälden aus der DDR sogar mit Grünewalds Jesus-Darstellung des Isenheimer Altars.[30] Die *Sunday Times* hob hervor, dass die DDR als junger Staat sich in bemerkenswerter Weise in kurzer Zeit eine künstlerische Tradition geschaffen habe. Analog zum Sport habe der ostdeutsche Wille, international anerkannt zu werden, einen produktiven und gut organisierten künstlerischen Apparat geschaffen. Was werde aber aus den nicht offiziell anerkannten Künstlern?[31] Einen für die DDR peinlichen Fauxpas leisteten sich allerdings die Organisatoren der Ausstellung in Newcastle, die in ihrer Presseerklärung die DDR mit der Bundesrepublik verwechselten.[32] Insgesamt war die Wanderausstellung Aufsehen erregend und wurde anschließend von Norwegen angefordert. Zu den begeisterten Besuchern zählte auch Peter Nisbet, Kurator am Busch-Reisinger-Museum in Harvard, der die Ausstellung gerne in den USA zeigen wollte.

Doch war die Ausstellungstournee auch ein politischer Erfolg für die SED, wenn gerade die junge Künstlergeneration aus der DDR als leidend und verzweifelnd wahrgenommen wurde?[33] Einige britische Kommunisten zeigten sich ob der Bildauswahl der Ausstellung entsetzt. Tatsächlich hatte das Zentrum für Kunstausstellungen in den 1980er Jahren weitgehend freie Hand, was die Auswahl von Kunstwerken betraf, die die DDR im Ausland vertreten sollten. Der Schwerpunkt lag dabei auf junger, zeitgenössischer Kunst. Nur selten wurde bei der offiziellen „Ausstellungsabnahme" durch den Staatsapparat eingegriffen. Die Situation war keineswegs mit den 1950er oder 1960er Jahren vergleichbar.[34]

Je intensiver die Kulturbeziehungen beider Länder wurden, umso mehr fürchtete die Ostberliner Führung britische Einflüsse auf das Kulturleben in der DDR. Die Staatssicherheit beobachtete die Kulturaktivitäten der britischen Botschaft argwöhnisch. Die britischen Geheimdienste würden Empfänge und kulturelle Veranstaltungen, zu denen auch regelmäßig DDR-Künstler eingeladen waren, systematisch zur Informationsgewinnung nutzen, hieß es in Einschätzungen des MfS.[35] Die allgemeinen wirtschaftlichen und politischen Beziehungen zwischen der DDR und Großbritannien blieben eher schwach entwickelt. Ausdruck dieser Stagnation war auch der Zustand der *Britain-GDR-Society*, die zwar bis 1989 etwa 3.000 Mitglieder gewinnen konnte, von denen die meisten jedoch als überaltert und inaktiv beschrieben wurden.[36] Dennoch wurden noch 1988 große Pläne für weitere Kunstausstellungen gemacht. Die erfolgreiche Tournee „Tradition and renewal" hatte der ostdeutschen Kunst manche Tür in Großbritannien geöffnet.

30 Terence Mullaly, *Daily Telegraph* 2. 3. 1985.

31 *Sunday Times* 13. 1. 1985.

32 Press release Hatton Gallery, University Newcastle 27. 11. 1984. BArch DR 123 Zentrum für Kunstausstellungen 397.

33 Umfangreiche Pressedokumentation in BArch DR 123 Zentrum für Kunstausstellungen 397 und 398.

34 Gespräch Wittrins mit dem Verfasser, Berlin 25. 1. 2007.

35 BStU MfS HA II 34737, Bl. 1ff.

36 Hans Georg Golz, Verordnete Völkerfreundschaft. Das Wirken der Freundschaftsgesellschaft DDR-GB und der Britain-GDR-Society. Möglichkeiten und Grenzen, Leipzig 2004, S. 251.

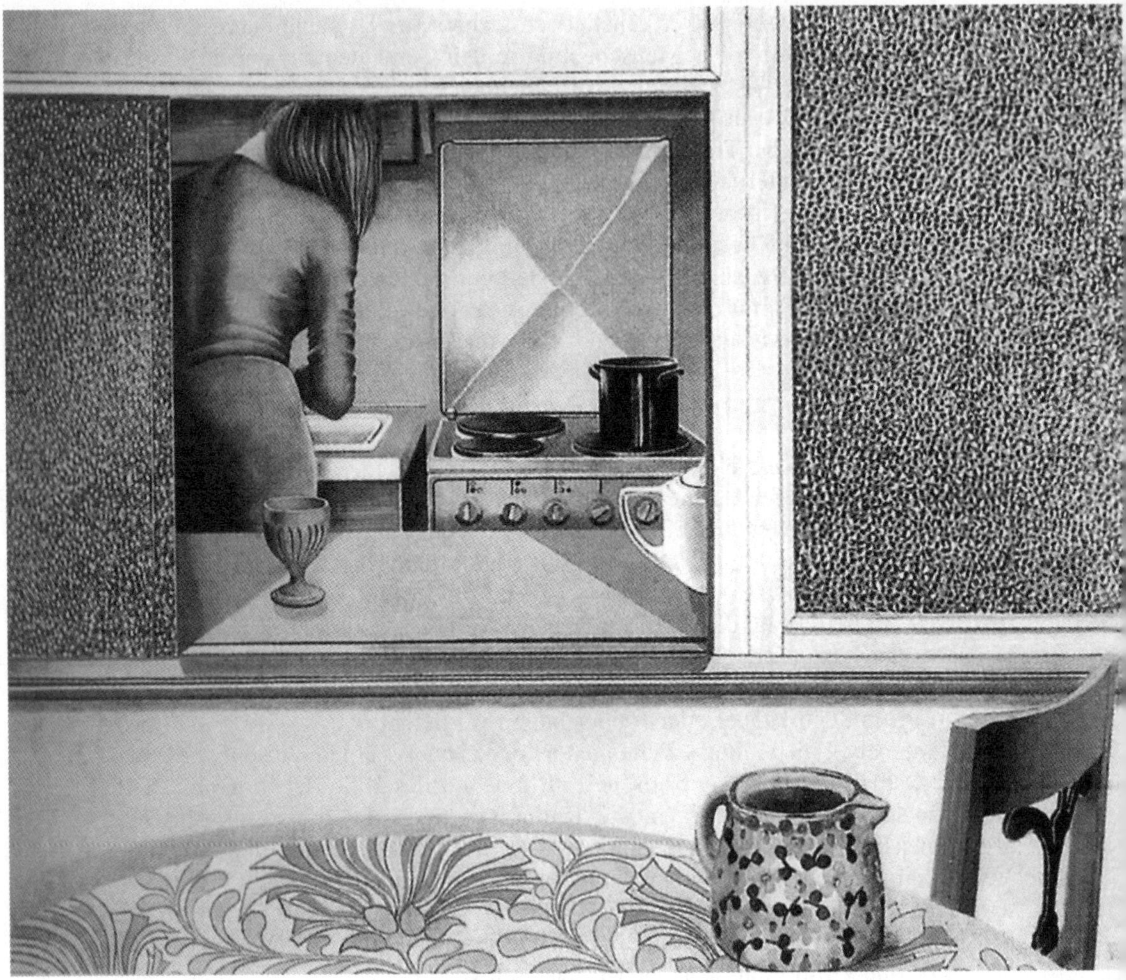

Abb.: Kurt Dornis, Zweite Schicht 1986 (43. Biennale Venedig, Beitrag der DDR im Venezianischen Pavillon). In diesem Bild wird die Doppelbelastung der Frauen durch Beruf und Familie schonungslos dargestellt – ein Widerspruch zu den offiziellen Verlautbarungen über die positiven Folgen der Gleichstellung der Frauen in der DDR. Es ist ein typisches Beispiel für einen kritischen Realismus der auch bei ostdeutschen Malern in den 1970er und 1980er Jahren verbreitet war. Ein Systemübergreifender Zeitstil jener Jahrzehnte.

1988 wurden Pläne für eine Ausstellung „Progressive deutsche Kunst des 20. Jahrhunderts“ mit Werken von Lea Grundig, John Heartfield, Oskar Nerlinger, Otto Nagel und Heinrich Vogeler erörtert. Das Museum of Modern Art in Oxford wünschte sich für das Frühjahr 1990 etwa 150 Arbeiten aus DDR-Besitz, als weitere Stationen dieser Wanderausstellung waren Sheffield und Manchester im Gespräch.[37] Zudem waren eine Präsentation britischer Kunst für 1990 in Berlin und Leipzig und eine Ausstellung Tübkes in der Barbican Gallery vorgesehen.[38] Der Leiter der Kunstabteilung des BC, Henry M. Hughes, zeigte überdies starkes wissenschaftliches Interesse am deutschen Expressionismus und plante für Oktober 1988 einen Besuch in der DDR.[39] Auf dem Gebiet der bildenden Kunst erreichten die britisch-ostdeutschen Beziehungen damit gerade in einer Situation den Höhepunkt, in der die DDR kollabierte.

37 Bericht einer Mitarbeiterin des MfK über ihre Reise nach Oxford und London (5. bis 14. 4. 1988) Sie traf in Oxford ein „junges Team“ in hektischer Atmosphäre um Direktor Elliott an, dieser sei „voller Tatendrang.“ Zudem zeige Oxford im Frühjahr 1988 eine ganz ähnlich konzipierte Ausstellung aus der BRD „Prints and drawings of the Weimar Republic“, was eine Konkurrenzsituation mit sich brächte. BStU MfS HA XX 10838, Bl. 154ff.

38 Reisebericht des Stellvertretenden Ministers für Kultur, Klaus Höpke, der auf Einladung des BC London besuchte (27. – 31. 3. 1988). Es gab Gespräche mit dem britischen Botschafter, mit Timothy Edgar - dem Parlamentarischen Unterstaatssekretär im brit. AA und Richard Luce – Minister für Kunst und Bibliotheken. Im Mittelpunkt der Treffen stand der Buchexport und –import, aber auch der Plan, Britische Kunst aus dem Victoria and Albert Museum und aus der Tate Gallery in der DDR zu zeigen. BStU MfS HA XX 10838, Bl. 13–16.

39 BStU MfS HA XX 10838, Bl. 163f.

Kapitel IX
KUNST ALS EISBRECHER IM VERHÄLTNIS ZWISCHEN DER DDR UND DEN USA

Kulturelle Beziehungen zu den USA konnte die DDR erst nach Absprache und mit Erlaubnis der UdSSR entwickeln.[1] Bis zum Ende der DDR mussten ostdeutsche Diplomaten sowjetischen Funktionären jedes Detail ihrer Gespräche mit US-Diplomaten berichten.[2] Eine eigenständige US-Politik war für die DDR unmöglich. Das amerikanische Interesse an der DDR war gering, die Bundesrepublik hatte in den USA eine Art Monopol für die Darstellung deutscher Kultur. Es gab faktisch keine amerikanische DDR-Politik und das geringe Interesse an der DDR hatte seinen Grund in deren engen Anbindung an die SU. Man sah hier wenig diplomatischen Spielraum, konzentrierte sich lieber auf den Ausbau der Beziehungen zur Bundesrepublik und stützte deren deutschlandpolitische Position.[3] Auf die Aufnahme diplomatischer Beziehungen waren beide Seiten kaum vorbereitet, als die USA die DDR anerkannten.

Wie in Großbritannien war die DDR in den 1950er und 1960er Jahren auch in den USA darauf angewiesen, in der kleinen Zielgruppe von liberalen und linken Intellektuellen Verbündete zu suchen. Die Kontaktaufnahme erwies sich wegen des damals grassierenden Antikommunismus in der amerikanischen Gesellschaft als äußerst schwierig. Welche Zielgruppen sollte man anvisieren? Das MfAA plante 1960, die zahlreichen Vereinigungen deutschstämmiger Amerikaner anzusprechen, um „die Wahrheit über die DDR zu verbreiten und die neofaschistisch-militaristische Entwicklung in Westdeutschland zu entlarven."[4] Die amerikanischen Juden galten aus historischen Gründen als weitere Zielgruppe für „antifaschistische" Propaganda, wenngleich man dort generelle Vorbehalte gegen deutsche Auslandsarbeit spürte. Doch nach den antisemitischen Schmierereien in Westdeutschland im Jahr 1959 glaubte man in Ostberlin, nun sei der Zeitpunkt für eine Kontaktaufnahme zu jüdischen Verbänden sinnvoll, um sich dort als das „bessere" Deutschland zu empfehlen.[5] Die Diffamierung Westdeutschlands ver-

1 „Perspektivplan Kulturelle Beziehungen mit dem Ausland" MfK 17. 3. 1970. BArch DR 1 8791.

2 Claus Montag, „Die Rolle der USA in der Außenpolitik der DDR", in: Siegfried Bock u. a. (Hg.), DDR-Außenpolitik im Rückspiegel. Diplomaten im Gespräch, Münster 2004, S. 188–206, hier: S. 203.

3 Anjana Buckow, Zwischen Propaganda und Realpolitik. Die USA und der sowjetisch besetzte Teil Deutschlands 1945–55, Stuttgart 2003, S. 652. Vgl. a. Christian Ostermann, „Little room for maneuvre. Das Verhältnis der DDR zur USA" und Rainer Schnoor, "Das gute und das schlechte Amerika. Die Wahrnehmung der USA in der DDR" beide in: Detlef Junker (Hg.), Deutschland und die USA im Zeitalter des Kalten Krieges, Bd. 1, Stuttgart 2000, S. 271–282 und 932–943.

4 „Bericht über die Arbeit in den USA" MfAA 3. 2. 1960. PA AA MfAA A 1931, Bl. 68.

5 Ebenda, Bl. 69.

fing jedoch nicht. Auch schreckte das antisemitisch klingende Propagandavokabular vom „Kampf gegen den Monopolkapitalismus“ und dem „verbrecherischen Finanzkapital“ viele amerikanische Juden ab. Zudem reagierte die DDR nicht auf Wiedergutmachungsforderungen.[6]

Im Rahmen einer „antiimperialistischen“ und „antikolonialen“ Politik setzte Ostberlin auf die amerikanischen Schwarzen, um in ihnen einen strategischen Bündnispartner zu finden. Mit dem Besuch des Sängers und Friedensaktivisten Paul Robeson in der DDR verband Ostberlin 1960 die Hoffnung, durch ihn „Repräsentanten der Negerbevölkerung der USA“ zu gewinnen.[7] Robeson erhielt die Ehrendoktorwürde der Berliner Humboldt-Universität. In die gleiche Richtung zielte beispielsweise die nicht realisierte Überlegung, Martin Luther King zum 450. Jahrestag der Reformation in die DDR einzuladen.

Trotz einiger Versuche, zu Einzelpersonen, Kultureinrichtungen und Bibliotheken Beziehungen aufzubauen, blieben die kulturellen Kontakte bis weit in die 1960er Jahre hinein „zufällig, hatten schwankenden Charakter und unterschiedliche Intensität“, resümierte das MfAA 1966.[8] Der Friedensaktivist Anton Refregier war einer der wenigen Künstler, die die DDR zu jener Zeit als Partner gewinnen konnte. Der „fortschrittliche Maler“, Herausgeber der Zeitschrift *Mainstream* und internationale Friedensaktivist hatte 1959 die DDR besucht und zeigte sich besonders von den antifaschistischen Gedenkstätten beeindruckt. In den USA hielt er Vorträge über die DDR. „Refregier steht konsequent links [...]. Er kann uns bei unserer zukünftigen Arbeit unbedingt von Nutzen sein, sofern wir ihn nicht zu sehr in den Mittelpunkt stellen, sondern durch ihn Verbindungen zu weniger links exponierten Kräften erhalten“, hieß es in einem Bericht aus Ostberlin.[9] Nach einer DDR-Reise liberaler US-Intellektueller gelang es 1966 unter der Leitung des Redakteurs vom Christian Science Monitor, Paul Wohl, die *American Society for the study of the GDR* zu gründen, die im akademischen Milieu Interesse für die DDR wecken sollte.

Weitere Kontakte gab es zur bedeutungslosen, Moskautreuen KP der USA, deren Vertreter meist in Ostberlin empfangen wurden. Die amerikanischen Kommunisten dienten der SED als „Augen“ und Ohren“, weil ostdeutsche Funktionäre anfangs kein Visum für die USA erhalten konnten. Die Zusammenarbeit blieb aber auf der symbolischen Ebene, weil Ostberlin die Infiltration der KP durch das FBI befürchtete. In den 1970er Jahren suchte die DDR im Rahmen ihrer „antikolonialen“ Politik weiterhin Bündnispartner unter den Vertretern ethnischer Gruppen der USA.[10] Die schwarze Bürgerrechtsbewegung konnte jedoch nichts mit der

6 Philip Matthes, „David und Goliath. Der Anerkennungslobbyismus der DDR in den USA 1964–74“, in: Uta Balbier u. a. (Hg.), Umworbener Klassenfeind. Das Verhältnis der DDR zu den USA, Berlin 2006, S. 40–56, hier S. 47.

7 Bericht über den Aufenthalt von Robeson in der DDR im Oktober 1960. PA AA MfAA A 16822.

8 Bericht zur Problematik der Beziehungen DDR-USA, MfAA 24. 10. 1966. PA AA MfAA C 1555/70

9 Bericht der *Gesellschaft für kulturelle Verbindung mit dem Ausland* an das MfAA 23. 2. 1961. PA AA MfAA A 1931, Bl. 20.

10 Länderkonzeption des MfAA für die USA 13. 2. 1970. BArch DY 30/IV A 2/20/611.

DDR oder mit ihren amerikanischen Partnern der CP anfangen. Nur einige wenige linksorientierte schwarze Aktivisten wie Angela Davis engagierten sich im 1975 gegründeten *US-Commitee for Friendship with the GDR*. Vertreter des *American Indian Movement* besuchten 1977 Ostberlin.[11] Mit dem Beginn der Amtszeit Reagans setzte wieder eine Eiszeit in den Beziehungen DDR-USA ein, die bis Mitte der 1980er währte.

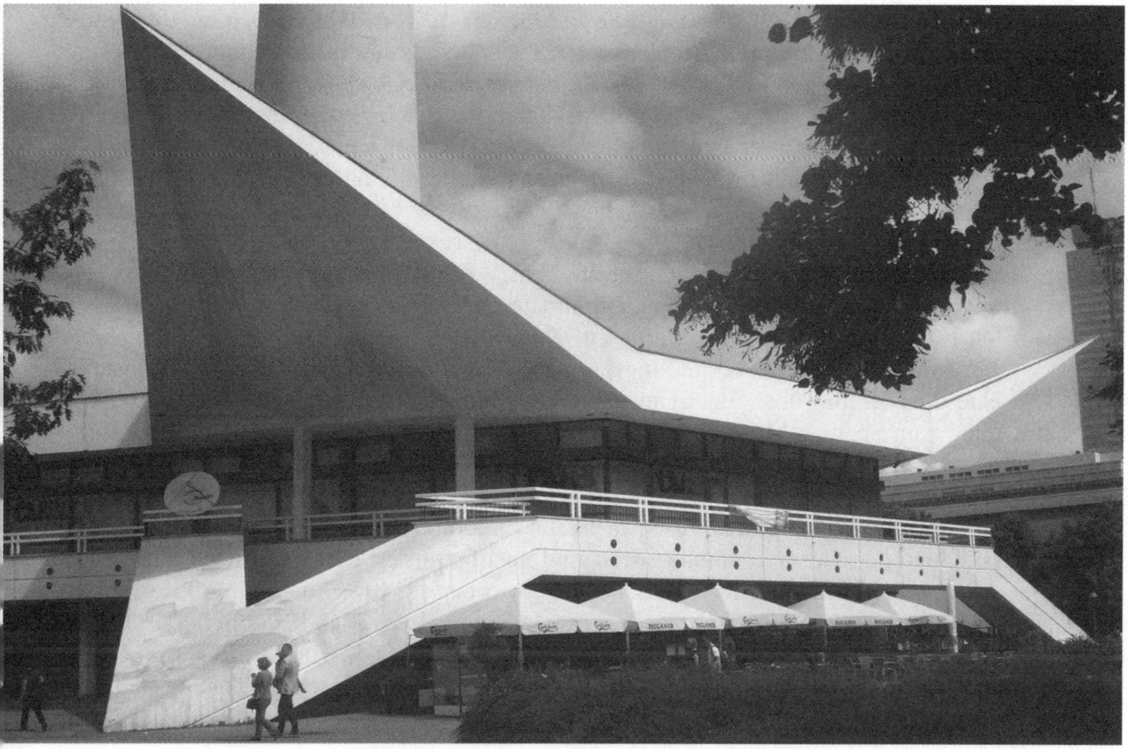

Abb.: Ein Hauch von Brasilia: das Ausstellungszentrum am Fuße des Berliner Fernsehturms. Hier, am repräsentativen Marx-Engels-Forum, fanden regelmäßig Kunstausstellungen aus dem Ausland statt. Auch die linksorientierten amerikanischen Künstler Tecla Selnick, Charles White und Anton Refregier waren 1974 hier zu Gast.

11 Axel Bachmann, "Die Beziehungen der DDR zu den Angelsächsischen Ländern", in: Hans-Joachim Veen u. a. (Hg.), Die Westpolitik der DDR. Die Beziehungen der DDR zu ausgewählten westlichen Industriestaaten in der 1970er und 1980er Jahren, Melle 1989, S. 69–129, S. 79f. Vgl. Jürgen Große, Amerikapolitik und Amerikabild der DDR 1974–89, Bochum 1999; Heinrich Bortfeld, „Im Schatten der Bundesrepublik. Kulturelle Beziehungen zwischen der DDR und den USA", in: Detlef Junker (Hg.), Deutschland und die USA im Zeitalter des Kalten Krieges, Bd. 2, Stuttgart 2000, S. 466–475.

Ende der 1980er Jahre bereitete Honecker einen Staatsbesuch in den USA vor, der vor allem die wirtschaftlichen Beziehungen verbessern sollte. Hintergrund des angespannten Verhältnisses waren offene Vermögensfragen der Jewish Claims Conference, auf die die DDR ablehnend reagierte. 1983 machte die amerikanische Seite den Versuch, durch eine Paketlösung zu einer Annäherung zu kommen. Die Erfüllung der Entschädigungsforderungen, die auf 100 Mio. $ gedeckelt worden waren, wurde mit Handelserleichterungen für die DDR verknüpft. Hochrangige US-Diplomaten reisten in den folgenden Jahren diesbezüglich nach Ostberlin und Hermann Axen erhielt im Mai 1988 die Gelegenheit, in Washington aufzutreten und Kontakte zu knüpfen. Im Herbst 1988 scheiterten die Verhandlungen über eine Paketlösung und Honeckers Staatsbesuch in den USA rückte in weite Ferne.[12]

Offizielle amerikanische Kulturaktivitäten wurden in Ostberlin aber weiterhin, bis in die späten 1980er Jahre hinein, argwöhnisch beobachtet. Noch zu gut waren die amerikanischen Versuche in Erinnerung geblieben, durch Medien- und Kulturarbeit den westlichen, freiheitlichen Lebensstil auch im Ostblock zu propagieren.[13] Ein Kulturabkommen wurde nie ratifiziert, ebenso wenig ein amerikanisches Kulturzentrum in der DDR ermöglicht.[14] Künstler, die persönliche Kontakte mit amerikanischen Institutionen, Diplomaten oder Privatpersonen pflegten, gerieten ins Visier des MfS. So wurde ein Kunststudent beobachtet, der im Frühjahr 1986 im Rahmen des Ausstellungsprogramms der Berliner Akademie der Künste eine Ausstellung über amerikanische Fotographie initiieren wollte und Verbindung zum Spencer Museum of Art der Universität von Kansas aufgenommen hatte.[15] In einem anderen Fall, als sich der amerikanische Kulturattacheé im Sommer 1986 nach einem Ausstellungsbesuch für eine Plastik interessierte und den betreffenden Künstler zu einem Essen in Berlin einlud, meldete dieser den „Westkontakt“ und den Gesprächsinhalt sofort und unaufgefordert der Staatssicherheit, aus Angst vor Repressionen. [16] Zwischenfälle wie bei der ZfK-Ausstellung „Kanadische Landschaften“ im Sommer 1987 in Jena wollte das MfS bei amerikanischen Kulturveranstaltungen unbedingt vermeiden. In Jena hatte ein Künstler die Absicht geäußert, mit dem kanadischen Botschafter, der sich zur Eröffnung ange-

12 Hermann Wentker, Außenpolitik in engen Grenzen, 2007, S. 550. In diesem Zusammenhang streckte die DDR auch Fühler nach Israel aus und erleichterte die Arbeit jüdischer Gemeinden in der DDR.

13 Ursprünglich entwickelten die USA Konzepte für auswärtige Kulturpolitik in Reaktion auf NS-Propaganda in Nord- und Südamerika in den 1930er Jahren. Schritt für Schritt wurden daraus die United States Information Agency. Offiziell von Präsident Eisenhower am 1. 6. 1953 vorgestellt, nahm sie Osteuropa und andere Regionen in den Blick. Thomas Klöckner, Public Diplomacy – Auswärtige Kulturpolitik der USA, Baden-Baden 1993, S. 47. Vgl. a. Walter Hixon (Hg.) Parting the curtain. Propaganda, culture and the Cold War 1945–61, New York 1998. Vgl. a. Richard T. Arndt, The first resort of the kings. American cultural diplomacy in the 20th century, Washington DC. 2005.

14 1984 gab es Pläne der regierungsnahen US-Information Agency, ein amerikanisches Kulturzentrum ohne Botschaftsanbindung in Leipzig oder Dresden einzurichten. BStU MfS ZAIG Nr. 15317, Bl. 83.

15 BStU MfS Akte „Fritz“ (Donner), Bd. 7, Bl. 144.

16 BStU MfS HA XX 12852, Bl. 27.

kündigt hatte, ein offenes politisches Gespräch zu führen, u. a. über die Menschenrechtslage in der DDR. Mit dem westdeutschen Fernsehen (ZDF) stand er bereits in Verbindung. Diesem und anderen Künstlern wurde daraufhin der Zutritt zur Eröffnungsveranstaltung verwehrt. Anschließend wurde er festgenommen, was zu Protesten führte.[17]

Die Austausch-Aktivität im Bereich der bildenden Kunst war schon seit den 1950er Jahren sehr gering gewesen. Anträge auf Leihgaben für amerikanische Museen stießen auf große Widerstände.[18] Mit kümmerlichen „Fotokleinstausstellungen", die Dresdner Bauwerke und Kunstsammlungen zeigten, versuchte man in den 1960er Jahren, in den USA einen Eindruck vom Kulturreichtum der DDR zu hinterlassen. Mit dem Geschenk der Plastik „Aufsteigender" aus dem Jahr 1966/67 des Bildhauers Fritz Cremer an die UNO konnte ein Kunstwerk aus der DDR im prestigeträchtigen Skulpturenpark am New Yorker UN-Gebäude platziert werden.

Demonstrativ unterstützte die DDR „fortschrittliche Künstler" aus den USA. So waren Anton Refregier, Tecla Selnick – eine Künstlerin aus Harlem, die kreative Sozialarbeit mit der Ghettojugend durchführte – und Charles White, der seitens der DDR als „künstlerische Sprecher der amerikanischen Neger und Arbeiterklasse" bezeichnet wurde, 1974 in Ostberlin zu Gast.[19] Während Werke von ihnen im Ausstellungszentrum des Berliner Fernsehturms zu sehen waren, besuchten die drei Künstler u. a. das Berliner Ensemble, die Gedenkstätte Ravensbrück, trafen den Bildhauer Theo Balden, den Kunsthistoriker Ulrich Kuhirt von der Redaktion *Bildende Kunst* sowie Pressevertreter.[20] White war zudem korrespondierendes Mitglied der Ostberliner Akademie der Künste. Tecla Selnick, eine heute vergessene Künstlerin, war schon 1970 mit Malerei und Grafik im Dresdner Glockenspielpavillon und bei der „Intergrafik" vertreten gewesen. In einem Brief an Lea Grundig drückte sie den Wunsch aus, ihr inhaltliches Thema „Befreiungskampf der amerikanischen Schwarzen" auch in Europa durch Ausstellungen bekannt zu machen und hoffte auf Unterstützung durch Ostberlin.[21]

17 BStU MfS HA XX Nr. 12687, Bl. 247ff.

18 Als das MoMA 1959 ein Gemälde Monets aus Weimar leihen wollte, verwies das MfAA darauf, dass sich noch immer Gemälde, die 1945 aus deutschen Sammlungen auf dem Gebiet der späteren aus DDR gestohlen worden waren, in der Obhut amerikanischer Museen befänden, und lehnte den Leihantrag ab. William Setz, MoMA an MfAA 1. 12. 1959. PA AA MfAA A 16557.

19 So Klaus Weidner im Katalog der Ausstellung „Fortschrittliche Künstler aus den USA" - Malerei, Grafik, Plastik, Fernsehturm Ausstellungszentrum Berlin, Eröffnung 1. 3., Ausstellung vom 2. 3. bis 27. 3. 1974.

20 Der Kontakt war während der „X. Weltfestspiele der Jugend und Studenten" 1973 in Berlin zustande gekommen. SAdK VBK Zentralvorstand Nr. 321f.

21 Brief Selnicks an Lea Grundig, Akademie der Künste 12. 6. 1972. SAdK VBK Zentralvorstand Nr. 321f.

„The splendor of Dresden" – ein echter Blockbuster made in GDR

Ein echter Höhepunkt der kulturellen Auslandsarbeit der DDR war die Ausstellung „The splendor of Dresden" – Meisterwerke aus den Staatlichen Kunstsammlungen der Stadt, die 1978 in mehreren amerikanischen Städten gezeigt wurde. 1,5 Mio. Besucher sahen die Schau, 80.000 Kataloge wurden verkauft und ein umfangreiches Beiprogramm organisiert, wozu ein Fernsehfilm über das moderne Dresden und ein internationales kunsthistorisches Symposium an der University of California gehörten.[22] Dieses Projekt ging auf Anregung von David Rockefeller zurück. Rockefeller stand an der Spitze der Chase Manhattan Bank, die gute Verbindungen zur DDR-Staatsbank hatte. Es war im Übrigen kennzeichnend für die amerikanische Cultural diplomacy, dass sie sich nicht in amtlicher Kulturpolitik erschöpfte, sondern in weit stärkeren Maße als die europäischen Staaten auf ein Netzwerk privater Initiativen und Institutionen zurückgriff: Die persönlichen Beziehungen von Bankiers, Unternehmern, Politikern, Wissenschaftlern und Künstlern waren oftmals maßgebend, während auf Seiten der DDR nur staatliche Mittlerorganisationen tätig sein durften. Beide Systeme waren hier nicht kompatibel, was dazu führte, dass der Kulturaustausch nie ein intensiveres Ausmaß annehmen konnte.[23] Auch in Großbritannien wurde „The splendor of Dresden" wahrgenommen und führte zu Überlegungen der Royal Academy, eine ähnliche Schau altmeisterlicher Kunst zu veranstalten. Doch das erfolgreiche Projekt zeigte gleichzeitig die Grenzen der kulturellen Selbstdarstellung der DDR an: Selbst der DDR-Botschafter Horst Grunert musste einräumen, dass trotz des sorgsam gewählten Ausstellungstitels „Die Pracht Dresdens. Fünf Jahrhunderte Kunstsammlungen Dresden. Eine Ausstellung der DDR" viele amerikanische Besucher die Ausstellung der Bundesrepublik zuordneten – so stark war die Monopolstellung westdeutscher Kultur in den USA.[24]

Nach dem Dresden-Erfolg wurde das *Komitee DDR-USA* gegründet, um die Kulturbeziehungen weiter auszubauen.[25] Im Sommer 1982 veranstaltete die *US*

22 Burton C. Gaida, USA-DDR. Politische, kulturelle und wirtschaftliche Beziehungen seit 1974, Bochum 1989, S. 232ff. Vgl. a. Anita Mallinckrodt, Die Selbstdarstellung der beiden deutschen Staaten im Ausland. Image-Bildung als Instrument der Außenpolitik, Köln 1980, S. 265.

23 Gilles Scott-Smith, The politics of apolitical culture. The Congress for Cultural Freeom, the CIA and postwar American hegemony, London 2002; Walter L. Hixon, Parting the curtain. Propaganda, culture and the Cold War, 1945–1961, New York 1997.

24 Heinrich Bortfeld, „Im Schatten der BRD. Kulturelle Beziehungen der DDR zur USA," in: Detlef Junker u. a. (Hg.), Die USA und Deutschland im Zeitalter des Kalten Krieges, Stuttgart 2000, Bd. 2, S. 466–475, hier S. 474.

25 Gründung am 8. 6. 1978. Präsident Hans Gericke (1978–1981) und Rolf Sieber (1981–1990). Einige Ausstellungsprojekte konnten in den folgenden Jahren durchgeführt werden:
1979 „Kunst der Ozeanischen Inseln" (aus dem Besitz der Staatlichen Museen Dresden) National Gallery, Washington DC; 1981 Fotos zum zeitgenössischen Tanz aus den USA; 1982 „80 Zeichnungen von Bernini" (aus dem Besitz des Leipziger Museums für bildende Kunst) L. A., Princeton, Cleveland (s. *ND* 9. 2. 1982); 1982 80 Arbeiten amerikanischer Impressionisten, Ausstellung in der DDR.

international communication agency mit Hilfe des *Smithsonian Institutes* in der Ostberliner Nationalgalerie die Ausstellung „Amerikanischer Impressionismus".[26] Die Kulturabteilung der amerikanischen Botschaft regelte alle praktischen Fragen der Werbung und des Begleitprogramms. Ein Empfang fand in der Botschaft statt, die westdeutsche ARD sendete einen Fernsehbeitrag. 20.000 Besucher sahen die Werke von 13 amerikanischen Künstlern aus dem 19. Jahrhundert.[27] Die Getty Foundation und die National Gallery öffneten ihre Stipendienprogramm in den 1980er Jahren auch für Osteuropäer. Auf diese Weise konnten einige Kunstwissenschaftler aus der DDR zu Arbeitsaufenthalten in die USA reisen.[28] Das Busch-Reisinger-Museum kooperierte bereits 1988 mit der Staatlichen Galerie Moritzburg im Rahmen einer Ausstellung über El Lissitzky. Gemeinsam mit dem Sprengel Museum Hannover konnte die Retrospektive im Sommer 1988 in Halle durchgeführt werden. Peter Nisbet hielt den Einführungsvortrag, zahlreiche Gäste aus dem westlichen Ausland kamen zur Eröffnung.[29] Anlässlich der Ausstellung „Romantic spirit. German Drawings 1750–1850" in der New Yorker Piemont Morgan Library im Jahr 1988 resümierte der Ostberliner Generaldirektor der Staatlichen Museen, Günter Schade, die Kulturbeziehungen beider Länder hätten sich in letzter Zeit intensiviert. Kunst würde jetzt einen wichtigen Beitrag zur internationalen Entspannungspolitik leisten. Schade erwähnte vor allem neben der Ausstellung „The splendor of Dresden", die in New York, Washington DC und San Francisco zu sehen war, und die Schau „80 Zeichnungen von Bernini" (aus dem Besitz des Leipziger Museums für bildende Kunst), die 1981 in Los Angeles, Princeton, Cleveland, Fort Worth, Indianapolis und Boston gastierte. Hinzu kam, dass die Dresdner Museen nun häufiger Werke für amerikanische Ausstellungen liehen.[30]

Trotz dieser Erfolge im Bereich des Ausstellungsaustausches blieben die Konturlosigkeit der DDR-Auslandsarbeit ein chronisches Problem. Hinzu kam die Kommunikationsschwäche Ostberlins in der amerikanischen Medienwelt. So berichtete Arthur Hanhardt über den Auftritt des Politbüromitglieds Hermann Axen im National Press Club in Washington im Mai 1988: „Sein Auftritt auf dem Bildschirm wirkte, als käme er aus einer anderen Zeit, wenn nicht gar von einem anderen Planeten. Seine Zuhörer erreichte er nicht." Die Fernsehübertragung der Rede habe der DDR mehr geschadet als genützt, schloss Hanhardt.[31] Nicht nur die politischen Funktionäre, auch die Bildsprache der Künstler aus der DDR blieben dem amerikanischen Publikum fremd. Die Galeristin Eva-Maria Worthman aus Chica-

26 Die Ausstellung wurde vom Smithsonian Institution Traveling Exhibition Service for United States International communication Agency durchgeführt und vom MfK unterstützt. Anschließend war sie in Wien, Bukarest und Sifia zu sehen. Katalog: Der Amerikanische Impressionismus, Berlin 1982, S. 5.

27 BStU MfS HA XX Nr. 12853, Bl. 87ff.

28 Gespräch des Verfassers mit Peter H. Feist, der einer der Stipendiaten war, am 18. 12. 2007.

29 BStU MfS HA XX Nr. 12687, Bl. 403f.

30 Peter Betthausen (Hg.), Romantic spirit. German Drawings 1750–1850, New York 1988, S. 7.

31 Arthur Hanhardt Jr., „Die DDR-Politik der USA. Grenzen und Möglichkeiten", in: James A. Cooney u. a. (Hg.), Deutsch-amerikanische Beziehungen. Jahrbuch 1, Frankfurt 1989, S. 271–280, hier S. 276.

go machte Ende der 1980er Jahre den Versuch, Bernhard Heisig dem amerikanischen Publikum durch zwei Einzelausstellungen näher zu bringen: „The historical connotations were not understood. Sales, however, were sparse. Bernhard Heisig seemed to be an enigma to the American Art collection public. However, several hundred people visited his show."[32]

Ein glanzvoller Schlusspunkt: „12 Artists from the GDR" in Harvard

Der Schlusspunkt der künstlerischen Außendarstellung der DDR in den USA war die Wanderausstellung „12 Artists from the GDR", die ab September 1989 in den Universitätsmuseen von Harvard, in den Universitäten von Kalifornien und Michigan sowie im Museum von Albuquerque zu sehen war. Es war die erste und letzte repräsentative Ausstellung zeitgenössischer Kunst aus der DDR in den Vereinigten Staaten. Vorausgegangen war der Besuch der Londoner Ausstellung „Tradition and renewal" durch Peter Nisbet, dem Kurator vom Busch-Reisinger-Museum in Harvard.[33] Nisbet suchte einige Jahre lang nach Sponsoren und reiste in die DDR, um Künstler kennen zu lernen und sich die Große Dresdner Ausstellung 1988 anzusehen. Nach vier Jahren Vorbereitungszeit war es soweit. Die Kuratoren Peter Nisbet, Doré Ashton und Peter Selz hatten 70 Werke ausgewählt. Mittel waren zur Verfügung gestellt worden vom *National Endowment for the Arts* und dem europäischen *Freundeskreis des Busch-Reisinger-Museums*. Im Ausstellungskatalog sprach Nisbet anlässlich des 40. Staatsjubiläums noch wohlwollend von den Leistungen und der immer wichtiger werdenden internationalen Rolle der DDR: „Our project has evoked some surprise, some skepticism and above all much curiosity among our american collegues."[34] Die Ausstellung zeigte Künstler aus verschiedenen Generationen. Eine propagandistische Absicht lag den Künstlern und Kuratoren völlig fern. Der Katalog betonte sogar, die Vielfalt im gegenwärtigen Kunstschaffen der DDR sei das Ergebnis eines langen Kampfes

32 Eva-Maria Wortman, Laudation B. Heisig, in: Gesten in dieser Zeit. B. Heisig zum 80. Geburtstag, Leipzig 2005, S. 239.

33 „The idea for the show originated with the Busch-Reisinger Museum. We found out that two independent art historians (Peter Selz and Dore Ashton) were also exploring the idea of an exhibition, and we joined forces. Peter Nisbet, Daimler-Benz-Kurator am Busch-Reisinger-Museum in Harvard, Email an den Verfasser, 29. 1. 2007.

34 Peter Nisbet (Ed.), Twelve Artists from the German Democratic Republic. Gerhard Altenbourg, Carlfriedrich Claus, Sighard Gille, Bernhard Heisig, Walter Libuda, Michael Morgner, Theodor Rosenhauer, Willi Sitte, Wolfgang Smy, Heinrich Tessmer, Max Uhlig, Thomas Ziegler. Catalogue for an exhibition organized by the Busch-Reisinger Museum, Harvard University in cooperation with the Center for Art exhibitions of the GDR, Cambridge, MA 1989, S. 11.
Folgende Stationen hatte die Wanderausstellung: Busch-Reisinger Museum, Harvard University Arts Museum, Cambridge MA (Eröffnung 16. 9., Ausstellung bis 5. 11. 1989), anschließend Frederick S. Wight Art Gallery, University of California, L.A. (Eröffnung 5. 12., Ausstellung bis 21. 1. 1990); University of Michigan Museum of Art, Ann Arbor (Eröffnung 9. 2. 1990, Ausstellung bis 25. 3. 1990), The Albuquerque Museum, New Mexico (Eröffnung 8. 4., Ausstellung bis 17. 6. 1990).

gegen die zentralisierenden Impulse und Vorgaben von Staat und Partei.[35] Unverkennbar war der Einfluss des Expressionismus, der auch im Westen als Neo-Expressionismus die zeitgenössischen Maler inspirierte.[36]

Einen Konflikt hatte es im Vorfeld um den Beitrag von Thomas Ziegler gegeben, der 1987 vier Portraits von sowjetischen Soldaten gemalt hatte. Ziegler verband die Technik des sozialistischen Realismus mit einer Entheroisierung der Sowjethelden: Schüchtern und zusammengesunken sitzen die Soldaten auf kippligen Konstruktionen. Die Bildserie war vor dem Hintergrund der Perestroika kontrovers beurteilt worden. Auf der X. Dresdner Kunstausstellung war sie gezeigt worden und die *Deutsch-Sowjetische Freundschaftsgesellschaft* hatte sie sogar für ihren Dienstsitz in Schwerin angekauft – gleichzeitig verschwand sie damit aus der Öffentlichkeit. Für Nisbet war diese Arbeit aus amerikanischer Sicht besonders aussagekräftig für die Kunst aus der DDR. Ohne die Serie wollte er sogar das ganze Projekt absagen. Ziegler, der froh über diese Gelegenheit war, die Bildserie aus der Versenkung zu holen und im Westen auszustellen, befand sich allerdings in Nikaragua, während Nisbet in Dresden weilte. Offenbar wurde bei Nisbet von interessierter Seite der Eindruck erweckt, Ziegler sei ein antiamerikanisch orientierter Künstler, der sicher abgeneigt wäre, im „reaktionären Reagan-Amerika" auszustellen. Auf diese Weise wollten Gorbatschow-Gegner verhindern, dass die Bildserie die DDR im Ausland repräsentiert. Erst später klärte sich das Missverständnis und die Bilder gingen auf die Reise in die USA.[37]

Die Ausstellungseröffnung in Harvard am 16. September 1989 verlief festlich-akademisch, die offensichtliche Krise der DDR war kein Gesprächsthema, erinnert sich Gabriele Wittrin, die die Ausstellung für das ZfK betreute. Doch im Laufe der Ausstellungstournee überschatteten die politischen Ereignisse die Kunstbetrachtung immer stärker. Peter Nisbet äußerte dazu: „I do think that our exhibition benefited from the attention to the politics but perhaps also the political developments distracted attention from the art".[38] Am 5. Dezember 1989 fand die Eröffnung an der UCAL statt, am 9. Februar 1990 in Ann Arbor in der Universität von Michigan.[39] Dort wurde die Ausstellung von einem kunsthistorischen Symposium und einem Kolloquium mit dem ostdeutschen Künstler Max Uhlig begleitet. Im-

35 Ebenda S. 12.

36 Siehe den Katalogbeitrag von Peter Selz (Prof. Emeritus der UCAL), „Revival and survival of Expressionist trends in the art of the GDR", S. 24–40 und von Doré Ashton (Prof. Cooper Union New York), "Impression of a cultural tourist in the GDR". Auf S. 16 schreibt sie über ihren Besuch der Londoner Ausstellung: "Tradition and renewal – contemporary art in the German Democratic Republic": "Having just come from New York where, on my own neighbourhood in the Lower East Side, there had been a deluge of so called Neo-Expressionist outpourings, I was immediately struck by the force and depth of the German counterparts."

37 Thomas Ziegler im Brief an den Autor, Februar 2008.

38 Peter Nisbet, Daimler-Benz-Kurator am Busch-Reisinger-Museum in Harvard, Email an den Verfasser, 29. 1. 2007.

39 An der Universität von Michigan gab es Kritik an der Ausstellung, da nur männliche Künstler vertreten waren, während der Museumdirektor von Albuquerque das Fehlen konzeptioneller Kunst bemängelte. Gespräch Wittrins mit dem Verfasser, Berlin 25. 1. 2007.

mer häufiger tauchte bei den amerikanischen Besuchern die Frage auf, ob die Ausstellung schon ein Produkt der politischen Umwälzung in Ostdeutschland sei. Anwesende bundesdeutsche Repräsentanten antworteten im April 1990 bei der Vernissage im Museum von Albuquerque auf die Frage, ob sie für die Ausstellung verantwortlich seien: „Noch nicht!“[40] Die Titel der Vorträge, die die Ausstellung flankierten, verwiesen schon auf die turbulente politische Situation: So sprach Thomas Fox (Herausgeber des *German Democratic Bulletin*) im April 1990 über „Art and politics in East Germany“ und Charles McClellan (Professor für Geschichte der Universität von New Mexico) im folgenden Monat über „Art in an artificial nation“.

Vier Monate später war die „künstliche Nation“ Geschichte. So konnte die Ausstellung zwar die Bekanntheit ostdeutscher Künstler in den USA steigern, ihren politischen Zweck jedoch nicht mehr erfüllen, die politische und ökonomische Annäherung der DDR an die USA auf kultureller Ebene zu flankieren. Dafür war es nun zu spät.[41]

40 Gespräch Wittrins mit dem Verfasser, Berlin 25. 1. 2007.

41 Der Direktor des ZfK, Wolfgang Polak, trat auf Einladung der amerikanischen Botschaft im Herbst 1989 eine Informationsreise in die USA an, um Kontakte zu Museen und Kuratoren zu knüpfen. Doch seine Reise kam zu spät. Als er im Dezember zurückkehrte, begann sich die DDR bereits aufzulösen. ZfK und Mfk waren bald paralysiert und konnten nicht mehr als Partner für den ostdeutsch-amerikanischen Kulturaustausch dienen. Wolfgang Polak, von 1981 bis 1989 Direktor des ZfK, im Gespräch mit dem Autor 13. 3. 2007.
Die Ausstellung „New territory: Art from the East Germany“ (Lelia Amalfitano (Hg.), catalogue, Boston 1990) war im November 1989 unter dem Eindruck von der Ausstellung “12 Artists from GDR” im Busch-Reisinger Museum ins Leben gerufen worden. Die Bostoner Studentin Karen Kimmel hatte die Schau dort gesehen und wollte etwas Ähnliches in Boston organisieren. Man hatte den Eindruck, jetzt die letzte Gelegenheit zu haben, eine unverfälschte, spezifische „Kunst aus der DDR“ zu präsentieren, bevor sie zusammen mit dem Staat verschwindet. Lelia Amalfitano (Hg.), catalogue new territory, Boston 1990, S. 4. Die Ausstellung war organisiert vom Ausstellungsbüro der School of the Museum of Fine Arts Boston und fand dort in der Grossman Gallery vom 17. 10. bis 30.11. 1990 statt, anschließend war sie vom 2. 4. bis 26. 4. 1991 in der Art Gallery der University of Maryland und vom 28. 8. bis 6. 10. 1991 im Edwin A. Ulrich Museum of Art der Wichita State University zu sehen. Mitgewirkt haben die Künstler Angela Hampel, Johannes Heisig, Claus Bach, Micha Brendel, Tobias Ellmann, Jürgen Wenzel, Werner Liebmann, Else Gabriel, Via Lewandowsky, Karla Woisnitza und Doris Ziegler. Sowohl im Ausstellungskatalog als auch in Rezensionen wurde die ostdeutsche Kunst unter expressionistischen Vorzeichen interpretiert. So in Donald Kuspits Katalogbeitrag „East German Art: The Dernier Cri of Expressionism“, s. 27ff. oder in Andrea Lambertis Besprechung: “East German Artists explore the psyche not politics … the same angst present in the work like the german expressionists … the reaction to recent developments in Germany is not directly addressed in the exhibit”. *The Tech*, Vol. 110, Nr. 47, 2. 11. 1990, S. 9.

Kapitel X
NATIONALE REPRÄSENTATION DURCH DIE KUNST IN DER GEGENWART

Seit dem Ende des Kalten Krieges und der beschleunigten europäischen Vereinigung steht eine koordinierte europäische Kulturpolitik auf der Agenda – zumindest auf dem Papier. Ob sich gerade die großen Nationen auf eine neue europäische Identität einlassen oder weiterhin eine traditionelle Kulturpolitik betreiben, wird die Zeit zeigen. Auch für die in den vergangenen Jahren in die EU aufgenommenen ostmitteleuropäischen Staaten steht es außer Frage, ihre Nationalkultur zu pflegen und im Ausland darzustellen – mussten sie doch die jahrzehntelange Bevormundung und kulturelle Nivellierung durch die Sowjetunion erdulden. Zur Zeit lässt sich von einer breiten Tendenz zu einer neonationalen Kulturpolitik sprechen.[1]

Die neue politische Situation stellt die Frage nach einer Effektivierung und Reform der Auswärtigen Kulturpolitik der Bundesrepublik. Die Verfassung sieht kein Bundeskulturministerium vor, das die Auslandskulturarbeit zentral und zielstrebiger steuern könnte. Dies führt bis heute in der Praxis zu einer Vielfalt von Mittlerorganisationen und freien Trägern, die einerseits der gewünschten Staatsferne des bundesrepublikanischen Kulturbetriebs entsprechen, andererseits bundesstaatlich finanziert werden, so dass erhebliche Reibungsverluste und ein hoher bürokratischer Aufwand entstehen.[2] Die Synthese aus politischer Rahmensteuerung, Finanzierung durch den Bund und inhaltlicher Programmautonomie der Mittler lässt den Nationalstaat als Auftraggeber bisweilen unsichtbar werden – das Deutschlandbild wird diffus. Die internationale Kulturarbeit der Bundesrepublik verteilt sich auf nicht weniger als neun Ressorts: Das Auswärtige Amt, das dabei in der Öffentlichkeit als federführend angesehen wird, verwaltet mit dem *Goethe Institut/Internationes* (GI), dem *Deutscher Akademischen Austausch Dienst* (DAAD), der *Alexander von Humboldt Stiftung*, dem *Deutschen Musikrat* und dem *Institut für Auslandsbeziehungen* (ifa) etwa 40% der finanziellen Mittel der Auslandskulturarbeit. Hingegen unterstanden die *Deutsche Welle*, der 1990 wieder belebte *Verein für das Deutschtum im Ausland* dem Bundesinnenministerium, das Auslandschulwesen wurde Bundesverwaltungsamt koordiniert, dem Ministerium für Familie, Gesundheit und Jugend unterstanden das *Deutsch-französische* und das *Deutsch-polnische Jugendwerk* und

1 „Wiedervorlage: Nationalkultur“: Ein Symposium des Goethe-Instituts, Museumsinsel Berlin, 24. bis 26. April 2008.

2 Allgemeine Literatur zur Auswärtigen Kulturpolitik der Bundesrepublik: Alexander Endreß, Die Kulturpolitik des Bundes, Berlin 2005; Hans-Jürgen Maaß (Hg.), Kultur und Außenpolitik, Baden-Baden 2005; Jan Melissen (Hg.), The Public Diplomacy. Soft power in international relations, Basingstoke 2005; Alexander Thimm, Kontinuität und Wandel der APK der BRD, Magisterarbeit München 2001; Victoria Znined-Brandt, Deutsche und französische auswärtige Kulturpolitik. Eine vergleichende Analyse, Frankfurt 1999; Auswärtiges Amt (Hg.), 40 Jahre Außenpolitik der Bundesrepublik. Eine Dokumentation, Bonn 1989.

das Forschungsministerium war für die *Deutschen Historischen Institute* und die Villa Massimo zuständig. Mitte 2007 umfasste das weit gespannte Netz, mit dem die Bundesrepublik Auswärtige Kultur- und Bildungspolitik betreibt, u. a. 228 Botschaften, 134 Goethe-Institute mit insgesamt 2.700 Mitarbeitern, 117 Auslandsschulen, 12 historisch-wissenschaftliche Institute und 170 von Deutschland staatlich geförderte Kulturgesellschaften.[3]

Die Verfolgung deutscher kulturpolitischer Interessen, die Sympathiewerbung für Deutschland, die Vermittlung eines zeitgemäßen Deutschlandbildes, die Förderung der europäischen Integration und die internationale „Konfliktprävention durch Wertedialog" sind nach Angaben des Auswärtiges Amtes die Hauptziele dieser Arbeit.[4] Bildende Kunst ist ein Bestandteil dieser Arbeit: Ausstellungen deutscher Museen und Beiträge zu internationalen Biennalen werden vom AA regelmäßig unterstützt. Bei größeren Projekten berät ein Gremium aus Museumsdirektoren und Fachleuten das Amt. Trotz zahlreicher Bemühungen, durch Evaluation und Budgetierungen die Mittlerlandschaft zu ordnen und ihre Arbeit effektiver zu machen, liegen die strukturellen Probleme der deutschen Auslandskulturarbeit nach wie vor in der Ressortdiffusion und Mittelverschwendung, in einer dysfunktionalen Sprachpolitik, im Mangel an politischer Repräsentanz und an zentralen Ansprechpartnern.[5]

Die Funktionalisierung der Künste durch die Politik

Fühlten sich Künstler, die in den vergangenen Jahrzehnten an Programmen der Auslandskulturarbeit teilnahmen, häufig von wirtschaftlichen Interessen der Bundesrepublik benutzt, stellt das seit dem 11. September 2001 allerorten geforderte Postulat, Kulturpolitik als Krisenprävention zu organisieren, einen neuen Angriff auf die Autonomie der Künste dar. Statt wirtschaftlicher Instrumentalisierung folgt nun eine politische Indienstnahme. Während Künstler Zweifel anmelden, ob Kunst tatsächlich für Völkerverständigung geeignet ist, weil sie häufig irrationalen, rein visuellen und damit nichtdiskursiven Gestaltungsprinzipien folgt, trifft man im Auswärtigen Amt die Position an, Kulturarbeit gehöre in den Werkzeugkasten der Außenpolitik. „Kulturarbeit als dritte Säule der Außenpolitik folgt in erster Linie der Logik der Außenpolitik, nicht der Kulturförderung."[6]

3 AA (Hg.), Bericht zur Auswärtigen Kulturpolitik, Berlin 2006/2007.

4 Bericht der Bundesregierung zur Auswärtigen Kulturpolitik 2005/2006, Berlin 2006.

5 Karl-Sebastian Schulte, AKP im politischen System der Bundesrepublik, Berlin 2000, S. 96f. Ein Beitrag zur Erzeugung von Synergieeffekten sollte die Auflösung der „Abteilung K" im Auswärtigen Amt sein, die für „public diplomacy", der Außendarstellung der Bundesrepublik, zuständig war. Ihre Aufgaben wurden im Frühjahr 2007 von der Abteilung „Kultur und Bildung" übernommen, die u. a. auch die Goethe-Institute überdacht. *Süddeutsche Zeitung* 28. 4. 2007.

6 AA-Vertreter Cord Meyer-Klodt, zitiert nach: Wolfgang Schneider, „Vom Export zum Netzwerk, vom Event zur Intervention. Auswärtige Kulturpolitik im Wandel", in: Ders. (Hg.), Auswärtige Kulturpolitik. Dialog als Auftrag – Partnerschaft als Prinzip, Bonn 2008, S. 13–32, hier S. 21.

Der Blick auf die EU-Partnerländer Frankreich und Großbritannien zeigt, dass die Unterordnung der dortigen Politique culturelle extérieure und der Cultural diplomacy unter außenpolitische Zielstellungen viel unverhohlener betrieben wird. Im Zentrum der Politique culturelle extérieure steht traditionell die Darstellung, Vermittlung und Verbreitung französischer Kultur und Sprache, die Stärkung der französischen Position in internationalen Gremien, die Förderung französischer Künstler im Ausland und die Einflussnahme auf ausländische Eliten. Grundlage dieser Politik ist noch immer die Überzeugung, es gäbe eine universelle Strahlkraft französischer Werte, eine für die gesamte Menschheit segenreiche Einheit von französischer Kultur, Sprache und Zivilisation. Auswärtige Kulturpolitik wird hier von Außenministerium zentral gesteuert und unter dem Aspekt der „Vocation mondiale de la France" politisch funktionalisiert. Im Bereich der bildenden Kunst ist die traditionelle Sonderstellung Frankreichs, die stets betonte „exception culturelle" stark geschwächt. Nun gilt es, das Image Frankreichs als „Nation der Künste" zu entstauben, denn sowohl die französische Sprache als auch der französische Kunstbetrieb haben international an Reputation und Bedeutung verloren. Trotz einiger Initiativen, junge französische Künstler im Ausland bekannt zu machen[7], kann sich Paris hinsichtlich der Gegenwartskunst kaum mit New York, Berlin oder London messen.

Insofern muss Großbritannien kaum staatliche Anstrengungen machen, um die Kunstmetropole London zu vermarkten – das ergibt sich nahezu von selbst. Die cultural policy unter der Regie des *British Council* (BC) versteht sich eher als eine Sammlungs- und Vermittlungstätigkeit für Informationen über und aus Großbritannien, aber auch als Informationsservice für britische Unternehmen und Institutionen, die sich im Ausland engagieren. Auch andere zahlende Auftraggeber sind dem BC willkommen, der einen großen Teil seiner Mittel selbst erwirtschaften muss. Auf die formale Unabhängigkeit des BC wird großer Wert gelegt, liegt doch seine Glaubwürdigkeit im Abstand zu traditioneller Propagandaarbeit begründet. Dennoch betrachtet man den BC im *Foreign Office* als Organ, das in politischer Abstimmung mit dem Außenministerium handelt und britischen Interessen vorbehaltlos zu dienen hat und dazu beiträgt, die internationale Geltung Großbritanniens zu sichern.

Das deutsche Modell eines reziproken, partnerschaftlichen Kulturaustauschs und die Vielfalt der Mittlerlandschaft scheinen noch am besten geeignet zu sein, einerseits künstlerische Autonomie zu respektieren und andererseits politische Krisenprävention zu betreiben. Die internationale Lage nach dem 11. September 2001 hat die Kulturpolitik vielerorts politisiert. Ihre Autonomie wird zugunsten eines politischen Auftrags eingeschränkt: Krisenprävention durch Kulturaustausch, Verbreitung demokratischen Gedankengutes und der Idee weltweiter Menschenrechte mit dem Mitteln der Künste.[8] Ob dies die Künstler tatsächlich leisten können, hat sich allerdings noch nicht erwiesen. Der langfristige, politische Effekt Auswärtiger Kul-

7 „Art France Berlin" – eine Ausstellung von 150 französischen Künstlern in Berlin, die von der französischen Botschaft und anderen Mittlerorganisationen im Herbst 2006 organisiert worden war.

8 Julia Sattler, Nationalkultur oder europäische Werte? Britische, Deutsche und französische Auswärtige Kulturpolitik von 1989 bis 2003, Wiesbaden 2007, S. 95.

turarbeit scheint indes kaum messbar zu sein – hier gäbe es noch ein weites Forschungsfeld für Langzeitstudien.

Kunst hat heute in der Außendarstellung von Unternehmen und Institutionen, in den Werbekonzepten für nationale Wirtschaftstandorte eine wichtige Rolle eingenommen. Städte bauen heute anstelle von Kathedralen aufwendige Kunstmuseen und hoffen auf diese Weise, überregionale Strahlkraft zu erlangen. Dabei geht es nicht nur um Imagekosmetik, sondern um handfeste Bilanzen: Neue Kunstmuseen werden zu städtebaulichen Wahrzeichen und architektonischen Erlebniswelten. Spektakuläre Sonderaustellungen können große Touristenströme anlocken und den Umsatz von Gastronomie, Einzelhandel und Hotelgewerbe erheblich steigern. Christos Projekt „Gates" soll 2005 mehrere Millionen an zusätzlichen Touristen nach New York gelockt haben. Im Sommer 2008 wurden vier Wasserfälle des Künstlers Olafur Eliasson in New York installiert – einer davon an der Brooklyn Bridge, um neue Touristenströme in der Stadt zu locken und New Yorks Anspruch auf das Prädikat „Welthauptstadt der Kunst" zu bekräftigen.[9]

Doch das Engagement für Kunst bzw. die Identifikation mit Kunst zielt nicht nur auf kurzfristigen Massentourismus. Kunst hat stets einen Bedeutungsüberschuss, einen Assoziationsspielraum, den die Werbung und die politische PR-Arbeit nutzen können. Institutionen, Unternehmen und Persönlichkeiten, die sich mit Hilfe der Kunst präsentieren, setzen auf folgenden Analogieschluss beim Rezipienten: Die Geschichte der modernen Kunst ist eine Erfolgsgeschichte, in deren Verlauf Außenseiter und Selfmademen am Erfolg des Marktes Teilhabe fanden. Die Kunstgeschichte der Moderne mit ihren rasanten Stilwechseln und konzeptuellen Erneuerungen versprüht die Aura von Dynamik und Innovation, an der die Unternehmen, Städte, Staaten partizipieren wollen. Sofern Kunst in der PR-Arbeit nicht statisch als fertiges Repräsentationsobjekt betrachtet wird, sondern als etwas Dynamisches, Experimentelles und Prozessuales, kann man mit ihr neue Zielgruppen ansprechen: Jüngere, reisefreudige, aufgeschlossene, kreative Milieus, Akademiker und Unternehmer. Kurz: Angehörige nationaler Eliten. Die Chiffre ‚Kunst' verleiht die Aura von geistiger Beweglichkeit und kreativem Esprit. Dabei handelt es sich um einen längerfristigen Effekt, der die allgemeine Einstellung der internationalen Öffentlichkeit zu einem Standort, einem Land oder nationalen Unternehmen verbessern kann.

Das Nationale wird so schnell nicht aus der Kulturarbeit verschwinden, auch unterhalb der nationalstaatlichen Handlungsebene. Seit einigen Jahren betreiben große Museen durch globale Filialengründung „nation branding" auf kultureller Ebene: Der Louvre setzt seine brachliegende Depotbestände dabei auch zur Kostendeckung ein. Sie sollen für die Ausstattung von Filialen wie in Abu Dhabi genutzt werden. Der prächtige Neubau wird mit Leihgaben aus dem Haupthaus bestückt. Eine weitere Filiale ist in Atlanta geplant. Das Museé Rodin verkaufte seinen Namen bereits nach Brasilien und das Centre Pompidou schloss einen Vertrag zur Gründung einer Filiale in Schanghai.[10] Der spektakuläre Vertrag, den die französi-

9 Das Projekt soll 15 $ kosten, aber 55 Mio. $ an Mehreinnahmen für die Stadt einbringen. *The Art Newspaper* Nr. 188, 2/2008, S. 4.

10 *FAZ* 9.1. 2007.

sche Regierung mit den Vereinigten Arabischen Emiraten unterzeichnete, sieht vor, dass der neue Louvre in den ersten 10 Jahren mehrere Hundert Werke für maximal zwei Jahre aus dem Haupthaus und weiteren französischen Museen erhält, für diese Leihgaben zahlen die Emirate allein 190 Mio. €. Für die nächsten 15 Jahre übernehmen Franzosen die Leitung des Museums, richten jährlich vier Wechselausstellungen aus, die mit 195 Mio. € honoriert werden. Zusätzlich erhält das Museum einen jährlichen Etat von 40 Mio. €, um unter französischer Leitung eine eigene Sammlung aufzubauen. Für weitere 400 Mio. € erwarben die Emirate für 30 Jahre die Nutzungsrechte des Namens „Louvre“. Damit exportiert Frankreich seine Kunst in eine aufstrebende asiatische Region, die sich mit spektakulären Flughafen-, Museums- und Hotelbauten zu einem Zentrum des weltweiten Kulturtourismus und Handels aufschwingen will.[11]

Somit kopieren nun auch französische Museen das Konzept des Guggenheim Museums, das unter der Leitung von Thomas Krens in den vergangenen Jahren zu einem weltweiten Unternehmen geworden war. Krens verfolgte das Ziel, Guggenheim zu einer internationalen Marke zu machen und Aufsehen erregende Museumsbauten in aller Welt zu errichten. Heute erstreckt sich das Imperium über New York, Bilbao, die Peggy Guggenheim Collection in Venedig und Ausstellungsräume der Deutschen Bank in Berlin. Ein Gemeinschaftsprojekt mit der Ermitage St. Petersburg ist im litauischen Wilna geplant.[12] Die Ermitage wiederum hat inzwischen schon Ableger in Amsterdam und London.

Ein spektakuläres Projekt ist der für 2012 geplante Neubau des Guggenheim Abu Dhabi bis zum Jahr 2012. Obwohl Krens im Frühjahr 2008 von der Guggenheim-Leitung zurücktrat, blieb er als „Senior Adviser for international affairs“ mit 15 Vollzeitmitarbeitern für das Abu-Dhabi-Projekt zuständig. Auf der Saadiyat-Insel soll Frank Gehry ein Museum mit 42.000 qm Ausstellungsfläche errichten. Ebenfalls geplant sind 19 Ausstellungspavillons, um eine Biennale nach venezianischem Muster durchführen zu können. Die Vereinigten Arabischen Emirate versuchen sich mit diesen Museumsneubauten als Reiseziel und Zentrum der Hochkultur zu etablieren.[13] Für die *Guggenheim Foundation* handelt es sich auch um ein politisches Projekt zur interkulturellen Verständigung, wie der Vorsitzende William Mack betont: „The better the understanding transmitted through culture and particularly through contemporary art and architecture, the better for the US and the world.“[14] Und Krens verspricht ein Weltmuseum der Superlative: „What we hope to do in Abu Dhabi would be to absorb the experiences of Tate Modern ort he Guggenheim Bilbao and take the whole concept and evolution of an international museum of contemporary art to a new level.“ [15]

Diese Aktivitäten von Museumskonzernen und regelmäßige Blockbuster-Ausstellungen markieren die Ansprüche französischer und amerikanischer Kunst auf Weltgeltung. Deutsche Museen tun sich in diesem globalen Wettbewerb

11 Einen Einblick in den Vertrag erlaubt *The Art Newspaper* Nr. 192, Juni 2008, S. 13.

12 *FAZ* 19. 6. 2008.

13 *Art* 4/2008, S. 51ff.

14 *The Art Newspaper* Nr. 190, 4/2008, S. 20.

15 Ebda.

schwer, aufgrund der förderalen Struktur der Kulturlandschaft und der geringen Finanzkraft der einzelnen Häuser. Auch von Bundesebene ist wenig Unterstützung zu erwarten. Einen bescheidenen Versuch unternehmen nun die Staatlichen Kunstsammlungen Dresden, die Bayrische Staatsgemäldesammlungen und die Staatlichen Museen zu Berlin. In einer gemeinsamen Aktion wollen sie sich mit britischen, amerikanischen und russischen Museen am Aufbau eines neuen Universalmuseums in Dubai engagieren. Die Erfahrungen aus dem Zusammenwachsen der ost- und westdeutschen Kunstbestände sollen bei der Gründung des „größten vereinigten Kunstmuseums der Welt“ von Vorteil sein.[16]

Doch sind staatliche Interventionen und der Einsatz großer Institutionen, wie im französische Beispiel überhaupt nötig? Deutsche Kunst ist seit Jahrzehnten im internationalen Kunstbetrieb außerordentlich stark präsent – einer offiziellen staatlichen Unterstützung von höchster Ebene bedurfte sie eigentlich kaum. Erst kürzlich, im Herbst 2007, räumte die Royal Academy in London fast ihr ganzes Gebäude für eine Baselitz-Schau frei, eine Ehre, die kaum einem lebenden Künstler gewährt wird. Der Blick in die Ranglisten international erfolgreicher Künstler zeigt, dass sich deutsche Künstler seit Jahrzehnten auf den oberen Plätzen halten. Nach Joseph Beuys, Georg Baselitz, A. R. Penck, Sigmar Polke und Gerhard Richter betraten in den 1990er Jahren deutsche Fotografen wie Andreas Gursky oder Candida Höfer die Bühne. Und in den vergangenen Jahren kamen mit Daniel Richter, Neo Rauch und der *Neuen Leipziger Schule* erneut deutsche Maler zum internationalen Erfolg.

Ein Grund für die traditionell starke Stellung deutscher Kunst liegt in der historisch gewachsenen, föderal organisierten Kulturlandschaft mit ihren 300 lokalen Kunstvereinen und über 1000 Kunstmuseen. Hinzu kommen engagierte Privatsammler und Händler mit internationalem Horizont, die schon früh zum Durchbruch bekannter Künstler wie Bruce Nauman, Sol Lewitt oder Name June Paik beigetragen haben und auch heute noch international nach Talenten Ausschau halten. Sowohl von der Wertschätzung der eigenen Künstler, als auch von der Stärke des Marktes, der Dichte der Museumslandschaft und der Zahl der Sammler gehört Deutschland zu den Schwergewichten im internationalen Kunstbetrieb. Der Kunstbetrieb braucht die Auswärtige Kulturpolitik der Bundesrepublik nicht unbedingt, aber die Politik kann von der Wirkung deutscher Kunst im Ausland profitieren.

Zeitgenössische Kunst als Mittel nationaler Selbstdarstellung

Wie nutzt das wiedervereinigte, „postnationale“ Deutschland Kunst zur nationalen Selbstdarstellung?[17] Die Mittlerorganisationen sehen sich aus historischen Gründen nicht in der Lage, eine deutsche nationale deutsche Kunst zu definieren und weichen gerne auf eine kulturrelativistische Position aus, die die deutsche Gesellschaft als Patchwork von Minderheiten darstellt. Kulturpolitiker haben mit dem Beginn der „Berliner Republik“ eine neue Ära der kulturellen Außenpolitik Deutschlands

16 *Der Spiegel* Nr. 22/2008, S. 154.

17 Presse- und Informationsamt der Bundesregierung (Hg.), So fördert der Bund Kunst und Kultur, Bonn 1996, S. 95.

ausgerufen, die unter der Parole firmiert: „Kultur aus Deutschland statt deutsche Kultur.“[18] In aktuellen Diskussionen wird erörtert, in wieweit die Idee einer nationalen Repräsentation im transnationalen und globalisierten Kunstbetrieb der Gegenwart überhaupt noch sinnvoll ist, ob das hundertjährige Konzept, sich mit deutscher Kunst auf der Weltbühne zu präsentieren, damit obsolet geworden ist, oder ob die kulturelle Nivellierung der Globalisierung gerade eine nationalistische oder regionalistische Gegenbewegung provoziert. Große Museumssammlungen und Privatkollektionen sind ganz überwiegend international ausgerichtet. In der Gegenwartskunst ist die internationale Vernetzung besonders stark ausgeprägt. Unverkennbar besteht auch das Problem, global agierende oder sich inspirierende Künstler als nationale Repräsentanten zu gerieren.

Schon 1993, wenige Jahre nach der Wiedervereinigung, ließ sich die Bundesrepublik von zwei Künstlern repräsentieren, die beide das Konzept des Künstlers als „Global Player“ auf ihre Weise verkörperten: Hans Haacke hatte seine bayrische Heimat bereits 1965 Richtung New York verlassen und war dort als Künstler berühmt geworden. Der Koreaner Nam June Paik war 1956 nach Deutschland gekommen, zog in den 1960er Jahren nach New York und pendelte zwischen den USA und Düsseldorf, wo er eine Professur an der Kunstakademie innehatte. Beide holten für die Bundesrepublik den *Goldenen Löwen,* den Preis für den besten Länderbeitrag der Biennale von Venedig. Die Jury befand, dieser deutsche Beitrag stehe bildlich für das Nomadentum zeitgenössischer Künstler und für den internationalen Charakter der Biennale insgesamt. Damit versuchte sich die Biennale zu verjüngen und zu legitimieren, denn das Konzept von Kunstausstellungen als nationale Leistungsschauen wirkte überholt. Die Biennale von Venedig ist eine der letzten Großausstellungen dieser Art, bei der einzelne Nationen noch heute ihre traditionellen Pavillons bespielen und die delegierten Künstler gelegentlich die jeweiligen nationalen Traditionen und Probleme mit ihren Arbeiten reflektieren.[19] Sie wirkt wie ein Dinosaurier aus dem fernen Zeitalter des Nationalismus. Damals maßen sich die Nationen im Rahmen grandioser Weltausstellungen auf den Gebieten der Technik, Architektur und Wirtschaft. Auch die Kunst und die Kunstwissenschaft gerieten ins Fahrwasser des Nationalismus: Deutsche beriefen sich auf eine germanische Gotik, Franzosen und Italiener auf das romanische Erbe. Nationalgeschichte und Stilgeschichte wurden im Zeitalter des Nationalismus miteinander verknüpft, künstlerische Leistungen als Erbe und Ausdruck eines durch die Jahrhunderte konstanten Nationalcharakters betrachtet. Heute sieht man diese Theorien mit großer Skepsis. Der Kunstbetrieb der Gegenwart hat sich internationalisiert und grenzüberschreitend vernetzt, seine Zentren und Protagonisten scheinen kaum noch nationalen Kul-

18 Hilmar Hoffmann, “Ultima prima ratio. Eine neue Ära der kulturellen Außenpolitik Deutschlands“, in: Ders. (Hg.), Kulturpolitik in der Berliner Republik, Köln 2002, S. 50–70, hier: S. 64.

19 Die Nominierung des britischen Künstlers Liam Gillick zum Gestalter des deutschen Pavillons der Biennale von Venedig 2009 löste Befremden und Kritik aus. Der Kurator Nikolaus Schafhausen rechtfertigte die Wahl des Künstlers, eines persönlichen Protegeés von ihm, im Sommer 2008 mit den Worten, es sei Zeit, auch „ein Nachdenken über deutsche Themen aus nichtdeutscher Sicht zuzulassen.“ *Art* 7/2008 S. 114.

turen unterworfen zu sein. Trotz aller Abgeklärtheit wird noch immer mit Spannung die Verleihung des *Goldenen Löwen* an den besten nationalen Pavillon erwartet – ein Rest von der „Kunstolympiade“ des Zeitalters des Nationalismus ist hier noch zu finden.

Prominente Künstler lassen sich zudem immer schwerer in nationalen Kategorien erfassen. Oftmals leben und arbeiten sie in internationalen Metropolen und stellen weltweit aus. Sie entnehmen Anregungen für ihr Werk keineswegs begrenzten Nationalkulturen, manchmal deutet allein der Geburtsort auf ihre ursprüngliche nationale Identität hin. Andererseits hat sich gerade wieder in den letzen Jahren gezeigt, dass sich im globalisierten und unübersichtlich geworden Kunstbetrieb Künstlergruppen und ästhetische Strömungen viel besser unter nationalen Etiketten vermarkten lassen. Diese Technik wurde erstmals vom Großsammler Charles Saatchi in den 1990er Jahren mit dem Label „Young British Artists“ erprobt. Der Siegeszug junger britischer Kunst basierte zunächst weniger auf Erfolgen im eigenen Land, als vielmehr auf Gruppenausstellungen im Ausland, die maßgeblich vom *British Council* organisiert wurden. So wurden z. B. allein 1997/98 vom BC 70 Ausstellungen mit 153 britischen Künstlern und Künstlerinnen in Deutschland gefördert, während das deutsche *ifa* im gleichen Zeitraum nur etwa 15 Ausstellungen exportierte.[20] Bald folgten den YBA auf deutscher Seite die „Neue Leipziger Schule“, wenig später wurden junge polnische, indische oder chinesische Künstlergruppen von Kunsthändlern und Kuratoren aus der Taufe gehoben, und danach feierte man eine neue Generation „Young Americans.“ Im Sommer 2007 sorgte die Schau „Made in Germany“ in Hannover für Aufsehen, bei der 52 deutsche und internationale Künstler vertreten waren, die ihren Lebensmittelpunkt in Deutschland hatten – vor allem in Berlin, wo 40 Teilnehmer der Ausstellung herkamen.[21]

Was bleibt von der Kunst der DDR?

In den Jahren nach 1989 ist Kunst aus der DDR vor allem unter politischen Gesichtspunkten betrachtet und präsentiert worden. Die Rezeption der Bildwelt der DDR spielte sich zwischen den Polen der Skandalisierung und Verdrängung ab. Häufig wurde Kunst aus der DDR in dokumentarischen Ausstellungen präsentiert, wodurch sie ihren Kunstcharakter einbüßte und zum illustrativen Zeitdokument schrumpfte. In den 1990er Jahren gab es einige, z. T. scharf geführte Debatten, in wieweit Kunst aus der DDR in der Nationalgalerie und im Reichstagsgebäude vertreten sein darf. Vor allem um Heisigs Beitrag zur Ausstattung des Reichstagsgebäudes gab es Streit. Die SED-kritischen Kunstwissenschaftler Andreas Hüneke

20 Zdenek Felix (Hg.), Emotion. Junge britische und amerikanische Kunst aus der Sammlung Goetz, Hamburg 1998, S. 163–166.

21 Diskussion über „Das Deutsche in der Kunst“ in *Art* 5/2007.

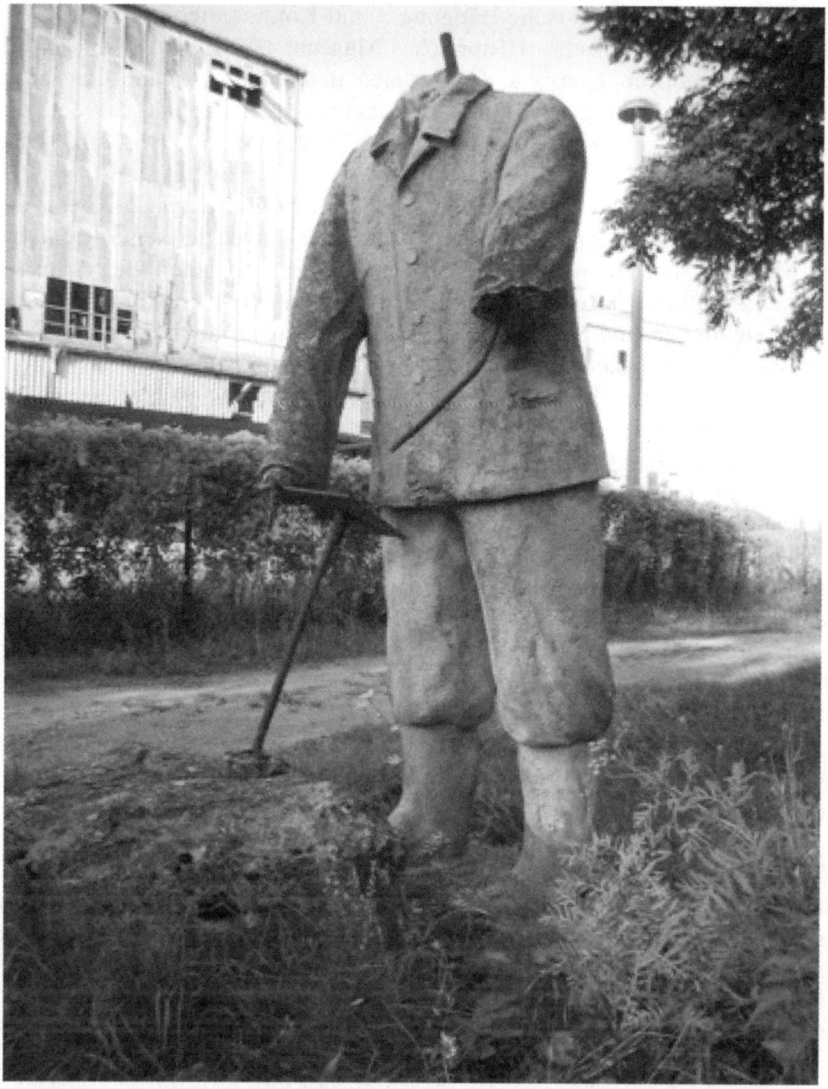

Abb.: Torso eines Arbeiterdenkmals in den ehemaligen Kalkwerken in Rüdersdorf bei Berlin

und Christoph Tannert beklagten, nun würden „uns wieder die heiligen Kühe der SED-Kulturpolitik zur Adoration vor Augen gestellt.“[22]

Einige Ausstellungsprojekte gerieten aus anderem Blickwinkel in die Kritik. Ihnen wurde vorgeworfen, sie verhöhnten die Kunst aus der DDR durch herabsetzende

22 Karl Siegbert Rehberg, „Zwischen Skandalisierung und Verdrängung. Bildwelten der DDR in Ausstellungen und Museen nach 1989, in: Lutz Hieber u. a. (Hg.), Kunst im Kulturkampf. Zur Kritik der deutschen Museumskultur, Bielefeld 2005, S. 73–80, hier S. 75.

Präsentation (dichte „Russische Hängung") und Kommentierung. So geschehen bei „Auftrag: Kunst" (Deutsches Historisches Museum 1995); „Rahmenwechsel" (Dokumentationszentrum Kunstgut der Parteien und Organisationen der DDR, Burg Beeskow in Brandenburg 1998) und vor allem bei „Aufstieg und Fall der Moderne" (Weimar 1999), wo im gleichen Haus eine Sammlung von NS-Kunst präsentiert wurde.

Im Germanischen Nationalmuseum in Nürnberg führte man 2003 eine Art politisches Tribunal über den abwesenden Willi Sitte durch, der seine Archivbestände dem Museum spenden wollte. Vielen Beobachtern und beteiligten Künstlern wie Wolfgang Mattheuer erschienen diese, sich kulturhistorisch-dokumentarisch gebenden Ausstellungen und Symposien als Herabsetzungen, als Fortführung der nationalsozialistischen Schandausstellungen von „Entarteter Kunst".

Inzwischen hat sich der Umgang mit dem Thema wieder etwas versachlicht. Die unter versöhnlichen Vorzeichen kuratierte und stark besuchte Ausstellung der Nationalgalerie „Kunst in der DDR" trug dazu bei. Über 200.000 Besucher sahen die Schau im Jahr 2003. Einige Werke ostdeutscher Künstler sind überdies in die Dauerausstellung des Hauses aufgenommen worden. Inzwischen holen die ostdeutschen Museen manch ein Werk wieder aus dem Depot, das in den 1990er Jahren dort eilig versteckt worden war. Westdeutsche Museen halten jedoch weiter konsequent daran fest, keine Kunst aus der DDR für ihre Sammlungen zu erwerben. Für Unmut sorgt die anhaltend ungünstige Depotsituation im Kunstarchiv Beeskow, wo zahlreiche Kunstwerke aus dem Besitz gesellschaftlicher und politischer Organisationen der DDR aufbewahrt werden. Die Werke werden aus finanziellen Gründen schlecht klimatisiert, belüftet und gelagert und sind dem langsamen Verfall ausgesetzt. Manche Kritiker vermuten dahinter eine Geringschätzung dieser Kunstwerke und die Absicht, sie auf stille Weise entsorgen zu wollen.

Insgesamt ist das Thema „Kunst aus der DDR" in der Wissenschaft und Öffentlichkeit marginalisiert worden. Außer einigen Spezialisten und einigen damals unmittelbar beteiligten Künstlern und Kunstwissenschaftlern scheint sich kaum jemand dafür zu interessieren. Charakteristisch für diese Missachtung ist die Tendenz von Wissenschaft und Publizistik, die Kunst der DDR rückwirkend in eine gesamtdeutsche Kunstgeschichte der Nachkriegszeit einzubetten und damit zu einer Randerscheinung abzuwerten. Zukünftigen Lesern erschiene die Kunst der DDR dann wie eine vorübergehende, regionale Erscheinung – als habe es die Utopie des Sozialismus, die Systemkonfrontation und die deutsche Zweistaatlichkeit nie gegeben. Außerhalb Deutschlands hingegen ist das touristische und wissenschaftliche Interesse an Kunst und Alltagskultur der DDR spürbar gewachsen – die große Zahl von Publikationen, Lehrveranstaltungen und Konferenzen, die in Großbritannien und USA zu diesen Themen stattfinden, sind dafür bezeichnend.

Neo Rauch - letztes Echo und letzter Erbe der DDR-Malerei?

Heute erscheint es paradox, dass die DDR, die sich offiziell als hochmoderne, zukunftsweisende Gesellschaft darstellte, auf dem Gebiet der bildenden Kunst traditionellen, fast schon vorbürgerlichen Vorstellungen verhaftet blieb: Malerei und Plastik wurden als klassische Medien in den Vordergrund gestellt. Akademische Verschulung, handwerkliche Solidität und figürlich-naturalistische Darstellungsweise prägten die künstlerische Ausbildung. Die soziale Stellung der Künstler als (Schein)-Selbstständige inmitten einer kollektivierten Gesellschaft, die auf Aufträge von höchsten Kreisen angewiesen waren und dafür Privilegien erhielten, mutet geradezu feudalistisch an.[23] Noch paradoxer ist es, dass die DDR mit ihrer traditionalistischen Kunst im Westen große Erfolge feierte. Abgeschottet vom westlichen Kunstbetrieb mit seiner ungeheuren Vielfalt und seinem immanenten Innovationszwang erhielt sie einen Exotenstatus und wurde zum Lichtblick für westliche Kunstfreunde, die von der Postmoderne enttäuscht waren.

Die Erben der historischen *Leipziger Schule* haben in den letzten Jahren unter dem markenstrategisch gewählten Namen *Neue Leipziger Schule* große Erfolge auf dem internationalen Kunstmarkt feiern können.[24] Obwohl sich die „Gründerväter", der Leipziger Professor Arno Rink und der Galerist Gerd Harry Lybke, inzwischen heftig gegen den Begriff wehren, und obwohl es generell problematisch ist, individuelle Künstler zu einer Schule zusammen zu fassen, gibt es doch Gemeinsamkeiten in der Haltung und in der Stimmung in den Werken von Thilo Baumgärtel, David Schnell, Christian Brandl, Tim Eitel, Martin Kobe, Ulf Puder, Christoph Ruckhaberle, Martin Weischer und Neo Rauch:

„Etwas Traumverloren-Entrücktes durchzieht diese fast immer architektonisch grundierten Welten. Menschen, soweit es sie überhaupt gibt, erscheinen als beziehungslose Einzelne in fragmentierten Bildräumen, deren kalkuliert künstliche Farbgebungen die Szenen zutiefst synthetisch erscheinen lassen (...) Figuration schafft hier keine Nähe zum Betrachter, sondern verdeutlicht vielmehr die Ferne und Unverfügbarkeit der Szenarien. Nirgendwo wird das deutlicher als bei Neo Rauch, dessen Bilder manchmal so wirken, als baue sich der Maler aus einem modular gehandhabten Motivinventar eine Welt aus Farbe und Leinwand, deren einziger Zweck darin besteht, sich dahinter verbarrikadieren zu können. In vielen Werken Rauchs weht ein romantischer Weltschmerz, die immer überladeneren, manierierteren Motive wirken wie ein neuer Surrealismus. Es sind Zwischenbilder, Bilder aus einem Universum, in dem offensichtlich alle großen Schlachten geschlagen sind und es nichts mehr zu gewinnen oder zu verlieren gibt, als die Unversehrtheit der schönen und gleichzeitig leeren Oberfläche."[25]

Neo Rauch, bis 1990 ein Schüler von Arno Rink und Bernhard Heisig, danach einige Jahre lang Assistent von Heisig an der Hochschule für Grafik und Buchkunst, gilt als wichtigster Vertreter der *Neuen Leipziger Schule* und wird voraus-

23 Paul Kaiser, „Hofkünstler im Arbeiter- und Bauernstaat? Zur Sozialfigur des bildenden Künstlers in der DDR", in: Joachim Fischer u. a. (Hg.), Kunst. Macht und Institution, Frankfurt 2002.

24 Dana Giesecke, Vom Schulbegriff zum Markenzeichen. Aneignung, Nimbus oder Abgrenzung der jüngsten Generation der „Leipziger Schule" (Diplomarbeit TU Dresden), Dresden 2005.

25 Stephan Berg, „Das Unbehagen mit der Neuen Leipziger Schule", in: *Welt am Sonntag* 2. 3. 2008, S. 56.

sichtlich auch dann noch im Kunstbetrieb präsent sein, wenn die meisten dieser Leipziger Maler schon wieder in Vergessenheit geraten sein werden – der zeitgenössische Kunstbetrieb ist bekanntlich sehr schnelllebig. 2005 übernahm Rauch Rinks Professur, die er im Frühjahr 2009 wieder aufgab.[26] Kann man ihn als letzten Erben der DDR-Malerei bezeichnen?

Als Meisterschüler von Bernhard Heisig konnte er 1987 ein Gemälde auf der Großen Dresdner Kunstausstellung präsentieren. Das Werk zeigte noch überdeutlich Heisigs Handschrift.[27] Bis heute ist Rauch laut eigener Aussage fasziniert und inspiriert von der Detailfülle, der handwerklichen Solidität und der oft bizarren Fabulierfreude der alten *Leipziger Schule*. Der renommierte Kunsthistoriker Werner Spies sieht in der DDR-Malerei aber keine unmittelbaren Vorbilder für Rauch, von einigen Arbeiten Mattheuers und von der freieren Maltechnik Heisigs abgesehen. Dennoch gibt es Argumente, ihn in einem allgemeineren Sinne als späten Nachfolger der Leipziger Schule zu sehen. Zunächst lassen sich, oberflächlich betrachtet, vertraute Elemente der sozialistischen Ikonografie erkennen: In Rauchs Bildern wimmelt es von tätigen Menschen, von Arbeitern. Sie tragen Uniformen oder Funktionskleidung. Zudem lassen sich industrielle und urbane Räume erkennen, in denen sich die Menschen bewegen. Und schließlich erkennen wir die mitteldeutsche Landschaft wieder, die zersiedelte Leipziger Tieflandsbucht mit ihren Autobahnen, Industrieruinen, Abraumhalden und typischen Hausformen. Historische Anspielungen werden durch die Kleidung der Menschen vermittelt, die mal im Biedermeier, mal im Stil der Fünfziger Jahre kostümiert sind: Gehröcke und Bärte, Spazierstöcke und Buntfaltenröcke. Bildtitel wie „Aufstand“, „Bauer“, „Haus des Lehrers“ (ein Ostberliner Repräsentationsgebäude) oder Szenerien wie aus der französischen Revolution oder napoleonischen Ära betonen den historischen Bezug mancher Bilder sehr deutlich.

Rauch, der sich zum Surrealismus bekennt, mischt in seinen Bildern persönliche und historische Elemente. Der Maler zeigt sich immer wieder irritiert, dass eine Bildwelt mit dem sozialistischen Realismus assoziiert wird: „In meinen Bildern ist doch eine ganz ersichtliche Nähe zur amerikanischen Pop-Art. Wieso sieht das keiner?“[28] Tatsächlich stammen seine Figuren und Farbtöne – die mal giftig, mal ausgeblichen wirken – überwiegend aus der amerikanischen Gebrauchs- und Werbegrafik der 1950er und 1960er Jahre. Angesprochen auf das Farbklima seiner Bilder, gibt Rauch an, dass diese spezifische Koloristik Erinnerungen an das ästhetische Klima seiner frühen Kindheit entspringt.[29] Da seine persönlichen Erinnerungen

26 Rauch, der seine Studenten vor den Versuchungen des Kunstmarktes schützen wollte, gab wegen der Überlastung durch seine eigenen Ausstellungsprojekte und den Einzelunterricht für 50 Malereistudenten die Professur auf. Noch vor zwei Jahren hatte er verkündet: „ich möchte ein staubgrauer Diener sein, der im rechten Moment als Verhinderer auftritt, damit es meinen Studenten in zehn Jahren gelingt, mit einer eher stillen, unauffälligen Position durchschlagende Erfolge zu erzielen.“ *Monopol* 6/2008, S. 24.

27 „O.T. Öl auf Leinwand, 1987“. Rauch studierte erst bei Rink (1981–86), Anschließend als Meisterschüler bei Heisig (1986–1990).

28 Zitiert nach: Neo Rauch. Neue Rollen (Katalog), Köln 2006, S. 54.

29 Bernhard Schwenk, „Die Palette als Obdach und Bedrohung. Ein Gespräch mit Neo Rauch“, in: The Mystery of painting, München 2001, S. 118.

durch das Leben in der DDR geprägt waren, kehrt deren Bildwelt in seine post-kommunistisch-surrealen Tableaus zurück, wenngleich der Maler die Idee von sich weist, es ginge ihm „um ein bewusstes Verhandeln innerdeutscher kulturpolitischer Problemfelder".[30] Politisch-historische Assoziationen entstehen hingegen aus Rauchs Bildkompositionen: Die sinn- und steuerlos agierenden Arbeiterhelden und funktionslosen Propagandaelemente wirken heute wie eine „autoaggressiv gewordene Propaganda."[31]

So kann sein Werk durchaus als Weiterführung und Radikalisierung der DDR-Historienmalerei erscheinen, die bereits in den 1970er Jahren kaum mehr zielgerichtet propagandistisch, sondern eher diffus geschichtslastig und zunehmend selbstbezogen war, wie Eduard Beaucamp, langjähriger Kunstkritiker der *Frankfurter Allgemeinen* schrieb: „So stammen zentrale Leistungen in der DDR-Kunst von Anti-Utopisten, Realisten von Haus aus, die nach Krieg und Holocaust nicht vor der horrenden Wirklichkeit auswichen. Ihr Thema ist gerade die verfehlte und verdorbene Geschichte. Zwangsweise ergibt sich dabei eine gewisse Traditionalität, da sich die Künstler nicht mit der fortschreitenden Weltkunst, vor allem einer westlichen, auseinandersetzen konnten und sich einer Sowjetisierung widersetzten. Sie waren auf sich selbst, die eigene Innerlichkeit, Phantastik und Geschichte angewiesen."[32] Eine wichtige Übereinstimmung in der Kunst von Heisig et al. und Rauch besteht im Simultanitätskonzept der Bildererzählung. Gefragt, wie sich fantastische und historische Ebenen in seinen Bildern treffen, antwortete der Maler: „Man muß sich Vergangenheit, Gegenwart und Zukunft wie eingewebt in einem gewaltigen Gobelin denken."[33] Rauchs Kunst als „peristaltic system in the river of time" – so eine amerikanische Kunstzeitschrift.[34]

Die Maler der *Neuen Leipziger Schule* haben in den vergangenen Jahren die deutsche Kunst wieder in die internationalen Schlagzeilen gebracht. Eine wichtige Rolle spielte dabei das amerikanische Sammlerehepaar Rubell, das im Jahr 2003 eine komplette Ausstellung Leipziger Malerei aufkaufte und in die USA brachte. Neo Rauch freut sich über das Interesse: „Die Amerikaner haben diese fast kindliche, mir so sympathische Begeisterungsfähigkeit. Nicht wie die Deutschen, die erst im kulturpessimistischen Handbuch nachschlagen. Ob sie etwas mögen dürfen."[35] Im Herbst 2007 zeigte das Metropolitan Museum in New York eine Einzelausstellung von Rauch – eine Ehre, die nur wenigen lebenden Künstlern zuteil wird. Er und andere Leipziger faszinierten das internationale Publikum mit einer grüblerischen Kunst und bedienten damit liebgewonnene Klischees vom „typisch deutschen

30 „Neo Rauch. Korrespondenz mit Allison M. Gingeras", in: Lieber Maler male mir …, Wien 2002, S. 98.

31 *Frankfurter Allgemeine Sonntagszeitung* 5. 9. 2004.

32 Eduard Beaucamp, „Die Macht der Erinnerung", in: *Tel Aviver Jahrbuch für deutsche Geschichte* Bd. 34, 2006, S. 293–308, hier: S. 294.

33 Interview mit Mitarbeitern des Metropolitan Museum of modern Art, in: Eigen+Art (Hg.) Neo Rauch. Para, Köln 2007, S. 111 (Katalog Metropolitan Museum of modern Art New York).

34 *Flash art* Nr. 227, Dezember 2002.

35 Zitiert nach: Neo Rauch. Neue Rollen (Katalog), Köln 2006, S. 54.

Künstler“, der als ernsthaft, eigensinnig-versponnen und historisch gebildet charakterisiert wird.

Gerade im westlichen Ausland besteht bis heute die Erwartung an „typische“ deutsche Kunst, dass sie geschichtsbewußt sei und tragische Inhalte vermittle. “New German painting is a kind of memory practise“, urteilte die britische Kunstzeitschrift *Artreview*.[36] Rauchs rätselhafte Bildwelt fasziniert westliche Beobachter wie Norman Rosenthal wegen ihrer historisierenden Zeitlosigkeit: „He gives us landscapes and staffage with their own epic mythologies and metaphysical unrealities which yet we can recognise.”[37] Roberta Smith schrieb in der *New York Times*: „His paintings resemble disjunctive avante-garde theater stage sets from an earlier time.”[38] Und Gary Tinterow, der Kurator des New Yorker Metropolitan Museums, merkte an: „Rauch is fascinated by uniforms and costumes and has designed an imaginary that could readily populate a futuristic Eastern Bloc propaganda film, ca. 1960 (…) Rauch's figures repeat Sisyphean tasks in nostalgic environments evocative of failed utopias.“[39] Der amerikanische Kritiker Donald Kuspit sieht heute in Rauchs Bildern Allegorien der deutschen Geschichte: „Eine existenziell problematische Lebenswelt, die vielleicht spezifisch ostdeutsch ist.“ Er schreibt über Rauchs Erfahrungen mit der forcierten gesellschaftlich-industriellen Modernisierung, mit dem „Seelenmord“ durch die moderne Gesellschaft: Die Heldenhaftigkeit des industriellen Sozialismus sei mit einem emotionalen Verfall einhergegangen. In diesem Sinne seien die „grotesken Arbeiterübermenschen“ in Rauchs Werk zu sehen.[40] „Ostdeutsch ist vor allem die existenzielle Grundierung der Bildpoesie“, stimmt Eduard Beaucamp zu: „Die Attrappenhaften Bilderbühnen, ihre raumzeitlichen Verschachtelungen, das marionettenhafte Rollenspiel der Figuren und ihre Heimatlosigkeit bei heimatlichen Landschafts- und Häuserkulissen. Ostdeutsch ist auch das Spiel mit Paradoxien, Widersprüchen und Doppeldeutigkeiten.“[41]

Kuspit resümierte: „In Rauchs Bildern gibt es kein deutsches Selbstvertrauen und keinen deutschen Optimismus. Rauch gehört einer neuen Generation von Künstlern an, doch ähnlich wie Baselitz, Kiefer, Lüpertz, Penck, Polke und Richter bleibt er fixiert und besessen von dem schlimmen alten Deutschland, das in der DDR weiterlebte.“[42] Tatsächlich fällt auf, das gerade diejenigen deutschen Künstler in den USA und auf dem internationalen Markt erfolgreich waren – oder kürzlich erst wurden, die entweder aus der DDR stammten und damit authentische Diktaturerfahrungen hatten, wie etwa Gerhard Richter, Georg Baselitz, A.R. Penck und Neo

36 *Artreview* 1/2007 S. 128.

37 Zitiert nach Eigen+Art (Hg.) Neo Rauch. Para, Köln 2007, S. 55 (Katalog Metropolitan Museum of modern Art New York).

38 *New York Times* on the web 26. 4. 2007.

39 Gary Tinterow, Engelhard-Kurator am Metropolitan Museum, in: Eigen+Art (Hg.) Neo Rauch. Para, Köln 2007, S. 55 (Katalog Metropolitan Museum of modern Art New York), S. 6.

40 Donald Kuspit, „Neo Rauchs dialektische Fabeln“, in: Neo Rauch. Neue Rollen (Katalog), Köln 2006, S. 41–45, hier: S. 41.

41 *FAZ* 1. 12. 2006.

42 Donald Kuspit, „Neo Rauchs dialektische Fabeln“, in: Neo Rauch. Neue Rollen (Katalog), Köln 2006, S. 41–45, hier: S. 45.

Rauch, oder die sich demonstrativ mit geschichtsträchtigen deutschen Themen befassten wie Anselm Kiefer oder Jonathan Meese. In beiden Fällen sorgt die totalitäre Vergangenheit für einen aufregenden Hintergrund von Leben oder Werk. Der Potsdamer Modedesigner und Kunstsammler Wolfgang Joop brachte die Faszination der zeitgenössischen Sammler für die *Neue Leipziger Schule* auf den Punkt: „Dem internationalen Publikum geht es vor allem um Profil. Und ein starkes und scharfes Profil haben viele Künstler aus Leipzig oder Dresden. Viele haben bei Malern gelernt, die noch unter der Diktatur leben mussten. Sie waren es gewohnt, mit Kassibern zu arbeiten, mit metaphorischen Botschaften. Sie haben gelernt, in einer Bildsprache wortlos zu argumentieren und das ist natürlich faszinierend.“[43]

43 *Die Zeit* 3. 4. 2008, S. 46.

Quellen und Literatur

1. Quellen

Akten des Ministeriums für Kultur, der Kulturkommission beim Politbüro des ZK der SED, des Zentrums für Kunstausstellungen der DDR, der Westkommission beim Politbüro des ZK der SED im Bundesarchiv Berlin-Lichterfelde (BArch).

Schriften und Briefwechsel des Zentralvorstands des VBK im Archiv der Stiftung Akademie der Künste (SAdK).

Akten zum Ministerium für auswärtige Angelegenheiten und der diplomatischen Vertretungen der DDR im Politischen Archiv des Auswärtigen Amtes (PA AA).

Akten aus dem Zentralarchiv der Staatlichen Museen Berlin (ZA)

Akten des Ministeriums für Staatssicherheit der DDR (BStU).

Gespräche des Verfassers mit Christoph Tannert (ehem. Freier Kurator) am 30. 8. 2006 in Berlin, Wolfgang Polak (ehem. ZfK) am 13. 3. 2007 in Berlin, mit Gabriele Wittrin (ehem. ZfK) am 25. 1. 2007, mit Siegfried Wege (ehem. ZfK) am 10. 6. 2008 und mit Rüdiger Küttner (ehem. Staatlicher Kunsthandel) am 10. 4. 2007, alle in Berlin.

Gespräch des Verfassers mit Peter H. Feist am 18. 12. 2007 in Berlin. (Zwischen 1968 und 1981 war er Direktor der Kunsthistorischen Institutes der Humboldt-Universität, später Leiter des Instituts für Ästhetik und Kunstwissenschaften der Akademie der Wissenschaften).

Korrespondenzen mit David Elliot (ehem. Museum of Modern Art Oxford), Peter Nisbet (Busch-Reisinger-Museum Harvard), Thomas Ziegler (Künstler Berlin/Hamburg).

2. 1. Literatur bis 1945

2. 1. 1. Zeitschriften und Periodika

Theodor Bierschenk, Die Ausstellung deutscher Bildhauer der Gegenwart in Warschau, in: *Deutsche Monatshefte in Polen* 4/1937–38, S. 571–573.

Stanislaw Ciechomski, Wystawa wspólnych rzezbiarzy niemieckich, in: *Plastyka* 4/1938, Nr. 5, S. 118–125.

Mussia Eisenstadt, Deutschland sieht die polnische Kunst, in: *Polognie Litteraire* (Warschau) 10/1935, Nr. 105, S. 2–3.

Hans Freytag, Über deutsche Kulturpolitik im Ausland, in: *Deutsche Rundschau*, Nr. 55 1929, S.105.

Maria Liwska, Wystawa współczesnej rzezby niemieckiej, in: *Kultura* (Poznan) 3/1938, Nr. 24, S. 7.

Heinrich Michaelis, Deutsche Kunst im Ausland, in: *Süddeutsche Monatshefte* 1930/31, S. 252–256.

2. 1. 2. Monographien und Kataloge

Herbert Bayer, Ilse und Walter Gropius (Hg.), Bauhaus 1919–1928, New York 1938 (ND Boston 1952)

Carl Heinrich Becker, Kulturpolitische Aufgaben des Reiches, Berlin 1919.

Free German League of Culture u. a. (Hg.), Artists aid Jewry exhibition, London 1943 (Katalog).

Hauptabteilung Propaganda in der Regierung des Generalgouvernement (Hg.), Kunstausstellung des Generalgouvernement. Deutsche Künstler sehen das Generalgouvernement, Krakau 1942 (Katalog).

New Burlington Galleries, German Art of the 20th century, London 1938 (Katalog).

Institut für deutsche Ostarbeit (Hg.), „Altdeutsche Kunst aus Krakau und dem Karpatenland – eine Ausstellung des Generalgouverneurs", Krakau 1942 (Katalog).

Karl Kerkhof, Der Krieg gegen die deutsche Wissenschaft, Berlin 1922.

Karl Lamprecht, Über auswärtige Kulturpolitik, Stuttgart 1913.

Museum of Modern Art, German painting and sculpture, New York 1931.

Polnische Kunstausstellung. Veranstaltet von der Polnischen Regierung in Gemeinschaft mit der Preußischen Akademie der Künste, Berlin 1935 (Katalog).

Paul Rohrbach, Deutschland unter den Weltvölkern, Berlin 1908.

Alfred Rosenberg, Der Mythus des 20. Jahrhunderts, München 1934.

Max Sauerlandt, Die gegenwärtige Lage und die Rolle der Museen im neuen Staat. Maschinegeschriebenes Redemanuskript (20 S.). Archiv DMB, Rundschreiben 1933.

J. J. Ruedorffer (Kurt Riezler), Grundzüge der Weltpolitik in der Gegenwart, Stuttgart/Berlin 1914.

Paul M. Rühlmann, Kulturpropaganda. Grundsätzliche Darlegungen und Auslandsbeobachtungen, Berlin 1919.

Towarzystwo Przyjaciol sztuk Pieknych (Hg.), Wystawa wspólnych rzezbiarzy niemieckich, Krakow 1938 (Katalog).

2. 2. Literatur nach 1945

2. 2. 1. Zeitschriften und Periodika

Jan-Pieter Barbian, „Kulturwerte im Zeitkampf". Die Kulturabkommen des „Dritten Reiches" als Instrumente nationalsozialistischer Außenpolitik, in: Archiv für Kulturgeschichte, 1992, S. 415–459.

Eduard Beaucamp, „Die Macht der Erinnerung", in: *Tel Aviver Jahrbuch für deutsche Geschichte* Bd. 34 2006, S. 293–308.

Harald Behrendt, „Die Leipziger Malschule und Werner Tübke", in: *Zeitschrift für Kunstgeschichte* 1/2008, S. 101–120.

Willy Brandt, „Bedeutung und Aufgaben der Auswärtigen Kulturpolitik", in: Presse- und Informationsamt der Bundesregierung (Hg.), Bulletin Nr. 71, 5. 7. 1967, S. 613–614.

Dieter Brusberg u. a. (Hg.), Zeitvergleich 1988. 13 Maler aus der DDR, Berlin 1988.

Klaus Daweke, Ausstellungspolitik als Kulturarbeit im Ausland, in: Museumskunde Nr. 59, 1/1994, S. 15ff.

Boguslaw Drewniak, Zum Thema: Polnisch-deutsche Kulturbeziehungen 1933–39, in: *Studia Germanica Gedanensia* 1/1993, S. 7–69.

Elke Fröhlich, Die kulturpolitische Pressekonferenz des RMVAP, in: Vierteljahreshefte für Zeitgeschichte, Heft 4, 1974, S. 347–381.

Klaus Kipphan, „Deutsche Propaganda in den USA 1933–41", in: *Beihefte zum Jahrbuch für Amerikastudien*, Heft 31, Heidelberg 1971, S. 201–204.

Heinz Dieter Kittsteiner, „Kunst in der DDR – ein Versuch", in: *Tel Aviver Jahrbuch für deutsche Geschichte* Bd. 34 2006, S. 269 – 292.

Pascal Ory, De la diplomatie culturelle à l'acculturation, in: Relations Internationales 116 (2003), S. 479–481.

Christian Saehrendt, Auswärtige Kulturpolitik: Vom Kulturimperialismus zur Krisenprävention, in: *Zeitschrift für Kulturaustausch*, Heft 3, 2000, S. 8f.

Christian Saehrendt, Goethe auf Reparaturreise im Außendienst. Nur wenn Deutschland schwach war, stand auswärtige Kulturpolitik hoch im Kurs, in: *Berliner Zeitung* 21./22. August 1999.

Christian Saehrendt, Kunstausstellungen in der Schweiz als Mittel auswärtiger deutscher Kulturpolitik der Weimarer Republik und des „Dritten Reichs" 1919–1939, in: *Schweizerische Zeitschrift für Geschichte* 2004, Nr. 4, S. 426–438.

Christian Saehrendt, Zwischen Vernissage und Saalschlacht. Der Deutsche Museumsbund und sein Kampf für die moderne Kunst 1925–1937. In: *Museumskunde* Band II 2003, S. 112–121.

Christian Saehrendt, Gute Malerei inmitten einer „Riesenmenge wahrhaften Mülls". Der Auftritt ostdeutscher Künstler auf der documenta 1977, in: *NZZ* 23. Juni 2007.

Joanna Sosnowska, Polski kontekst wystawy niemieckiej rzezby współczesnej w Instytucie Propagandy Sztuki w 1938, in: *Biuletyn Historii Sztuki* (Warschau) 56/1994, Nr. 1/2, S. 115–127.

Ian Wallace, „The GDR's cultural activities in Britain", in: *German life and letters* Nr. 53, 2000, S. 394–411.

Hermann Wentker, „Äußerer Prestigegewinn und innere Zwänge. Der Zusammenhang von Außen- und Innenpolitik in den letzten Jahren der DDR", in: Deutschlandarchiv 6/2007, S. 999–1006.

Nikolaus Werz, AKP. Kontinuität oder Wandel, in: Außenpolitik. Zeitschrift für internationale Fragen 1992, S. 246–251.

Frank Withford, Modern art from East Germany, in: *The Burlington Magazine* Nr. 126, 8/1984, S. 516–519.

Ursula Zeller, Gradmesser der Demokratie, in: Die Kunst zieht an. Die Rolle der Kunst in den internationalen Kulturbeziehungen, *Zeitschrift für Kulturaustausch*, Heft 1, 2004, S. 24–27.

2. 2. 2. Monographien und Kataloge

Akademie der Künste (Hg.), Die Kunst hat nie ein Mensch allein besessen. 300 Jahre Akademie der Künste, Berlin 1996.

Lelia Amalfitano (Hg.), New territory, Boston 1990 (Katalog).

Richard T. Arndt, The first resort of the kings. American cultural diplomacy in the 20th century, Washington DC. 2005.

Hans Arnold, Kulturexport als Politik, Tübingen 1976.

Hans Arnold, Auswärtige Kulturpolitik. Ein Überblick aus deutscher Sicht, München 1980.

Thomas Auerbach u. a., Hauptabteilung XX: Staatsapparat, Blockparteien, Kirchen, Kultur, politischer Untergrund. Erschienen in der Reihe BStU (Hg.), Anatomie der Staatssicherheit, Berlin Januar 2008.

Auswärtiges Amt(Hg.), 40 Jahre Außenpolitik der Bundesrepublik. Eine Dokumentation, Bonn 1989.

AA (Hg.), Außenpolitik der Bundesrepublik Deutschland. Dokumente von 1949 bis 1994, Köln 1995.

AA (Hg.), Jahresberichte, Zweijahresberichte und Berichte über die AKP 1987–89, Bonn 1990.

AA (Hg.), AKP 1993–1996, Bonn 1997.

Evamaria Badstübner (Hg.) Befremdlich anders. Leben in der DDR, Berlin 2000.

Uta Balbier u. a. (Hg.), Umworbener Klassenfeind. Das Verhältnis der DDR zu den USA, Berlin 2006.

Arnd Bauerkämper (Hg.), Britain and the GDR. Relations and Perceptions in a divided world, Vienna 2002.

Bert Becker, Die DDR und GB. Politische, wirtschaftliche und kulturelle Kontakte im Zeichen der Nichtanerkennungspolitik, Bochum 1991.

Harald Behrendt, Werner Tübkes Panoramabild in Bad Frankenhausen. Zwischen staatlichen Prestigeprojekt und künstlerischen Selbstauftrag, Kiel 2006.

Belting, Hans, Die Deutschen und ihre Kunst. Ein schwieriges Erbe, München 1992.

Adolf Behne, Entartete Kunst – eine Hitlerlüge, Berlin 1947.

Wolfgang Benz (Hg.), Kultur-Propaganda-Öffentlichkeit. Intentionen deutscher Besatzungspolitik und Reaktionen auf die Okkupation, Berlin 1998.

Michael Berg u. a. (Hg.), Die unerträgliche Leichtigkeit der Kunst. Ästhetisches und politisches Handeln in der DDR, Köln 2007.

Peter Betthausen (Hg.), Romantic spirit. German Drawings 1750 – 1850, New York 1988.

Eugen Blume und Dieter Scholz (Hg.), Überbrückt. Ästhetische Moderne und Nationalsozialismus. Kunsthistoriker und Künstler 1925-1937, Köln 1999.

Siegfried Bock u. a. (Hg.), DDR-Außenpolitik im Rückspiegel. Diplomaten im Gespräch, Münster 2004.

Georg Bollenbeck, Avantgarde-Tradition-Reaktion. Kontroversen um die kulturelle Moderne 1871–1945, Frankfurt 1999.

Manuela Bonnke, Kunst in Produktion. Bildende Kunst und volkseigene Wirtschaft in der SBZ/DDR, Köln 2007.

Rolf Bothe und Thomas Föhl (Hg.), Aufstieg und Fall der Moderne, Weimar 1999.

Sophie Brachvogel, Die Kulturpolitik der DDR gegenüber Frankreich in den 1980er Jahren. Das Centre Culturell Francais in Berlin und das Kulturzentrum der DDR in Paris Magisterarbeit Humboldt Universität zu Berlin 2004.

Hildegard Brenner, Die Kunstpolitik des Nationalsozialismus, Reinbek 1963.

Christoph Brockhau und Ryszard Stanislawski, Europa Europa. Das Jahrhundert der Avantgarden in Mittel- und Osteuropa (Katalog), Vier Bände, Bonn 1994.

Dieter Brusberg u. a. (Hg.), Zeitvergleich 1988. 13 Maler aus der DDR, Berlin 1988.

Michal Buchowski (Hg.), Die Konstruktion des ‚Anderen' in Mitteleuropa, Frankfurt/O. 2001.

Anjana Buckow, Zwischen Propaganda und Realpolitik. Die USA und der sowjetisch besetzte Teil Deutschlands 1945–55, Stuttgart 2003.

Bericht der Bundesregierung zur Auswärtigen Kulturpolitik 2005/2006, Berlin 2006.

Centre d'Etudes Slaves (Hg.), Culture et politique étrangère des démocraties populaires, Paris 2007.

James A. Cooney u. a. (Hg.), Deutsch-amerikanische Beziehungen. Jahrbuch 1, Frankfurt 1989.

Gisela Conermann, Bildende Kunst in der sowjetischen Besatzungszone 1947–1949, Frankfurt 1995.

Rudolf Conrades, Zur Diskussion gestellt: Der Bildhauer Arno Breker, Schwerin 2006.

Erhard Crome u. a. (Hg.), Die verschwundene Diplomatie. Beiträge zur Außenpolitik der DDR, Berlin 2003.

Martin Damus, Malerei in der DDR. Funktionen der bildenden Kunst im realen Sozialismus, Reinbek 1991

DDR heute (Katalog Worpsweder Kunsthalle), Worpswede 1984.

Deutscher Bundestag, Referat Öffentlichkeitsarbeit (Hg.), 35. Sitzung der Enquetekommission ‚Aufarbeitung von Geschichte und Folgen der SED-Diktatur, Öffentliche Anhörung zu Kunst und Kultur in der DDR, Bärbel Boley, „Zensur in der Malerei" Bonn 1993.

Peter Dittmar, (Hg.), Künstler beschimpfen Künstler, Leipzig 1997.

Hans-Joachim Döring, „Es geht um unsere Existenz". Die Politik der DDR gegenüber der Dritten Welt am Beispiel von Mosambik und Äthiopien, Berlin 1999.

Katalog documenta I, München 1955.

Katalog documenta II, Köln 1959.

Kunst im Parlament. Ausgewählte Werke aus der Sammlung des Deutschen Bundestages (bearb. von Mechthild Drathen), Köln 1999.

Boguslaw Drewniak, Polen und Deutschland 1919–39. Wege und Irrwege kultureller Zusammenarbeit, Düsseldorf 1999.

Kurt Düvell, Deutschlands auswärtige Kulturpolitik 1918–32, Köln 1976.

Bernd Lindner und Rainer Eckert (Hg.), Mauersprünge (Katalog), Leipzig 2002.

Kurt Düvell und Werner Link (Hg.), Deutsche auswärtige Kulturpolitik seit 1871. Geschichte und Struktur, Köln/Wien 1981.

Kurt Düvell und Michael Rehs (Hg.) Interne Faktoren auswärtiger Kulturpolitik im 19. und 20. Jahrhundert, Stuttgart 1981.

Hanno Ehrlicher, Die Kunst der Zerstörung. Gewaltphantasien und Manifestationspraktiken europäischer Avantgarden, Berlin 2001.

Alexander Endreß, Die Kulturpolitik des Bundes, Berlin 2005.

Kathrin Engel, Deutsche Kulturpolitik im besetzten Paris 1940–44, München 2003.

Expressivität heute. Junge Maler der DDR. 40. Studioausstellung im Alten Museum (Katalog), Berlin 1985.

Günther Feist, Eckhardt Gillen, Beatrice Vierneisel (Hg.), Kunstdokumentation SBZ/DDR 1945–1990. Aufsätze. Berichte. Materialien, Köln 1996.

Zdenek Felix (Hg.), Emotion. Junge britische und amerikanische Kunst aus der Sammlung Goetz, Hamburg 1998.

Joachim Fischer u. a. (Hg.), Kunst. Macht und Institution, Frankfurt 2002.

Monika Flacke (Hg.), Auftrag Kunst (Katalog) Deutsches Historisches Museum, Berlin 1995.

Leonard Froese, Vom Kulturexport zur kulturellen Zusammenarbeit. Traditionelle und aktuelle Formen der AKP, Braunschweig 1976.

Thomas Gaethgens und Kurt Winkler (Hg.), Ludwig Justi. Erinnerungen aus fünf Jahrzehnten, Berlin 2000.

Burton C. Gaida, USA-DDR. Politische, kulturelle und wirtschaftliche Beziehungen seit 1974, Bochum 1989.

Jürgen Gerhardts (Hg), Soziologie der Kunst. Produzenten, Vermittler und Rezipienten, Opladen 1997.

Katja Gesche, Kultur als Instrument der Außenpolitik totalitärer Staaten, Köln 2006.

Gesten in dieser Zeit. B. Heisig zum 80. Geburtstag, Leipzig 2005.

Eckardt Gillen, Dieter Schmidt (Hg.), Zone 5. Kunst in der Viersektorenstadt 1945–1951, Berlin1989.

Dana Giesecke, Vom Schulbegriff zum Markenzeichen. Aneignung, Nimbus oder Abgrenzung der jüngsten Generation der „Leipziger Schule“ (Diplomarbeit TU Dresden), Dresden 2005.

Igor Golomstok, Totalitarian Art in the SU, „Third Reich“, fascist Italy and the Peoples Republic of China, London 1990.

Hans Georg Golz, Verordnete Völkerfreundschaft. Das Wirken der Freundschaftsgesellschaft DDR-GB und der Britain-GDR-Society. Möglichkeiten und Grenzen, Leipzig 2004.

Olivia Griese, AKP und Kalter Krieg. Die Konkurrenz von BRD und DDR in Finnland 1949–1973, Wiesbaden 2006.

Jürgen Große, Amerikapolitik und Amerikabild der DDR 1974–89, Bochum 1999.

Ulrich Großmann, Politik und Kunst in der DDR. Der Fonds Willi Sitte im Germanischen Nationalmuseum, Nürnberg 2003.

Werner Haftmann (Hg.), German Art of the 20th century, New York 1957.

Werner Haftmann, Verfemte Kunst. Bildende Künstler der inneren und äußeren Emigration in der Zeit des Nationalsozialismus, Köln 1986.

Edgar Harvolk und Wolfgang Schlicken, Die Deutsche Akademie in München, München 1990.

Arnold Hauser, Soziologie der Kunst, 3. Aufl., München 1988.

Frank Rutger Hausmann, Auch im Krieg schweigen die Musen nicht. Die deutschen Wissenschaftlichen Institute im Zweiten Weltkrieg, Göttingen 2001.

Erna Heckel, Kultur und Expansion. Zur Bonner Kulturpolitik in den Entwicklungsländern, Berlin 1968.

Jan Hecker-Stampehl (Hg.), Nordeuropa und die beiden deutschen Staaten 1949–89, Leipzig und Berlin 2007

Jost Hermand, Avantgarde und Regression. 200 Jahre deutsche Kunst, Leipzig 1995.

Thilo Herrmann, Kultur als Politikum. Zur Vermittlung von Kultur aus der DDR in Schweden um 1970, Magisterarbeit Nordeuropa Institut der Humboldt Universität zu Berlin 2005.

Erhard Hexelschneider, Erhard John, Kultur als einigendes Band? Eine Auseinandersetzung mit der These von der „einheitlichen deutschen Kulturnation", Berlin 1984.

Institut für internationale Beziehungen an der Akademie für Staats – und Rechtswissenschaften der DDR (Hg.), Erhard Hexelschneider u. a., Kulturaustausch – Koexistenz – Klassenkampf, Berlin 1980.

Lutz Hieber u. a. (Hg.), Kunst im Kulturkampf. Zur Kritik der deutschen Museumskultur, Bielefeld 2005.

Walter L. Hixon, Parting the curtain. Propaganda, culture and the Cold War, 1945–1961, New York 1997.

Werner Hofmann, Wie deutsch ist die deutsche Kunst? Eine Streitschrift, Berlin 1999.

Henning Hoff, GB und die DDR 1955–1973. Diplomatie auf Umwegen, München 2003.

Hilmar Hoffmann (Hg.), Kulturpolitik in der Berliner Republik, Köln 2002.

Hans-Adolf Jacobsen, Gert Leptin, Ulrich Scheuner, Eberhard Schulz (Hg.), Drei Jahrzehnte Außenpolitik der DDR, München 1979.

Petra Jacoby, Kollektivierung der Phantasie? Künstlergruppen in der DDR zwischen Vereinahmung und Erfindungsgabe, Bielefeld 2007.

Manfred Jäger, Kultur und Politik in der DDR 1945–1990, Köln 1995.

Detlef Junker (Hg.), Deutschland und die USA im Zeitalter des Kalten Krieges, Bd. 2, Stuttgart 2000.

Henrike Junge (Hg.), Avantgarde und Publikum. Zur Rezeption avantgardistischer Kunst in Deutschland 1905–1933, Köln/Weimar/Wien 1992.

Paul Kaiser und Karl Siegbert Rehberg (Hg.), Enge und Vielfalt – Auftragskunst und Vielfalt in der DDR, Dresden 1999.

Steffen R. Kathe, Kulturpolitik um jeden Preis. Die Geschichte des Goethe-Instituts von 1951 bis 1990. München 2005

Helga Kaußen, 50 Jahre Goethe Institut: Murnau, Minsk, Manila, München 2001.

Basil Kerski u. a. (Hg.), Zwangsverordnete Freundschaft? Die Beziehungen zwischen der DDR und Polen 1949–1990, Osnabrück 2003.

Christoph Kivelitz, Propagandaausstellungen in europäischen Diktaturen. Konfrontation und Vergleich: Nationalsozialismus in Deutschland, Faschismus in Italien, die UdSSR zur Stalinzeit, Bochum 1999

Thomas Klöckner, Public Diplomacy – Auswärtige Kulturpolitik der USA, Baden-Baden 1993.

Habbo Knoch (Hg.), Bürgersinn und Weltgefühl, Göttingen 2007.

Ruth Köhler, Varianten ohne Perspektive. Zwei Jahrzehnte Bonner Kulturpolitik gegen die DDR, Berlin 1972.

Habilitationsprojekt zur AKP der DDR von Dorit Körner, Institut für Geschichtswissenschaften der TU Dresden 2007.

Thomas Krens (Hg.), Painting refigured. The German Image 1960–1988, New York 1989.

Katja Kuhn, „Wer mit der SU verbunden ist, gehört zu den Siegern der Geschichte“, Mannheim 2002.

Kunst im Kanzleramt. Helmut Schmidt und die Künste, München 1982.

Kunst heute in der DDR (Katalog Neue Galerie Sammlung Ludwig), Aachen 1979.

Kunst aus der DDR. Bezirk Halle (Katalog Kunstverein Hannover), Hannover 1979.

Annette Lagler und Christoph Becker, Biennale Venedig. Der deutsche Beitrag 1895–1995, Stuttgart 1995.

Lothar Lang, Malerei und Grafik in der DDR, Luzern/Frankfurt 1979.

Carlo Lejeune, Die deutsch-belgischen Kulturbeziehungen 1925–1980, Köln 1992.

Hans Lindemann und Kurt Müller, die AKP der DDR. Die kulturelle Abgrenzung der DDR von der BRD, Bonn 1974.

Bernd Lindner und Rainer Eckert (Hg.), Mauersprünge (Katalog), Leipzig 2002.

Peter Lübbe, Kulturelle Auslandsbeziehungen der DDR. Das Beispiel Finnland, Bonn 1981.

Ludwig-Institut für Kunst aus der DDR (Hg.), Durchblick, Oberhausen 1984.

Hans-Jürgen Maaß (Hg.), Kultur und Außenpolitik, Baden-Baden 2005.

Anita Mallinckrodt, Zur deutschen AKP in den USA: Die Selbstdarstellung der beiden deutschen Staaten im Ausland. Image-Bildung als Instrument der Außenpolitik, Köln 1980.

Ekkehard Mai und Peter Paret (Hg.), Sammler, Stifter und Museen. Kunstförderung in Deutschland im 19. und 20. Jahrhundert, Köln/Weimar 1993.

Ekkehard Mai, Expositionen. Geschichte und Kritik des Ausstellungswesens, München 1981.

Jan Melissen (Hg.), The Public Diplomacy. Soft power in international relations, Basingstoke 2005.

Eckard Michels, Das Deutsche Institut in Paris, Stuttgart 1993.

Harald Möller, DDR und Dritte Welt. Die Beziehungen der DDR mit Entwicklungsländern. Ein neues theoretisches Konzept, dargestellt anhand der Beispiele China, Äthiopien, Iran und Irak, Berlin 2004.

Harald Möller, Die DDR und Äthiopien. Unterstützung für ein Militärregime 1977–1989, Berlin 2003.

Alexander Muschik, Die beiden deutschen Staaten und das neutrale Schweden. Eine Dreiecksbeziehung im Schatten der offenen Deutschlandfrage 1949–1972. Münster 2005.

Ingrid Muth, DDR-Außenpolitik 1949–1972. Inhalte, Strukturen, Mechanismen, Berlin 2000.

Roland Nachtigäller (Hg.) u. a., Wiedervorlage d 5. Eine Befragung des Archivs zur documenta 5, Ostfildern-Ruit 2001.

Detlef Nakath, Deutsch-deutsche Grundlagen. Zur Geschichte der politischen und wirtschaftlichen Beziehungen zwischen der DDR und der Bundesrepublik 1969–1982, Münster 1984.

Winfried Nerdinger, (Hg), Bauhausmoderne im Nationalsozialismus. Zwischen Anbiederung und Verfolgung, München 1993.

Neo Rauch. Neue Rollen (Katalog), Köln 2006.

Angelika Neumann und Erhard Hexelschneider (Hg.), Die Reform der AKP der BRD in den 1970er Jahren – Anspruch und Wirklichkeit, Leipzig 1982.

Peter Nisbet (Hg.), Twelve Artists from the German Democratic Republic. Catalogue for an exhibition organized by the Busch-Reisinger Museum, Harvard University in cooperation with the Center for Art exhibitions of the GDR, Cambridge, MA 1989.

Hannelore Offner und Klaus Schröder (Hg.), Eingegrenzt-Ausgegrenzt. Kunst und Parteiherrschaft 1961–89, Berlin 2000.

Martin Papenbrock und Gabriele Saure (Hg.), Kunst des frühen 20. Jahrhunderts in deutschen Ausstellungen. Bd. II: Antifaschistische Künstler und Künstlerinnen in Ausstellungen in der SBZ/DDR, Weimar 2000.

Martin Papenbrock, Entartete Kunst, Exilkunst, Widerstandskunst in westdeutschen Ausstellungen nach 1945, Weimar 1996.

Thomas G. Paterson (Hg.), Explaining the History of American Foreign Relations, Cambridge1991.

Johannes Paulmann (Hg.), Auswärtige Repräsentationen. Deutsche Kulturdiplomatie nach 1945, Köln 2005.

John Peet, The long engagement. Memoirs of a Cold War Legend, London 1989.

Peinture et gravure en République Démocratique Allemand (Katalog Musée d'Art moderne de la ville Paris), Paris 1981.

Ulrich Pfeil, Die DDR und der Westen, Berlin 2001.

Chris Pöthig, Italien und die DDR. Die politischen, ökonomischen und kulturellen Beziehungen 1949–1980, Frankfurt 2000.

Edda Pohl und Sieghard Pohl, Die ungehorsamen Maler der DDR. Anspruch und Wirklichkeit der SED-Kulturpolitik 1965–1979, Berlin 1979.

Martin Praxenthaler, Die Sprachverbreitungspolitik der DDR. Die deutsche Sprache als Mittel sozialistischer auswärtiger Kulturpolitik, Frankfurt 2002.

Presse und Informationsamt der Bundesregierung (Hg.), So fördert der Bund Kunst und Kultur, Bonn 1996.

Paul Raabe (Hg.), Edwin Redslob, Von Weimar nach Europa. Erlebtes und Durchdachtes, verfaßt in Berlin 1967–71. ND Jena 1998.

Falko Raaz, Ost-West-Kulturaustausch: Kooperation oder Konfrontation, Berlin 1987.

Hermann Raum, Bildende Kunst in der DDR. Die andere Moderne, Berlin 2000.

Peter A. Riede (Hg.), *A hundred years of German painting*, Tate Gallery London 1956 (Katalog).

Dorothee Röseberg (Hg.), Frankreich und >Das andere Deutschland<, Tübingen 1999.

Anja Rösler, Die auswärtige Bildungs- und Kulturpolitik der DDR am Beispiel der Kommission für Unesco-Arbeit in der DDR, Magisterarbeit Universität Mannheim 2003.

Norman Rosenthal u. a. (Hg.), German Art in the 20th century. Painting and sculpture 1905–85, Royal Academy of Arts London 1985 (Katalog).

Mark Rosenthal (Hg.), Anselm Kiefer, New York 1988.

Christian Saehrendt, Die Kunst der ‚Brücke' zwischen Staatskunst und Verfemung. Expressionistische Kunst als Politikum in der Weimarer Republik, im „Dritten Reich“ und im Kalten Krieg, Stuttgart 2005.

Peter Sager, Die Besessenen. Begegnungen mit Kunstsammlern zwischen Aachen und Tokio, Köln 1992.

Julia Sattler, Nationalkultur oder europäische Werte? Britische, Deutsche und französische Auswärtige Kulturpolitik von 1989 bis 2003, Wiesbaden 2007.

Karol Sauerland, Literatur- und Kulturtransfer als Politikum am Beispiel Volkspolens, Frankfurt 2006.

Gisela Schirmer, DDR und documenta. Kunst im deutsch-deutschen Widerspruch, Berlin 2005.

Gisela Schirmer, Willi Sitte, Leipzig 2003.

Wolfgang Schneider (Hg.), Auswärtige Kulturpolitik. Dialog als Auftrag – Partnerschaft als Prinzip, Bonn 2008.

Carolin Schober, Das Auswärtige Amt und die Kunst in der Weimarer Republik. Kulturelle Außenbeziehungen der Weimarer Republik am Beispiel amtlicher Kunst- und Kunstgewerbeausstellungen in Frankreich, Italien und Großbritannien im Spiegel der deutschen Diplomatischen Missionen, Frankfurt 2003.

Joachim Scholtyseck, Die Außenpolitik der DDR, München 2003.

Kathleen Schröter, Die Rezeption von Kunst aus der DDR in der Bundesrepublik bis 1989. (Dissertationsvorhaben), Köln 2007.

Anne Schulte, Kunstausstellungen als Mittel auswärtiger Kulturpolitik, Hildesheim 2001.

Karl-Sebastian Schulte, AKP im politischen System der Bundesrepublik, Berlin 2000.

Dirk Schwarze, Meilensteine: 50 Jahre documenta, Berlin 2005.

Gilles Scott-Smith, The politics of apolitical culture. The Congress for Cultural Freedom, the CIA and postwar American hegemony, London 2002.

Johannes Sievers, Aus meinem Leben, masch. Manuskript, Berlin 1966.

Jochen Staadt, Die geheime Westpolitik der SED 1960–1970, Berlin 1993.

Jan Tabor, Kunst und Diktatur. Architektur, Bildhauerei und Malerei in Österreich, Deutschland, Italien und der SU 1922–1956, Wien 1994.

Tate Gallery, *Painters of the 'Brücke'*, London 1964 (Katalog).

Temperamente. Junge Berliner Künstler (Katalog KUZ der DDR), Berlin 1987.

Alexander Thimm, Kontinuität und Wandel der APK der BRD, Magisterarbeit München 2001.

Heiner Timmermann (Hg.), Die DDR. Analysen eines untergegangenen Staates, Berlin 2001.

Tradition and renewal. Contemporary Art in the GDR (Katalog Museum of Modern Art Oxford), Oxford 1984.

Hans-Joachim Veen u. a. (Hg.), Die Westpolitik der DDR. Die Beziehungen der DDR zu ausgewählten westlichen Industriestaaten in der 1970er und 1980er Jahren, Melle 1989.

Valentina Vlasic, Die Kunstauffassung Walter Ulbrichts und die Folgen, Berlin 2007.

Kerstin Volker-Saad und Anna Greve (Hg.), Äthiopien und Deutschland. Sehnsucht nach der Ferne, München 2006.

Rüdiger vom Bruch, Weltpolitik und Kulturmission. Auswärtige Kulturpolitik und Bildungsbürgertum in Deutschland am Vorabend des Ersten Weltkrieges, Paderborn 1982.

Hermann Wentker, Hermann: Außenpolitik in engen Grenzen. Die DDR im internationalen System. München 2007.

Bernhard Wittek, Und das in Goethes Namen. Das Goethe Institut von 1956–76, Berlin 2006.

Martina Wobst, Die Kulturbeziehungen zwischen der DDR und der VR China, Münster 2004.

Walter Womacka, Farbe bekennen. Erinnerungen. Berlin 2004.

Zeitvergleich. Malerei und Grafik aus der DDR (Katalog Kunstverein Hamburg u. a.), Hamburg 1982.

Ursula Zeller (Hg.), Die deutschen Beiträge zur Biennale Venedig 1895–2007, Köln 2007.

Zentrum für Kunstausstellungen (Hg.), 15 Jahre ZfK, Berlin 1988.

Ulrike Ziegler, Kulturpolitik im geteilten Deutschland. Kunstausstellungen und Kunstvermittlung 1945–1960, Frankfurt 2006.

Reiner Ziegler, Ausstellungen des ifa im Rahmen der AKP, Stuttgart 1989 (Magisterarbeit).

Victoria Znined-Brandt, Deutsche und französische auswärtige Kulturpolitik. Eine vergleichende Analyse, Frankfurt 1999.

Christoph Zuschlag, Entartete Kunst. Ausstellungsstrategien in Nazi-Deutschland, Worms 1995.

3. Abbildungsnachweis

Arno Breker, Siegerin (Bronzeplastik auf dem Reichssportfeld auf dem Berliner Olympiagelände 1936. Foto: Saehrendt 2003. (S. 43)

Josef Thoraks „Faustkämpfer“ auf dem Gelände des Berliner Olympiastadions. Foto: Saehrendt 2003. (S. 38)

Entwurf eines voranschreitenden Arbeiterpaares von Ruthild Hahne im Atelier Hahne, Berlin-Pankow. Foto: Saehrendt 2004. (S. 60)

Torso eines Arbeiterdenkmals in den ehemaligen Kalkwerken in Rüdersdorf bei Berlin. Foto: Saehrendt 2007. (S. 158)

Fritz Cremer, Denkmal der Spanienkämpfer, Berlin 1968. Foto: Saehrendt 2004. (S. 116)

Uwe Pfeifer, Feierabend 1977 (40. Biennale Venedig 1982, Beitrag der DDR im Venezianischen Pavillon) VG Bild Bonn. (S. 97)

Wolfgang Mattheuer, Sisyphos behaut den Stein 1974 (41. Biennale Venedig, Beitrag der DDR im Venezianischen Pavillon) VG Bild Bonn. (S. 93)

Bernhard Heisig, Ikarus – Schwierigkeiten beim Suchen nach Wahrheit 1973 (41. Biennale Venedig, Beitrag der DDR im Venezianischen Pavillon) VG Bild Bonn. (S. 112)

Kurt Dornis, Zweite Schicht 1986 (43. Biennale Venedig, Beitrag der DDR im Venezianischen Pavillon). Nachdruck aus: Ursula Zeller (Hg.), Die deutschen Beiträge zur Biennale Venedig 1895–2007, Köln 2007, S. 263. (S. 132)

Das Ausstellungszentrum am Berliner Fernsehturm. Foto: Saehrendt 2008 (S. 137)

Während seines Japan-Besuches enthüllt Erich Honecker am 30. Mai 1981 im Friedenspark von Nagasaki eine vom Friedensrat der DDR gestiftete „Stele der Völkerfreundschaft“. Nachdruck aus: Erich Honecker, Ein Leben für das Volk, Verlag Neues Leben, Berlin 1987, S. 271. (S. 69)

Das Karl-Marx-Denkmal in Chemnitz. Foto: Saehrendt 2007 (S. 82)

Das fertige Denkmal des Bildhauers Jo Jastram. Nachdruck aus: Erich Honecker, Ein Leben für das Volk, Verlag Neues Leben, Berlin 1987, S. 249. (S. 84)

Das Denkmal der deutsch-polnischen Freundschaft in Berlin. Foto: Saehrendt 2006 (S. 71)

Nicht in allen Fällen ist es gelungen, die eigentlichen Inhaber der Bildrechte zu ermitteln. Wir bedauern dies sehr. Wir bitten in solchen Fällen um Nachricht an den Verlag.

Art from an artificial nation

In October 1949 Soviet functionaries and East German communists founded the *Deutsche Demokratische Republik* (German Democratic Republic – GDR) in East Berlin in response to the foundation of the Federal Republic of Germany (FRG) in the West. Forty years later the GDR and its leading party, the *Sozialistische Einheitspartei Deutschlands* (SED – United Socialist Party of Germany), was already history. As a second German state under Soviet control, the GDR had always had a strong desire for legitimacy. For instance, East Germany systematically used the Olympic Games and other sports competitions as international stages.

Less well-known is the fact that Fine Arts also became an important field for East Berlin's self-representation. From 1977 on, the GDR made extensive attempts at exporting "socialist" painting, and participating in prestigious international exhibitions such as the *documenta* in Kassel (FRG) or the Venice Biennale. Through these initiatives the communist leaders attempted to demonstrate the superiority of "socialist culture" and "socialist achievements". The western Allies and the FRG were the main targets of this cultural policy. The GDR tried to present itself as playing on the same cultural level as West Germany and wanted to uphold "socialist art" as an example of a unique "Socialist German culture".

This research project asks about the success of the GDR's strategy of exploiting international contemporary art exhibitions as tools of soft diplomacy. Is art in general useful for political aims and diplomacy? Is art more elegant, flexible and sophisticated than classical propaganda? How did the communist strategy work, particularly in Great Britain, France and the USA? Did it even prolong the existence of the GDR, as some East German critics assume?

The publication is based on different sources such as the files of the GDR's Ministry of Culture (*Ministerium für Kultur der DDR* – MfK), the files of the State Security Service (*Ministerium für Staatssicherheit der DDR* – MfS), the Department of Culture from the leading committee of the Socialist Party (*Kulturkommission beim Politbüro des Zentralkomitees der Sozialistischen Einheitspartei Deutschlands* – SED), the centre for art exhibitions of the GDR (*Zentrum für Kunstausstellungen der DDR* – ZfK) the Department for propaganda in western countries which was connected to the leading committee of the Socialist Party (*Westkommission beim Politbüro des ZK der SED*). Most files are in the public records office of the Federal Republic of Germany in Berlin (*Bundesarchiv Berlin* – BArch) or in the office of the Federal Bureau for the files of former state security of the GDR (*Bundesbeauftragte für die Unterlagen der ehemaligen Staatssicherheit der DDR* - BStU). Documents and letters of the GDR's artist union (*Verband bildender Künstler der DDR* – VBK) are recorded in the *Archiv der Stiftung Akademie der Künste* (SAdK). Files of the Foreign

Ministry of the GDR (*Ministerium für auswärtige Angelegenheiten der DDR* – MfAA) and from the East German embassies were found in the archive of the Foreign Ministry of FRG (Politisches Archiv des *Auswärtigen Amtes der Bundesrepublik* – PA AA). Interviews with the former employees (Gabriele Wittrin und Hans-Joachim Schirmbeck) and the last director of the centre for art exhibitions of the GDR, Wolfgang Polak, followed. David Elliott, former director of Oxford's *Museum of Modern Art*, who organised the exhibition „Tradition and Renewal“ in Great Britain in 1984/85, provided helpful information as did Peter Nisbet, curator of the *Busch-Reisinger-Museum* in Harvard, who brought a similar exhibition „Twelve Artists from the GDR“ to the USA in 1989.

1. Basics of foreign cultural policy of the GDR

The socialist definition of culture was based on the artist's engagement in politics. In general, the Soviet system provided no autonomous cultural sphere and no individual freedom for the artists. All important decisions concerning cultural policy were made in Moscow. The satellite regime in East Berlin had to follow the changing strategies and political campaigns. For a long period, the dogma of "socialist realism" ruled academies and art production in the entire Eastern Bloc. In the summer of 1948 Stalin was preparing new political trials in the Soviet Union against Jews, dissidents, as well as vendetta against various other groups in Eastern Europe. Many Soviet citizens had been in the West during the war and had seen the better standard of living and greater freedom there. Stalin had to repress them in order to maintain his regime. Now culture, especially art, was used as an arena to attack the West and to intimidate Soviet and Eastern European citizens. In Soviet and East German propaganda, modern and abstract art was condemned as a "weapon of the West." The campaign against modern art in East Germany was started in 1948 by officials of the Soviet military bureaucracy.[1] They called the international tendency of abstract art a dangerous and homeless "Cosmopolitism" – cosmopolitan art without national roots.[2] The propaganda used the well-known anti-Semitic language of the past, replacing the word 'Jews' by 'modern art or modern artists'. In Socialism, as in National Socialism, a naturalistic art was demanded, since only this kind seemed to be immediately useful as propaganda. The "socialist realism" was not realistic at all. Rather, it gave a programmatic picture of what socialism might be in future. The painters

1 The soviet cultural expert Alexander Dymschitz wrote an article that worked like an order: „Über die formalistische Richtung in der deutschen Malerei“, in: *Tägliche Rundschau* November 24th 1948.
See in general: Horst Möller, Alexander Tschubajan (ed.), Die Politik der Sowjetischen Militäradministration in Deutschland: Kultur, Wissenschaft und Bildung 1945–49. Ziele, Methoden, Ergebnisse. Dokumente aus russischen Archiven, Munich 2005.

2 Otto Grotewohl's speech: „Für eine fortschrittliche deutsche Kunst“, Opening of third „Deutsche Kunstausstellung“ in Dresden March 1rst 1953. Printed in: *Bildende Kunst*, Beilage Heft 2, 1953.

had to illustrate a perfect future world in bright colours, with the help of the traditional, naturalistic style of the 19th century.

The GDR was officially founded as an "independent nation" in 1949. The regime of the early GDR handled its cultural legacy selectively. Only realistic figurative art or political engaged artists such as Otto Dix, George Grosz, Conrad Felixmüller were accepted as prototypes of socialist art. All the other styles and tendencies of the Weimar period like abstract art, Expressionism, Surrealism or Bauhaus were refused.[3] Major figures of the leading Socialist party, such as a Culture Minister Klaus Gysi, daydreamed of an "independent, socialist culture-nation"[4], which would have no common roots with the Federal Republic. The official art policy of the GDR made different attempts during the 1950s and 1960s to create a loyal socialist art.[5] The leaders of the SED thought art to be a weapon of propaganda. They failed. Neither the alliance of workers and artists, called "*Proletkult*" worked, nor qualified East German artists accepted detailed rules concerning how to paint or draw. The result was merely bad propaganda art, unsuitable for cultural competition with the West. The cultural life in the GDR was also heavily disrupted by campaigns against modern art that followed the political tumult surrounding Stalin's death in 1953, the revolution in Hungary in 1956 and the rebellion in Prague in 1968. SED-Leader Walter Ulbricht considered pluralism in the Czech art scene as an important reason for the rebellion[6] and Culture Minister Klaus Gysi wrote off culture as a strategic part oft the clash of the systems.[7] As a result of the policy of détente, the dogma of socialist realism lost weight and the art policy was liberalised in the course of the 1970's and 80's. With the leadership change from Walter Ulbricht to Erich Honecker in 1971 the SED even proclaimed a new program of cultural liberalisation called "Weite und

3 Expressionist tendencies managed to survive in the work of older artists such as Wilhelm Lachnit and Hans and Lea Grundig, who were appointed to professorships at the Dresden academy, as well as Horst Strempel, Hermann Brusse, Gottfried Richter and Paul Schulz-Liebisch.

4 *Neues Deutschland* October 19th 1968.

5 Günther Feist, Eckhart Gillen, Beate Vierneisel (ed.), Kunstdokumentation SBZ/DDR 1945-1990. Aufsätze, Berichte, Materialien, Köln 1996; Elfi Dollichon, Kunstpolitik im östlichen Nachkriegsdeutschland, Hamburg 1992; Günther Erbe, Die verfemte Moderne. Die Auseinandersetzung mit dem Modernismus in Kulturpolitik, Literaturwissenschaft und Literatur der DDR, Opladen 1993, p. 43; Maike Steinkamp, Expressionismus-Rezeption in Ostdeutschen Museen 1945–1953 (Diss.), Hamburg 2006; See also the publications of Karl-Siegbert Rehberg and Paul Kaiser of "Sonderforschungsbereich 537, Projekt G: Institutionalität und Geschichtlichkeit" Institut für Sozialwissenschaften, Technische Universität Dresden;
German Art from Beckmann to Richter. Images of a divided country (catalogue), edited by Eckhart Gillen, Yale University Press 1997; Eckhart Gillen, Das Kunstkombinat DDR. Zäsuren einer gescheiterten Kunstpolitik, Cologne 2005. Eckart Gillen, „German Art – National expression or world language?" in: The two art histories. The museum and the university, edited by Charles W. Axthausen, New Haven and London 2002.

6 *Neues Deutschland* October 14th 1968.

7 *Neues Deutschland* October 19th 1968.

Vielfalt". Nevertheless, abstract art and other forms of avant-gardism remained stigmatised.[8]

In the 1950s East German artists had to follow the Soviet peace campaign on the one hand and support the SED-regime on the other. Art was used as agitation material within and outside the Eastern Bloc to attack the West.[9] This cultural confrontation in the early Cold War period was a result of the fact that the western nations did not accept the GDR as an independent state. They supported their partner FRG, which claimed to be the only legitimate German state. In 1955 the FRG even prevented East Germany's membership in UNESCO. To develop international cultural relationships, the GDR was dependant on communist organisations, parties and individuals in the western and neutral world. The GDR supported the peace movement in western countries and promoted a specific "GDR-recognition"- movement.[10] This GDR-friendship- and recognition association had its strongest force in France, where the communist party had great influence. In Great Britain and in the USA however, the relationship with the GDR was weak. In the 1970s the situation turned. In September 1971 the Allies signed a treaty over the political status of West Berlin. The FRG then dropped its claim to represent Germany alone ("Alleinvertretungsanspruch"). The convention „Vertrag über die Grundlagen der Beziehung zur DDR" was signed on 21 December 1972 and changed the relationship of both German states rapidly. In the following year, both Germanys became members of the UN and joined the CSCE conference, an important international forum for détente policy. Within two years more than hundred nations had started diplomatic relationships with the GDR. The new situation had a significant impact on international cultural relations that were widely considered as an important and flexible part of the policy of détente. SED-leaders however, soon feared the influence of Western culture on East Germans and tried to reduce and control the cultural exchange. Until the recognition by the West, the East German functionaries proudly proclaimed the independence and the economic and cultural achievements of the GDR. Now they emphasised their tight relationship with the Soviet Union and loyalty to the Eastern Bloc, in order to distance themselves from West Germany.[11] In the following years, the cultural and scientific exchange between the GDR and the western nations was rapidly extended, although East Berlin tried to handle exchange like a one-way street, trying to export as many concerts, books and

8 Erich Honecker's report of Zentral Komitee of VIII. Parteitag of SED, June 15th 1971. See also *Neues Deutschland* December 12th 1971.

9 9th meeting of Kommission für kulturelle Beziehungen zum Ausland, MfAA February 2nd 1960. BArch DY IV 2/9.06/73

10 9th meeting of Kommission für kulturelle Beziehungen zum Ausland, MfAA February 2nd 1960. BArch DY 30 IV 2/9.06/77.

11 The cabinet council of GDR (Ministerrat der DDR) proclaimed an order „Außenpolitische Direktive für die Entwicklung der kulturellen und wissenschaftlichen Beziehungen der DDR", July 2nd 1970). BArch DC 20/I /4/2250. Just before the GDR became UN-member the leading commission (ZK) of SED proclaimed essentials („Grundsätze für die weitere Entwicklung der kulturellen Auslandsbeziehungen"), to express the loyalty to the USSR (September 12th 1973). BArch DY 30 /JIV 2/3/2055.

exhibitions as possible, while strictly limiting import from the West. The 25th anniversary of the GDR was marked by a large international campaign. More than 8,000 artists from the GDR supported propaganda activities in 72 countries.[12] Although many agreements concerning international cooperation in art, science and humanities were already made, there was still a lack of official cultural conventions between the GDR and the Western Allies. These negotiations were difficult and lasted for years. The GDR feared that these conventions would include a cultural exchange based on strict reciprocity. Finally treaties were signed with France in 1980, with Great Britain in 1985 and with the FRG in 1986. East Germany suffered from a "dilemma of success": the more the GDR succeeded in presenting itself as a modern, vital country with high cultural standards, the more the GDR took part in international cultural exchange and networks, the higher the danger of a sub cultural subversion within the country. On the international stage the prestige of the GDR gained weight, but inside the system the communist ideology lost ground. The result was the reactive, sometimes even helpless and chaotic cultural policy of the late GDR. The functionaries of SED were not able to control the arts. They always had to react, to justify new developments in fine arts, in music, and literature in Marxist terms, so as to integrate and contain them in the ruling ideology.

The foreign cultural policy of the GDR was planned with a centralised and far reaching agenda by the SED and the Ministries of Foreign Affairs and Culture. All important decisions regarding targets and strategies were made by the leading committees of the SED (*SED/ZK-Abteilungen für Kultur, Westpropaganda und Auslandsinformation)* and the cultural department (*Abteilung für kulturelle Auslandsbeziehungen)* of the Foreign Ministry - always in loyal relationship with the Soviet Union. Cultural policy was seen as a soft contribution to "hard" diplomacy, concerning military, politics and economy. It is a typical example of East Germany's highly inefficient political structure: institutions and leading positions were always doubled. Every part of the administration had a twin organisation within the SED. Thus the party tried to control every part of state and society.

To counter the work of West Germany's *Goethe-Institute,* the GDR established several culture and information centres in western and neutral countries (*Kultur- und Informationszentren der DDR – KUZ)*, including Paris, Stockholm and Cairo, to teach German and to mediate a positive picture of East Germany. The programs included lectures, concerts, films and art exhibitions. The permanent lack of western currency limited the project. The GDR was unable to finance an extension of those expensive programs in western countries. Hence it was unable to beat West Germany in the public opinion of the western and neutral countries.

12 Ursula Ragnitz (member of Kulturabteilung beim ZK der SED), „Die Aufgaben zur weiteren Entwicklung der internationalen Beziehungen des VBK und zur internationalen Repräsentation der Kunst der DDR", Conference of ZV des VBK, April 3rd 1975, p. 34. Stiftung Archiv der Akademie der Künste Berlin, VBK ZV Nr. 5744.

The GDR's Artist Union (VBK) was established in 1950 as the only legal organisation artists were permitted to join. Without being a member, no one was allowed to work as a painter or sculptor. Thus the SED tried to control the artists and the art production. VBK had a foreign policy of its own, which was very useful in countries without a diplomatic relationship with the GDR. The VBK organised exhibitions with art works from the GDR and got in touch with other artist unions across the world. Together with the State Security Servive (MfS), the VBK leaders carefully chose reliable artists to accompany the GDR-exhibitions in the western world. The MfS reminded the VBK-president Willi Sitte to consider art as a battlefield of the Cold War. State Security men warned, the West could try to destabilise socialism by increasing its influence on the fine arts: „Es gibt die Absicht äußerer und innerer feindlicher Kräfte, die bildenden Künstler zu mißbrauchen, um politische Untergrundarbeit zu organisieren."[13] In 1973 the GDR founded a centre for art exhibitions (ZfK) to present East German art in a more effective and professional way.[14] The centre organised more than 2,000 exhibitions and had up to 90 employees in the 1980s.[15] Presenting contemporary art from the GDR had been a main task of the ZfK, giving evidence of a vital and young cultural life in East Germany.[16] State Security men always checked the lists of artists accompanying the GDR-exhibitions in the western world. They tried to avoid scandals and shameful situations, for example when representative artists of the GDR left their socialist fatherland to desert to the enemy. In fact, the number of artists fleeing to the West was rather small: they obviously realised the insecure and marginalised position of many artists in capitalist society and preferred to return to East Germany, where they had guaranteed commissions, work conditions, and possibilities to exhibit.

2. 1. East German art in France

France had been an important target for the GDR's propaganda, because it was a major power in Europe, a close partner of West Germany and also an official „winning"- nation of Second World War. The GDR could prove her sovereignty by extending relations to the Western Allies. Besides, there was a strong French communist movement that East Germany had a lot in common with: socialism and anti-fascism. While the French government always stayed loyal to Bonn's claims to represent Germany alone, the French working class had strong sympathies with the "anti-fascist nation" GDR. Economic relations between France and East Germany however, remained weak and culture did not play an important role until the 1980s. In the first decades of the Cold War, East Berlin relied on its communist partners and supported a so called „recognition"– movement in several western countries. Early examples of a Foreign Cultural

13 BStU HA XX 12852, Bl. 27. Agenda of MfS for a meeting with Willi Sitte, March 27th 1984.
14 BArch DR 1 Nr. 8177.
15 ZfK (ed.), *Mitteilungen* 5, Berlin 1981, p. 3.
16 Wolfgang Polak, „Bilanz und Ausblick", in: ZfK (ed.), 15 Jahre ZfK, Berlin 1988, p. 4.

policy were given by the installation of clubs like *Heine-, Dürer-, Beethoven-* or *Bach-Arbeitskreise* in 1952. The *Association francaise pour la reconciliation franco-allemand et la reconnaissance de la R. D. A.* was founded in 1958. In the 1950s artists from the GDR were only allowed to visit French communities with communist mayors. The big stages and museums of Paris were not available yet. From time to time, the GDR started propaganda campaigns in Western Europe such as the *„Internationale Kampfwochen für die Anerkennung der DDR*" in 1970. In Italy and in France the response was much bigger than in other countries like Great Britain. The responsible SED-functionary Albert Norden was rather enthusiastic about the strong French sympathies for the GDR: „Einige bürgerlich-demokratischen Kräfte erschrecken angesichts der Wucht der Bewegung, lehnen Demonstrationen unter freien Himmel ab und bremsen sogar."[17] Many groups of French students, intellectuals, artists, communists, former resistance fighters or concentration camp prisoners were invited to the GDR to learn more about East Germany and to celebrate international friendship. The GDR financed several publications in France including *Echo d' Allemagne (*monthly 75.000 copies) and *DDR-Revue* (monthly 3.000 copies).[18]

East Berlin developed direct relations with French institutions on a local or regional level as the first step to an official international relationship.[19] The VBK used the strategy to come closer to French museums by signing a convention with the leftist French artist union "UAP".[20] Negotiations faltered when the French artists insisted on an amendment regarding individual freedom, which could not be accepted by East German officials. In the end the French side agreed to drop it and the treaty was signed.[21] There had been a few exhibitions of East German artists during the 1970s, but a big coup could not be made before the recognition of the GDR and the official treaty about cultural exchanged was signed by both countries. After having signed the culture convention in 1980/81, the GDR was able to use the *Musée d'Art moderne de la ville Paris* as a stage for the representative exhibition *"Peinture et gravure en République Démocratique Allemand"*.[22] Director Bernadette Contensue had chosen 130 works from 30 artists and both Ministers of Culture and Foreign Affairs and the mayor of Paris, Jacques Chirac supported the project. Hundreds of prominent guests from politics, diplomacy and culture joined the opening, which was followed by a dinner for the

17 The friendship organization was founded in 1958 and gathered soon about 12.000 members. BArch DY 30 IV A 2/2.028/138.
Quotation from Albert Norden in: BArch DY 30 IV A 2/2.028/145.

18 Albert Norden, „Informationen für das Politbüro über Formen und Methoden der auslandsinformatorischen Arbeit der DDR in und gegenüber Frankreich." November 24th 1970. BArch DY 30 IV A 2/2.028/138, p. 50.

19 MfK Perspektivplan Kulturelle Beziehungen mit dem Ausland March 17th 1970. BArch DR1 Nr. 8791.

20 Report Willi Sitte's from France, June 1976. SAdK VBK Zentralvorstand Nr. 5843.

21 Meeting with the French painter Jean Pierre Jouffroy in the East German embassy in Paris March 29th 1977. Stiftung Archiv der Akademie der Künste Berlin, VBK ZV Nr.174/3.

22 Peinture et gravure en République Démocratique Allemand (catalogue Musée d'Art moderne de la ville Paris), Paris 1981.

artists and a conference about „Art in the GDR" in the East German embassy. In the end about 20,000 visitors were counted. The press's response was strong, but the reception quite controversial. French visitors and critics were astonished by the diversity of art made in GDR and the individual and subjective perspectives of the artworks. Common prejudices about East German art had thus been overcome, said the general secretary of the art critics' international organisation, *AICA*.[23] The exhibition was a success for the foreign cultural policy of the GDR. It allowed the possibility to compare East German and West German art, as the show followed a West German exhibition in the same museum. East German officials were convinced that they would win any comparison with the Western „art of decay".

In 1983 the MfAA established the *Kulturzentrum der DDR* (KUZ) in Paris with a budget of three million Deutsche Mark p. a. The KUZ program included lectures, films, historical exhibitions and art exhibitions to give a friendly picture of a modern and peaceful East Germany – primitive propaganda seen in the 1950s was now considered obsolete. On the other side, East Berlin had to permit a French culture and information centre in the capital of the GDR, which was opened in January 1984. Both centres had been part of the official cultural convention, the GDR and France had signed in 1980/81. The MfS, constantly concerned with spy-mania and fearful of cultural infiltration, carefully noticed the names of all artists and dissidents who visited the centre's lectures and exhibitions.[24] With the KUZ in Paris, the GDR finally had an independent, but rather small space for exhibitions in France. In fall 1984, a show took place of works from Willi Sitte, president of the VBK. Even French president Francois Mitterand visited the KUZ, praising Sitte with a commentary in the guestbook: „Go on painting like this, and you'll have a great future as an artist!"[25] Other visitors were rather disappointed. A conservative communist wrote: „Sitte only pretends to be a political painter. The anti-fascist titles should cover the bourgeois eroticism of the works. In the era of Stalin, this kind of art would have been impossible!"[26]

The exhibition „*Temperamente*" gathered the works of 30 young Berlin based artists in the Fall of 1987, giving the French public a fresh impression of the East German capital's emerging art scene.[27] Officials from West Germany's embassy also joined the opening, always curious about how the eastern concurrent

23 *Berliner Zeitung* March 13th 1981.

24 Konzeption für den Einsatz operativer Kräfte am französischen Kulturzentrum February 27th 1984.
BStU MfS HA II 34582, p. 60ff. In 1987 the East German artists Thomas Florschuetz, Bärbel Boley, Harald Hauschild and the curator Christoph Tannert had been observed visiting the French centre (p. 67.)

25 Selection of guestbook comments, SED Kulturabteilung, January 7th 1985. SAdK VBK Zentralvorstand Nr. 5845.

26 Selection of guestbook comments, SED Kulturabteilung, January 7th 1985. SAdK VBK Zentralvorstand Nr. 5845.

27 Catalogue: Temperamente. Junge Berliner Künstler, Berlin 1987.

presented German culture in France.[28] An artists' discussion followed the opening, but the number of visitors remained disappointingly small.[29] The comments in the guestbook, however, were quite interesting: „Surely it is important to show us art from the GDR, but why is it so sad and dark?" Another visitor wrote: "These painters do really live in a dark country, but their works have so much power and vitality". A sarcastic commentary followed: „Why don't you show architecture in your KUZ. The GDR is a real specialist in architecture, look at the Berlin Wall, for example!"[30] It is hard to estimate the effect of the KUZ. Paris is packed with museums and cultural institutions of all kinds. The GDR could not give more money and more creative freedom to the employees of the centre, so as to play a bigger role in the cultural landscape of the French capital. The KUZ remained a rather marginal attraction.[31]

The last major event in the cultural relations between France and East Germany occurred in January 1990, after the Berlin wall had already fallen: A three-day-festival was held in a huge exhibition space in Paris with many concerts, lectures, theatre events and art shows. The French communist, Maurice Majman, organised the „*Centre Allemagne hors les mures*" with the help of the East German curator Christoph Tannert – a man who had been carefully observed by the MfS in the past. 400 East German artists were invited by Madame Mitterand to visit the Elyseé Palace This event looked like a paradoxical attempt to stabilise the crumbling GDR by the means of culture. Only artists from East German bohemian milieu, who were previously not well-accepted by the SED, were now chosen to represent the GDR. Thus culture delivered an argument to save an independent East German state and avoid German reunification.[32]

2. 2. Art from the GDR in Great Britain

Great Britain was another important target of East Germany's foreign policy. But the economical and cultural relations were marginal until the 1980s. The British Government provided no GDR-policy of its own: they supported West Germany. In public opinion, the GDR was a Soviet satellite without its' own profile. East Berlin was therefore dependent on certain political, or even private, contacts in the UK. [33] The small Communist Party was the only political partner for the GDR in Britain – besides a few labour politicians, who were willing to recognise the

28 Travel report of curator Jörg Makarinus, Berlin September 15th 1987. SAdK VBK Zentralvorstand Nr. 5012.

29 Muriel Berg, *7 à* Paris September 30th 1987.

30 Selection of guestbook comments, December 7th 1987. SAdK VBK Zentralvorstand Nr. 5012.

31 Sophie Brachvogel, Die Kulturpolitik der DDR gegenüber Frankreich in den 1980er Jahren. Das Centre Culturell Francais in Berlin und das Kulturzentrum der DDR in Paris. Magisterarbeit Humboldt Universität zu Berlin 2004, p. 80.

32 Christoph Tannert talking to the author, Berlin August 30th 2006.

33 MfK „Perspektivplan Kulturelle Beziehungen mit dem Ausland" March 17th 1970. BArch DR 1 8791.

GDR.[34] In contrast to the situation in France, the British communist movement had always been weak. The British deserter, John Peet, former chief correspondent of Reuters in West Berlin, was a great exception – and a real stroke of luck for the GDR's propaganda machine. [35]

Originally the conditions for East German propaganda were not so bad: many British intellectuals and politicians were rather happy about Germany's division in the Cold War. The working class was even Germanophobic. At this point anti-fascist propaganda could be introduced and gain sympathy, but the GDR did not seize the opportunity. Its foreign policy remained ineffective and amateurish. For example: without having personal connections to institutions, the GDR had to send propaganda publications like the "GDR-Review" anonymously to British museums, libraries and other public institutions.[36]

In 1957 the MfAA made attempts to get in touch with the *Arts Council of Britain*, the magazine *The Studio* and with the *Institute for Contemporary Art.* But the meetings took place in a frosty atmosphere – a result of the crisis in Hungary in 1956. The only result was the project of an exhibition with works of the anti-fascist artist John Heartfield, who had become a cultural representative of East Germany after the war. Even this project took eleven years to be realised.[37] A small propaganda exhibition took place in London in 1959 to celebrate the tenth anniversary of the GDR *„Das Leben in der DDR*". The West German embassy tried to avoid the project without success.[38] In the following years East Berlin commissioned *Notley's Advertising Ltd.* to design publications and exhibitions,[39] *Lex Hornsby & Partners* to advertise trips and products made in GDR.[40] When the SED-leaders realized that their strategy was not working, they changed their plans and focused on a selection of reliable individuals. The *Britain Democratic Germany Information Exchange (Bridge)*, founded in 1965, was a loose association of 40 intellectuals sympathizing with the GDR. But they did not gain influence, as East Berlin soon noticed.[41] The cooperation with the *Communist*

34 David Childs, "British Labour and Ulbricht's state. The fight for recognition", in: Britain and East Germany since 1918, Munich/New York 1992, p. 95–106 und Colin Munro, "The acceptance of a Second German state", in: Britain and East Germany since 1918, Munich/New York 1992, p. 121 – 130.

35 John Peet, The long engagement. Memoirs of a Cold War Legend, London 1989. See also the interview from employees of MfAA with Peet on November 17th 1957 in Berlin. PA AA MfAA B 3.337, p. 76.

36 „Die Arbeit im Jahre 1957 war ungenügend und zum Teil sporadisch", report of England-Referat in MfAA, December 2nd 1957. PA AA MfAA B 3.337, p. 94.

37 PA AA MfAA B 3.337, p. 116.

38 *Daily Express* September 19th 1959.

39 BArch DY 30/ JVI 2/3a /962 Bl. 6. S. a. Bert Becker, Die DDR und GB. Politische, wirtschaftliche und kulturelle Kontakte im Zeichen der Nichtanerkennungspolitik, Bochum 1991, p. 258. Arnd Bauerkämper (ed.), Britain and the GDR. Relations and Perceptions in a divided world, Vienna 2002.

40 Jahresanalyse der kulturellen Beziehungen zu GB, MfAA, February 15th 1971, PA AA MfAA C 227/73, p. 1.

41 Jahresanalyse der kulturellen Beziehungen zu GB, MfAA, January 21rst 1966, PA AA MfAA B 3.345, Bl. 4. Britain-GDR-Society could win about 3.000 members until 1989, but most of them were described as too old and inactive. Hans Georg Golz, Verordnete

Party of Great Britain also did not bear fruit, because the CPGB steadily lost ground after 1945. Nevertheless, the GDR supported the British communists with film projects and the restoration of Karl Marx' grave on Highgate Cemetery in London. The SED realised however that it was more important to improve her relations with the Labour Party than with marginal Stalinist organisations.

Some smaller exhibitions of artists from the GDR were seen during the 1960s in Great Britain, including Hans and Lea Grundig at the Herbert Art Gallery, Coventry in 1963 and Theo Balden in the county museums of Leicester, Nottingham, Stoke on Trent, Derby, Coventry, Lincoln und Watford between 1965 and 1966. In 1964, an English watercolour exhibition was brought to the National Gallery in Berlin – the first show of original British artworks in the GDR. It was arranged by the art historian Richard Carline, a friend of John Heartfield, who had been in British exile during the war. In 1965, a student group from the Coventry College of Arts went to Dresden to show their works. Both art academies signed a friendship convention. In 1969 the Heartfield exhibition, which was planned in 1957, finally took place in London. Hundreds of visitors, including officials from GDR, attended the opening. Later, the University of Sussex and the Richard Demarco Gallery in Glasgow continued the tour. The SED-functionaries, however, were not happy with the press response, which emphasised Heartfield's historical collages and ignored his later, post war works.[42] They were unsure of where to find an appropriate place to present contemporary art from the GDR in London, as museums were only showing art from previous centuries and galleries were focused on abstract art.[43] Nevertheless, East Berlin tried to improve relations with museums such as the British Museum, the Victoria and Albert Museum, and with official institutions including both the British Council and the Arts Council.[44] After full diplomatic recognition of the GDR official relations within the cultural realm were also possible. *Bridge* was renamed *Britain-GDR-Society* and gathered new members. Regular consultations between both countries followed, to improve the cultural exchange. Dresden and Coventry intensified their partnership through political and cultural events.[45] Another positive result of the consultations was the British Council exhibition „Britische Aquarelle und Zeichnungen 1900-1950", in Berlin, Leipzig, Weimar und Karl-Marx-Stadt (Chemnitz). Works from 31 artists including Henry Moore, were part of the tour. The most successful project of East German foreign cultural policy was realised in 1984/85: *"Tradition and renewal – contemporary art in the*

Völkerfreundschaft. Das Wirken der Freundschaftsgesellschaft DDR-GB und der Britain-GDR-Society. Möglichkeiten und Grenzen, Leipzig 2004, p. 251.

42 BArch DR 1 Nr. 8102.

43 Jahresanalyse der kulturellen Beziehungen zu GB, MfAA, January 21rst 1971, PA AA MfAA C 227/73.

44 Jahresanalyse der kulturellen Beziehungen zu GB, MfAA, February 15th 1971, PA AA MfAA C 227/73, p. 1.

45 Merrilyn Thomas, "Idealism as a political tool. The Coventry-Dresden-relationship 1963–65", in: Arnd Bauerkämper (Hg.), Britain and the GDR. Relations and Perceptions in a divided world, Vienna 2002, p. 305–324.

German Democratic Republic."[46] In 1981, the East German embassy's attachée of Culture, suggested a contemporary art show from the GDR in Great Britain. David Elliott, director of the *Museum of Modern Art in Oxford* was interested:

"The reason I wanted to do this exhibition was in response to the rediscovery of painting at the beginning of the 1980s – and in particular the German painters Baselitz, Lüpertz, Kiefer et al. The avant-garde had crashed at the end of 1970s and we were all presented by a return to painting as a viable medium. It struck me that this new - and not so new – neo-Expressionism had mirrored in the DDR where there had been much less of a rupture after the war in the traditions of German art. I was also fascinated by the way in which two strongly ideological art histories had been written after the war - one in the west with which we were familiar but never challenged it, and one in the east with which we were almost completely unfamiliar."[47]

The MfAA and the *British Council* organised Elliott's trip to the *Große Dresdner Kunstausstellung* and visits with individual artists in East Germany.[48] Elliott chose works according to the MfK und ZfK.[49] The project was supported by the *Visiting Arts Unit of GB*. Choosing the artists was not so easy, as the curator remembered: "The Ministry suggested that we really had to include Sitte and in the end we agreed as long as we could borrow major manifesto works and show him as a Guttuso-like phenomenon – a politico-painter. It made sense to do this and set him alongside Heisig and Tübke."[50]

The exhibition catalogue presented the East German artworks as part of European tradition and heritage: the paintings would be "within the mainstream of European pictorial tradition which allows reference to the work of Cranach and Rubens as easily and as logically as it does to that of closer precursers such as Corinth, Dix and Beckmann." The academic education of East German artists is solid and with high technical standards: "the admission to these art schools is carefully controlled. Generally, teaching in these schools trends to be rather more conservative than in this country with an emphasis laid upon life studies."[51]

As the catalogue essay emphasised, the art works embodied "human values rather than the clichés of an idealised socialist realism. There is little false optimism in any of this painting. All of these artists are well aware of the

46 The following artists joined the show: Sitte, Heisig, Tübke, Stelzmann, Hartwig Ebersbach, Sighard Gille, Carlfriedrich Claus, Hubertus Giebe, Dagmar Stoev, Gudrun Brüne, Walter Libuda.
The Show was seen in Oxford, Museum of Modern Art, Herbert Art Gallery Coventry, City of Sheffield Art Galleries, Hatton Art Gallery Newcastle upon Tyne and Barbican Gallery London.

47 Elliott's email to the author, February 12th 2007.

48 Gabriele Wittrin, former employee of Zentrum für Kunstausstellungen talking to the author, Berlin January 25th 2007.

49 Responsible for the project: Elisabeth Grigull (MfK), Gabrielle Wittrin (ZfK), Graham Coe (British attachée of culture), Georges Menzel (attachée of culture of GDR embassy).

50 Elliott's email to the author February 12th 2007.

51 Catalogue: Tradition and Renewal. Contemporary Art in the GDR, Oxford 1984, p. 8.

precariousness of our times. They hope, perhaps to find some stability in the present by confrontation with the past."[52]

Press response was strong "Nothing like it has been seen in Britain before [...]" wrote Frank Whitford in the *Burlington Magazine*. Particularly in the works of the younger artists, he noticed "an atmosphere of gloom and pessimism. Apparently there is little fun in the land of tight lipped bureaucrats and five-year-plans." Whitford was surprised to find a painting with a frontier situation reminiscent of the Berlin wall.[53] Other media noticed the surprising absence of propaganda, the strong influence of expressionism and the subjective touch of the works. Obviously these artists were suffering from German history. A critic from the *Daily Telegraph* even compared figurative works of the show with Matthias Grünewald's Jesus figures from the Isenheimer Altar.[54] The *Sunday Times* resumed, that the GDR succeeded in finding a cultural identity of her own. As in sports, in the fine arts amazing achievements are obvious, but what about the unknown artists of the underground, the newspaper questioned.[55] After Oxford and London, the exhibition went to Coventry, Sheffield, and Newcastle u. T. In summing up, the exhibition was considered as a success. Norway wanted it immediately and another enthusiastic visitor, Peter Nisbet, curator of the *Busch-Reisinger-Museum,* made plans for a similar project in the US.

Was the exhibition however, really an example for successful socialist propaganda, when it was just young East German artists who were seen as a desperate and depoliticised generation?[56] Some conservative British communists were rather disgusted seeing the show.[57] The stronger the relationship between GDR and Great Britain became, the better the cultural exchange worked. But the SED considered a growing western influence on culture as a danger to her regime. All kinds of British activities in the GDR were suspect according to the MfS.[58] The tour „*Tradition and renewal*", however, had opened many doors in Great Britain. In 1988 plans for another exhibition were made in Oxford: „*Progressive deutsche Kunst des 20. Jahrhunderts*" with works from Grundig, Heartfield, E. Hoffmann, Nerlinger, Nagel and Vogeler. The *Museum of Modern Art* wished to get around 150 loans from the GDR. Sheffield and Manchester were also interested in hosting the show.[59] Another British exhibition was planned for 1990 in Berlin and Leipzig. Tübke was to be presented in the *Barbican Gallery.*[60] Henry M. Hughes, the director of the *British Council Arts department*, was very

52 Catalogue: Tradition and Renewal. Contemporary Art in the GDR, Oxford 1984, cover.
53 Frank Whitford, Modern art from East Germany, in: *The Burlington Magazine* Nr. 126, 8/1984, p. 516–519.
54 Terence Mullaly, *Daily Telegraph* March 2nd 1985.
55 *Sunday Times* January 13th 1985.
56 BArch DR 123 Zentrum für Kunstausstellungen 397 und 398.
57 Wittrin talking to the author, Berlin January 25th 2007.
58 BStU MfS HA II 34737, p. 1ff.
59 BStU MfS HA XX 10838, p. 154ff.
60 Report of Vice-Minister for culture, Klaus Höpke, who had been invited to London by the British council (March 27th 1988). He met the British embassador and Richard Luce – Minister for Arts and Libraries. BStU MfS HA XX 10838, p. 13–16.

interested in German expressionism and intended to visit the GDR.[61] It seems British-East German cultural exchange was reaching its peak just as the GDR collapsed.

2. 3. Art from the GDR in the US

A cultural relationship between the US and the GDR was only possible with the permission of the USSR.[62] Almost everything East German diplomats discussed with Americans had to be immediately reported to Soviet functionaries.[63] American interest in the GDR was low, as she was an obvious satellite state of the Soviet Union, with little room for her own manoeuvres. The FRG, on the contrary, was seen as the real and only independent Germany.[64]

Like in the UK, the GDR was dependent on private contacts with American sympathisers during the 1950s and 60s. SED-functionaries had visa problems and could not visit the US before recognition in the early 1970s. Without official relations, East Berlin had to look for communist or liberal partners, which became a difficult mission in times of overwhelming anti-communism. Who should the SED propaganda address? At first the GDR tried to get in touch with the German-American community to denounce West Germany as a „fascist regime": „Unser Ziel ist es, die Wahrheit über die DDR zu verbreiten und die neofaschistisch-militaristische Entwicklung in Westdeutschland zu entlarven."[65] American Jews were also addressed by presenting the GDR as a completely anti-fascist German state. The anti-Semitic graffiti scandal in West Germany in 1959 seemed an appropriate occasion for this form of propaganda. Both attempts to address German Americans and Jewish Americans failed. The anti-Israel policy of the GDR and the somewhat anti-Semitic language of her propaganda were deterrents.[66] Afro-Americans were the third group East Berlin targeted. Framed by an ideology of global "anti-imperialism" and "anticolonialism", the SED considered the Black Civil Rights Movement and the peace movement in USA as allies. The Afro-American singer and peace activist, Paul Robeson, visited the

61 BStU MfS HA XX 10838, Bl. 163f.

62 MfK „Perspektivplan Kulturelle Beziehungen mit dem Ausland" March 17th 1970. BArch DR 1 8791.

63 Claus Montag, „Die Rolle der USA in der Außenpolitik der DDR", in: Siegfried Bock (ed.), DDR-Außenpolitik im Rückspiegel. Diplomaten im Gespräch, Münster 2004, p. 188–206, here: p. 203.

64 Anjana Buckow, Zwischen Propaganda und Realpolitik. Die USA und der sowjetisch besetzte Teil Deutschlands 1945–55, Stuttgart 2003, p. 652. See also Christian Ostermann, „Little room for maneuvre. Das Verhältnis der DDR zur USA" und Rainer Schnoor, "Das gute und das schlechte Amerika. Die Wahrnehmung der USA in der DDR" both in: Detlef Junker (ed.), Deutschland und die USA im Zeitalter des Kalten Krieges, Bd. 1, Stuttgart 2000, p. 271–282 and 932–943.

65 Report of MfAA about the relationship to the US, February 3rd 1960. PA AA MfAA A 1931, p. 68.

66 Report of MfAA about the relationship to the US, February 3rd 1960. PA AA MfAA A 1931, p. 69.

GDR in 1960. Thus, East Berlin hoped to win over important representatives of the Afro-American community.[67] The same idea was behind the plan to invite Martin Luther King to celebrate the 450th anniversary of the Reformation in Wittenberg, where Martin Luther published his famous thesis.

Despite several attempts to contact different American institutions, ethnic groups and individuals, cultural relations with the US remained low. The MfAA had to admit in 1966: „Die kulturellen Kontakte bleiben zufällig, haben schwankenden Charakter und unterschiedliche Intensität. Nach einiger Zeit brechen sie wieder ab".[68] Peace activist Anton Refregier, was one of the few artists the GDR could consider a partners. Refregier, a painter and editor of the magazine, *Mainstream,* visited the GDR in 1959 and was very impressed by the anti-fascist monuments in the former concentration camps. Upon returning to the US, he gave talks about life in GDR. Refregier stood strictly on the left. The GDR, however, aimed more at the middle, at the American liberals. East German officials feared Refregier could scare the liberals away, if he acted too radically: „Refregier steht konsequent links [...]. Er kann uns bei unserer zukünftigen Arbeit unbedingt von Nutzen sein, sofern wir ihn nicht zu sehr in den Mittelpunkt stellen, sondern durch ihn Verbindungen zu weniger links exponierten Kräften erhalten."[69]

After a journey to the GDR, some American intellectuals, drawn together by Christian Wohl, a journalist from the *Christian Science Monitor,* established the *American Society for the study of the GDR*. Contacts were also strengthened with the American Communist Party. Often American communists travelled to the GDR to report the SED about the political situation in the US. The cooperation of both parties remained on a low level however, as the SED feared infiltration by the FBI. In the 1970s East Berlin intensified its contacts to the „Black Liberation Movement", which had became more radical and more leftist than the Civil Rights Movement of the 1960s. A few activists including Angela Davis, supported the *US-Commitee for Friendship with the GDR* in 1975. Some representatives of the *Native Americans Movement* visited East Berlin in 1977.[70] But the GDR's efforts to gain influence in American politics by supporting different ethnic groups, was not very effective. During the presidencies of Jimmy Carter and Ronald Reagan another ice age between East and West began. All kinds of cultural activities from the American embassy in Berlin were intensively observed by state security. Neither a cultural convention between the US and the GDR was signed, nor an American culture and information centre permitted in East Germany. At the end of the 1980s, the GDR again made strong efforts for rapprochement, hoping

67 Report about Robeson's visit in the GDR in October 1960. PA AA MfAA A 16822.

68 Report of MfAA about the relationship to the US, October 24th 1966. PA AA MfAA C 1555/70.

69 Report of Gesellschaft für kulturelle Verbindung mit dem Ausland addressed to MfAA, February 23th 1961. PA AA MfAA A 1931, p. 20.

70 Axel Bachmann, "Die Beziehungen der DDR zu den Angelsächsischen Ländern", in: Hans-Joachim Veen u. a. (ed.), Die Westpolitik der DDR. Die Beziehungen der DDR zu ausgewählten westlichen Industriestaaten in der 1970er und 1980er Jahren, Melle 1989, p. 69– 129, here p. 79f.

economical cooperation and American credits would solve the economic crisis and help to keep East Germany alive and independent. SED chief, Erich Honecker, also wished to visit the US. Several cultural projects were provided to support the process of rapprochement.

Since the 1950s, the cultural exchange had been slowly intensified. In the 1970s the GDR supported rather unknown leftist American artists *(„fortschrittliche Künstler")* like Anton Refregier, Tecla Selnick (an artist from Harlem, who was working with Afro-American and Hispanic teenagers) and Charles White – who was considered in East Berlin as a representative of the Afro-Americans („der künstlerische Sprecher der amerikanischen Neger und Arbeiterklasse").[71] In 1974, these artists had a large exhibition in East Berlin. The GDR paid for all travel costs and organised an intensive sightseeing program, where they met East German artists, art historians and journalists. White even became a member of the traditional *Akademie der Künste*.[72]

Compared with those few initial American contacts, the exhibition „The splendor of Dresden" was a big project. Initiated by David Rockefeller, the show was seen in several American cities by 1.5 million visitors in 1978.[73] 80,000 catalogues were sold, a film was broadcast on TV and an international conference at the University of California followed.[74] It looked like a great success for the GDR. Even the East German ambassador admitted that many visitors assumed the exhibition was a product of West Germany, unaware that Dresden was behind the Iron Curtain.[75] The profile of the GDR was still indistinct. Many Americans could not imagine what the "GDR" or "socialist culture" stood for. Old fashioned propaganda terms and the language of ideology did not work on the American public. This became clear when Herman Axen, a high ranking SED functionary, visited Washington DC and gave a talk to the National Press Club which was broadcast on TV. „His appearance on the screen seemed as though it was from another epoch, maybe even from another planet. He did not reach the audience", a

71 Catalogue: Klaus Weidner, „Fortschrittliche Künstler aus den USA", Berlin 1974. Tecla Selnick had already presented her works in the GDR in 1970. The black liberation movement was her most important issue.

72 SAdK VBK Zentralvorstand Nr. 321f.

73 Rockefeller had a leading position in the Chase Manhattan Bank which had excellent contacts to the state bank of the GDR. It was typical for American cultural diplomacy to use personal networks not only official institutions of the state. The personal relations of bankers, businessmen, politicians and scientists were very important. Gilles Scott-Smith, The politics of apolitical culture. The Congress for Cultural Freeom, the CIA and postwar American hegemony, London 2002; Walter L. Hixon, Parting the curtain. Propaganda, culture and the Cold War, 1945–1961, New York 1997; Richard T. Arndt, The first resort of the kings. American cultural diplomacy in the 20th century, Washington DC. 2005.

74 Burton C. Gaida, USA – DDR. Politische, kulturelle und wirtschaftliche Beziehungen seit 1974, Bochum 1989, p. 232ff. See also Anita Mallinckrodt, Die Selbstdarstellung der beiden deutschen Staaten im Ausland. Image-Bildung als Instrument der Außenpolitik, Köln 1980, p. 265.

75 Heinrich Bortfeld, „Im Schatten der BRD. Kulturelle Beziehungen der DDR zur USA," in: Detlef Junker a. o. (ed.), Die USA und Deutschland im Zeitalter des Kalten Krieges, Stuttgart 2000, Bd. 2, p. 466–475, here p. 474.

spectator remembered.[76] After the successful Dresden exhibition, both sides established a committee for cultural cooperation but the level of cultural exchange did not increase.[77] The art dealer Eva-Maria Worthman from Chicago, made an unsuccessful attempt to present Bernhard Heisig to an American audience in the late 1980s: „The historical connotations were not understood and sales were sparse. Bernhard Heisig seemed to be an enigma to the American art collecting public, although several hundred people did visit his show.[78]

The final great event of the GDR's foreign cultural policy was the exhibition „*12 Artists from the GDR*" which went to the university museums of Harvard, California, Michigan and Albuquerque between September 1989 and Spring 1990.[79] It was the first and only representative exhibition of GDR contemporary art shown in the US. Peter Nisbet, the curator of Harvard's *Busch-Reisinger-Museum*, had been amazed by the exhibition „*Tradition and renewal"* in London and wanted to bring a similar show to the US.[80] Together with Doré Ashton and Peter Selz, Nisbet travelled to East Germany to choose 70 art works. Sponsors were also found: the *National Endowment for the Arts* and the European *Freundeskreis des Busch-Reisinger-Museums* supported the project. The curators chose artists from three generations in order to give an overview of art from the GDR. There was not concept of propaganda behind the project. The catalogue essay even stated that liberty and diversity in East German art were results of the artists' struggle against the SED functionaries.[81] From an American point of view, the GDR looked like an exotic country, far away behind the Iron Curtain. The absence of propaganda and the strong influence of Neo-Expressionism in East German art, which it had in common with many painters in the West, were

76 Arthur Hanhardt Jr., „Die DDR-Politik der USA. Grenzen und Möglichkeiten", in: James A. Cooney (ed.), Deutsch-amerikanische Beziehungen. Jahrbuch 1, Frankfurt 1989, p. 271–280, here p. 276.

77 Two exhibitions followed in 1979: „Kunst der Ozeanischen Inseln" (loans from Staatliche Museen Dresden) in National Gallery, Washington DC and in 1982 „80 Zeichnungen von Bernini" (loans from Leipzig Museum für bildende Kunst) L. A., Princeton, Cleveland (s. *Neues Deutschland* February 9th 1982)

78 Eva-Maria Wortman, Laudatio B. Heisig, in: Gesten in dieser Zeit. B. Heisig zum 80. Geburtstag, Leipzig 2005, p. 239.

79 "12 Artists from GDR" Busch-Reisinger Museum, Harvard University Arts Museum, Cambridge, exhibition until November 5th 1989, Frederick S. Wight Art Gallery, University of California, L.A., exhibition until January 2rst 1990; University of Michigan Museum of Art, Ann Arbor, exhibition until March 25th, The Albuquerque Museum, New Mexico, exhibition until June 17th 1990.

80 „The idea for the show originated with the Busch-Reisinger Museum. We found out that two independent art historians (Peter Selz and Dore Ashton) were also exploring the idea of an exhibition, and we joined forces". Peter Nisbet's email to the author, January 29th 2007.

81 Peter Nisbet (ed.), Twelve Artists from the German Democratic Republic. Gerhard Altenbourg, Carlfriedrich Claus, Sighard Gille, Bernhard Heisig, Walter Libuda, Michael Morgner, Theodor Rosenhauer, Willi Sitte, Wolfgang Smy, Heinrich Tessmer, Max Uhlig, Thomas Ziegler. Catalogue for an exhibition organised by the Busch-Reisinger Museum, Harvard University in cooperation with the Centre for Art exhibitions of the GDR, Cambridge, MA 1989, p. 12.

astonishing: [82] "Our project has evoked some surprise, some skepticism and above all much curiosity among our American collegues."[83] Visiting the GDR, Nisbet saw some works of Thomas Ziegler in Dresden: portraits of young Russian soldiers, painted in a realistic way, but put within fragile contructions and indistinct situations. These soldier portraits, both strong and volatile Nisbet considered symbols for the political climate in Eastern Europe at the time. In the GDR these works were already identified with the perestroika movement in the USSR. Some conservative functionaries of the SED rejected Gorbatschow's reform plans, because they feared, it could be the end of the GDR. They were not amused seeing Ziegler's paintings representing the GDR in the West. But they couldn't stop the artworks from going the US, because Nisbet considered them as main parts of his exhibition.

During the show the GDR collapsed. The opening in Harvard in September1989 still had a polite and academic athmosphere, the obvious crisis within the GDR was not mentioned at all, remembered Gabriele Wittrin, who organised the exhibition for East Germany's ZfK. According to Peter Nisbet, the political development did have an increasing impact on the show: "I do think that our exhibition benefited from the attention to politics but perhaps also the political developments distracted attention from the art".[84] On December 5th 1989, the UCAL opening took place, followed by 9 February the following year at the University of Michigan in Ann Arbor.[85] Americans were now wondering if this exhibition was still a product of the GDR, or already a show of the new, reunified Germany. When officials from Bonn were asked if they were responsible for the exhibition at its opening at the Museum of Albuquerque in April 1990, they answered simply: „not yet!"[86] The lectures accompanying the show in Albuquerque already hinted at the turbulent political situation in Berlin and Leipzig. Thomas Fox Editor of the *German Democratic Bulletin*) gave a talk about „*Art and politics in East Germany* in April 1990 and Charles McClellan (Professor of History at the University of New Mexico) presented a paper on „*Art in an artificial nation*" in May 1990. A few months later, the "artificial nation" was history. The exhibition was useful for the careers of the East German artists,

82 Peter Selz (Prof. Emeritus der UCAL), „Revival and survival of Expressionist trends in the art of the GDR", in: Peter Nisbet (Ed.), Twelve Artists from the German Democratic Republic, Cambridge, MA 1989, p. 24–40 see also the contribution from Doré Ashton (Prof. Cooper Union New York), "Impression of an cultural tourist in the GDR". On p. 16 she described her visit of the exhibition "Tradition and renewal" in London: "Having just come from New York where, on my own neighbourhood in the Lower East Side, there had been a deluge of so called Neo-Expressionist outpourings, I was immediately struck by the force and depth of the German counterparts."

83 Peter Nisbet (ed.), Twelve Artists from the German Democratic Republic. Cambridge, MA 1989, p. 11.

84 Peter Nisbet's email to the author January 29th 2007.

85 Critics at the University of Michigan wondered why there were only male artists in the show. The director of the Albuquerque museum missed also concept art. According to Gabriele Wittrin, former employee of Zentrum für Kunstausstellungen talking to the author, Berlin in January 25th 2007.

86 Gabriele Wittrin, talking to the author, Berlin in January 25th 2007.

but not for its original purpose of supporting the economic relationship between the GDR and the USA on a cultural level. With the economic and financial help provided by the USA, East Germany had hoped to survive its crisis and to remain independent. However it was now too late.[87]

3. Art exhibitions as a form of propaganda for the GDR: a balance of success

In 1987, the VBK-president Willi Sitte struck a balance of success. Art from the GDR, he stated, was now far more accepted and appreciated in the West than years ago. Confronted with socialist art on the western art market, bourgeois critics were no longer able to ignore the cultural achievements of the GDR. Harsh critique in West German newspapers had all but vanished: „Die böswilligen Kritiken in den großen bürgerlichen Zeitungen sind verschwunden. Angesichts der massiven Konfrontation mit unserer Kunst gerät die angebliche Unfehlbarkeit modernistischer Kunst auf dem kapitalistischen Markt ins Wanken". Sitte was convinced that art exhibitions already made a valuable contribution to the international exchange of politics.[88] Presentations of contemporary art were indeed useful to prove the GDR's cultural vitality and – to a certain extent – liberality. They could also be considered as evidence for the existence of an independent "German Socialist culture" („eigenständige Kulturnation"). The SED-regime benefited from the diversity and quality of art work produced in the GDR, especially from painters of the so called *Leipzig School* Wolfgang Mattheuer, Bernhard Heisig, Werner Tübke and Willi Sitte.

Without a doubt the art policy of the SED had been liberalised during the 1970s. Artists were given more freedom concerning style and content, although the dogma of socialist realism remained. As long as artists dealt with the dominant political and historical issues such as "revolution" or "anti-fascism", they could develop their individual style of painting or story telling. This tolerance was very useful for the GDR's reputation. When East German art was presented in Western Europe in the late 1970s and early 1980s, many Western spectators were surprised by this diversity. Many had expected propaganda, red flags and slogans, but instead saw allegoric and symbolist works, hard to read and sometimes rather pessimistic. The technical standard was often rather impressive. [89]

87 The exhibition „New territory: Art from the East Germany" was initiated by Karen Kimmel in November 1989. She had been impressed by the show "12 Artists from GDR". Catalogue: Lelia Amalfitano (ed.),New Territory, Boston 1990, p. 4. The office of the School of the Museum of Fine Arts Boston organised the show in the Grossman Gallery in fall 1990. Works from Angela Hampel, Johannes Heisig, Claus Bach, Micha Brendel, Tobias Ellmann, Jürgen Wenzel, Werner Liebmann, Else Gabriel, Via Lewandowsky, Karla Woisnitza und Doris Ziegler could be seen.

88 Letter to Kurt Hager December 1rst 1987 SAdK VBK ZV 5846.

89 Peter Pachnicke, „Bemerkungen zur Wirkung verstärkter Ausstellungs- und Verkaufstätigkeit bildender Kunst in kapitalistischen Ländern", p. 1, Conference of the directors of VBK May 29th 1986. Stiftung Archiv der Akademie der Künste Berlin, VBK ZV Nr. 5744.

SED-leaders even accepted western critiques which described new art from the GDR as an expression of deep desperation. Many of the artworks dealt with dark and pessimistic visions, a tribute to the threat of nuclear war and environmental issues. This was not a problem specific to East Germany, but issues young people all over the world were concerned by. Nevertheless, East German critics and conservative communists blamed young artists like Walter Libuda for his hopeless and depressive kind of art, which did not allow any way out. Indeed most of the art works from the younger generation did not fit into the scheme of positive propaganda for a state or an ideology.[90]

3. 1. Art as a valve for political critique

Although Wolfgang Mattheuer, Bernhard Heisig, Werner Tübke and Willi Sitte were working in a quite different way, they were soon encompassed by the label of *Leipzig School*. They mixed detailed realism with political issues in a very subjective way, sometimes nearly touching surrealistic pictures. From the day the painters of *Leipzig School* became famous in the West, SED-functionaries were no longer able to regulate these artists as they had done in preceding decades. The SED-leaders had to tolerate it, as the artists were now valuable symbols for cultural freedom and vitality in the GDR. The high point of the development was marked by the *documenta* 1977 in Kassel, joined by Mattheuer, Heisig, Tübke, Sitte and two other artists from the GDR. The *documenta* curator considered a GDR-contribution as part of the policy of détente and invited six artists from the East. This was the first and only occasion East German art was presented at the famous exhibition. Baselitz and other West German painters (Baselitz originally came from the East) protested against those „totalitarian propagandists", and while the press pointed out that this might become a scandal in the end the immense publicity helped the Leipzig School to gain notoriety. As a result, art dealers and museums took the chance to present the exotic phenomenon represented by the GDR and many exhibitions in western countries followed. Hermann Raum, the so-called 'Foreign Minister' of VBK, attempted to define art typical to the GDR: "Was ist unser unverwechselbarer Beitrag zur Weltkunst?" It would be very important, he stated, that the GDR worked on a certain profile of her art policy, on a unique selling point: "Im Westen hat niemand ein künstlerisches Interesse an Beuys-Ablegern und Rauschenberg-Verschnitten aus der DDR – und schon gar kein Marktinteresse."[91] He believed the GDR should focus on traditional painting and sculpture, areas of demise in the West, instead of New Media or Performance Art. That way, Raum believed everyone would be able to immediately recognise East German art. *Leipzig School* became a symbol, or better put: a quality label for art from the GDR.

90 *Bildende Kunst* 1/1983, p. 19.

91 Hermann Raum's speech at the conference of directors' board of VBK November 6th 1980, p. 26. Stiftung Archiv der Akademie der Künste Berlin, VBK ZV Nr. 5764/1.

To express political critique in the GDR, paintings were rather more convenient than literature, as paintings could be so complex, filled with allegories and symbols that gave endless possibilities for interpretation. By looking at the paintings of Bernhard Heisig or Wolfgang Mattheuer, it was possible on the one hand to see them as a form of political critique and on the other the art works could be considered examples of a socialist culture: "Der Auftraggeber, der gläubige Parteigenosse konnte bekommen, was er erwartete und gleichzeitig konnten Wissende, Verstehende, Kritische befriedigt werden."[92] The SED tolerated a wider spectrum of content and interpretation, as only the elite were familiar with the art scene. The freedom received by painters was not possible in films, TV, journalism or literature. The SED learnt during the 1970s, that art was no effecient propaganda tool and also no major threat to the system. Unlike words, paintings could not be used as easily as political weapons.

3. 2. Earning Western currency with art

The GDR always had large financial problems particularly due to a lack of Western currency which was necessary to import technology and other products. In 1974 an art trade organisation („*VEH Bildende Kunst und Antiquitäten*") was founded to sell paintings, sculptures and furniture to the West. Four years later, nine sale exhibitions had already taken place in private galleries in the West, mostly with works from the Leipzig School. Between 1974 and 1989 the GDR sold artworks and antique furniture to the amount of 37 million *Valutamark* (western currency unit), including contemporary art to the amount of 3.8 million.[93] A statistic of *Generaldirektion des Staatlichen Kunsthandels* noticed that between 1984 and 1987 more than one hundred sale exhibitions took place in the West: 115 FRG, 16 in West Berlin, six in France, four in the US and three in the UK. The East German art trade organisation joined three art fairs in 1987 and 1988: Basel, Cologne and Chicago.[94] „*VEH Bildende Kunst und Antiquitäten*" attempted to get western art market prices for works by East German artists. Nearly 80 per cent of all works sold by the GDR came from the *Leipzig School.*[95] The artist received 15 per cent of the salary, while some money was also paid to the VBK to cover artists' travel expenses. Many artists wanted to present their works in the West. Hence permission for exhibitions and sales in the West could be used as a political instrument of control, as gratification for loyal artists and as punishment for those who demanded too much political freedom. To sum up, the

92 Martin Damus, Malerei in der DDR. Funktionen der bildenden Kunst im realen Sozialismus, Reinbek 1991, p. 17.

93 Bernd Lindner, „Mauerspringer – Mauersprenger", in: Catalogue: Bernd Lindner und Rainer Eckert (ed.), Mauersprünge, Leipzig 2002, p. 24–42, here p. 29.

94 BArch DR 1 Nr. 8178.

95 Harald Behrendt, Werner Tübkes Panoramabild in Bad Frankenhausen. Zwischen staatlichem Prestigeprojekt und künstlerischem Selbstauftrag, Kiel 2006, p. 68

amount of western currency the GDR earned from selling contemporary art was a rather small contribution toward the economic survival of the East German state.

4. Epilogue
New Leipzig School – the GDR's gravestone?

It was a paradoxical situation: at the culmination of the GDR's cultural foreign policy East Berlin had to slow down. The international cultural exchange gave the GDR more and more possibilities to present herself in bright colours, but it was based on reciprocity. The opening of East German society to western cultural influence however, soon became a danger for the legitimacy of the SED-regime. It was a dilemma: cultural exchange of the 1980s was not a one way street and going back to the Cold War of the 1950s was no longer a possibility. The success of the GDR's foreign cultural policy thus became a contribution to abolishing the entire socialist system. There is an additional paradox: in official terms the GDR always considered herself to be a highly industrialised, modern society, philosophically based on Marxism, the sciences and enlightenment. In the arts, however, very traditional, nearly feudalist structures were revitalised. Through socialism the art market was nearly abolished. Artists were dependent on commissions from the state or from leading figures of the party. East German artists were almost the only private working individuals within overwhelming collectivism which ruled every facet of society. Artists were directly dependent on the mighty functionaries of the SED; they were rewarded when they adapted perfectly and punished in cases of disobedience.[96] This structure was reminiscent of the 18th century, where kings and dukes ruled the art world with the help of academies and official Salon exhibitions. While art history in the West was accelerated by the permanent appearance of new trends and media such as Pop Art, Performance Art, Body Art etc., the academies of the East continued the traditional teaching of painting and sculpture. Contrary to socialism's official propaganda of being the leading system in a future world, in the Fine Arts, socialism turned back time.

The particular East German mixture of old fashioned technique and futurist propaganda fascinated many people in the West who were disappointed, or even fed up with, Concept Art or Performance Art. For western spectators, East German art had a touch of the exotic as well as dark and historical implications. Cut off from western contemporary art business, the *Leipzig School* was able to develop their own signature and stood as a last retreat of traditional figurative painting and solid technique.

Several years ago, a surprising new painting phenomenon developed in Saxony appeared on the international art market. This tendency was focused around Neo Rauch, a former scholar of Bernhard Heisig. Rauch, who found himself fascinated by technical quality, narrative wealth and the detailed visions

96 Paul Kaiser, „Hofkünstler im Arbeiter- und Bauernstaat? Zur Sozialfigur des bildenden Künstlers in der DDR", in: Joachim Fischer (ed.), Kunst. Macht und Institution, Frankfurt 2002.

of the *Leipzig School* became well known in the US and UK: "He has the dubious honour to make Socialist-Realism-style-painting palatable to the American market". The British magazine *Art review* described his works: "It's a melange of socialist realism, 1950s domestic advertising and nineteenth-century Romanticism (...) New German painting is a kind of memory practise."[97] Several years Rauch had been Professor at the Art Academy in Leipzig educating the next generation of painters. He gave up in spring 2009 because he couldn't teach 50 students and organize big exhibitions of his own works by the same time. Rauch was standing in the centre of a tendency known as *New Leipzig School.*[98] His picture titles such as: *Revolution* or *Bauer* (Farmer) are reminders of the dominance of history in socialist art. He also uses pictorial quotations from East German propaganda and technical publications. People portrayed in his pictures are always busy with the meaningless tasks of their work. They seem to be ironic working class heroes. So many of Neo Rauch's works look like fragments of the official socialist concept of propaganda art which was already failing in the final years of the GDR. The American critic Donald Kuspit considers Rauch's paintings as allegories of German history, as products of a specific East German memory influenced by two different totalitarian systems.[99] In the western countries there is still a traditional expectation of what "typical" German art should look like: dark, deep, irrational, expressive and weighed down by the burden of history. Neo Rauch's paintings fit perfectly with this definition. His oeuvre appears to be the last echo from an age of extremes and could be a decorative gravestone for the socialist state and his socialist art which vanished 20 years ago.

97 *Artreview* No. 1 2007 p. 128.

98 Dana Giesecke, Vom Schulbegriff zum Markenzeichen. Aneignung, Nimbus oder Abgrenzung der jüngsten Generation der „Leipziger Schule" (Diploma TU Dresden), Dresden 2005.

99 Donald Kuspit, „Neo Rauchs dialektische Fabeln", in: Neo Rauch. Neue Rollen, Cologne 2006, p. 41–45, here p. 41.

PALLAS ATHENE

Beiträge zur Universitäts- und Wissenschaftsgeschichte

Herausgegeben von **Rüdiger vom Bruch** und **Lorenz Friedrich Beck**

1. **Anne Christine Nagel,** Hrsg.: **Die Philipps-Universität Marburg im Nationalsozialismus.** Dokumente zu ihrer Geschichte. Bearb. v. **Anne Christine Nagel** u. **Ulrich Sieg.** 2000. X, 563 S. m. 24 Abb. auf 12 Taf., geb. ISBN 978-3-515-07653-1
2. **Gerhard Müller, Klaus Ries** u. **Paul Ziche,** Hrsg.: **Die Universität Jena. Tradition und Innovation um 1800.** Tagung des Sonderforschungsbereichs 482: „Ereignis Weimar-Jena. Kultur um 1800" vom Juni 2000. 2001. 237 S., geb. 7844-3
3. **Ulrich Sucker: Das „Kaiser-Wilhelm-Institut für Biologie".** Seine Gründungsgeschichte, seine problemgeschichtlichen und wissenschaftstheoretischen Voraussetzungen (1911–1916). 2002. 228 S., geb. 7912-9
4. **Silke Möller: Zwischen Wissenschaft und „Burschenherrlichkeit".** Studentische Sozialisation im Deutschen Kaiserreich, 1871–1914. 2001. 269 S., geb. 7842-9
5. **Ulrike Kohl: Die Präsidenten der Kaiser-Wilhelm-Gesellschaft im Nationalsozialismus.** Max Planck, Carl Bosch und Albert Vögler zwischen Wissenschaft und Macht. 2002. 281 S., geb. 8049-1
6. **Klaus-Peter Horn, Heidemarie Kemnitz,** Hrsg.: **Pädagogik Unter den Linden.** Von der Gründung der Berliner Universität im Jahre 1810 bis zum Ende des 20. Jahrhunderts. 2002. 314 S., geb. 8088-6
7. **Annekatrin Schaller: Michael Tangl (1861–1921) und seine Schule.** Forschung und Lehre in den Historischen Hilfswissenschaften. 2002. 386 S., geb. 8214-3
8. **Dietmar Schenk: Die Hochschule für Musik zu Berlin.** Preußens Konservatorium zwischen romantischem Klassizismus und Neuer Musik, 1869–1932/33. 2004. 368 S., geb. 8328-7
9. **Silviana Galassi: Kriminologie im Deutschen Kaiserreich.** Geschichte einer gebrochenen Verwissenschaftlichung. 2004. 452 S., geb. 8352-2
10. **Werner Buchholz,** Hrsg.: **Die Universität Greifswald und die deutsche Hochschullandschaft im 19. und 20. Jahrhundert.** Kolloquium des Lehrstuhls für Pommersche Geschichte der Universität Greifswald in Verbindung mit der Gesellschaft für Universitäts- und Wissenschaftsgeschichte. Red. Mitarb. v. Jana Olschewski. 2004. X, 446 S., geb. 8475-8
11. **Sabine Mangold: Eine „weltbürgerliche Wissenschaft" – Die deutsche Orientalistik im 19. Jahrhundert.** 2004. 330 S., geb. 8515-1
12. **Elke Schulze: Nulla dies sine linea.** Universitärer Zeichenunterricht – eine problemgeschichtliche Studie. 2004. 282 S., geb. 8416-1
13. **Christian Saehrendt: „Die Brücke" zwischen Staatskunst und Verfemung.** Expressionistische Kunst als Politikum in der Weimarer Republik, im „Dritten Reich" und im Kalten Krieg. 2005. 124 S. m. 12 Abb., geb. 8614-1
14. **Julia Laura Rischbieter: Henriette Hertz.** Mäzenin und Gründerin der Bibliotheca Hertziana in Rom. 2004. 184 S. m. 16 Abb., geb. 8581-6
15. **Katrin Böhme: Gemeinschaftsunternehmen Naturforschung.** Modifikation und Tradition in der Gesellschaft Naturforschender Freunde zu Berlin 1773–1906. 2005. 218 S. m. 9 Tafeln, geb. 8722-3
16. **Katharina Zeitz: Max von Laue (1879–1960).** Seine Bedeutung für den Wiederaufbau der deutschen Wissenschaft nach dem Zweiten Weltkrieg. 2006. 299 S. m. 37 Abb., geb. 8814-5
17. **Annette Vogt: Vom Hintereingang zum Hauptportal?** Lise Meitner und ihre Kolleginnen an der Berliner Universität und in der Kaiser-Wilhelm-Gesellschaft. 2007. 550 S. m. 64 Abb. auf 16 Taf., geb. 8881-7
18. **Trude Maurer,** Hrsg.: **Kollegen – Kommilitonen – Kämpfer.** Europäische Universitäten im Ersten Weltkrieg. 2006. 376 S., geb. 8925-9
19. **Gisela Bock, Daniel Schönpflug,** Hrsg.:

Friedrich Meinecke in seiner Zeit. Studien zu Leben und Werk. 2006. 294 S., geb. 8962-3

20. **Klaus Ries: Wort und Tat.** Das politische Professorentum der Universität Jena im frühen 19. Jahrhundert. 2007. 531 S. m. 23 Abb., geb. 8993-7

21. **Roger Chickering: Krieg, Frieden und Geschichte.** Gesammelte Aufsätze über patriotischen Aktionismus, Geschichtskultur und totalen Krieg. 2007. 358 S., geb. 8937-1

22. **Sigrid Oehler-Klein, Volker Roelcke,** Hrsg.: **Vergangenheitspolitik in der universitären Medizin nach 1945.** Institutionelle und individuelle Strategien im Umgang mit dem Nationalsozialismus. 2007. 419 S. m. 13 Abb., geb. 9015-5

23. **Tobias Kaiser: Karl Griewank (1900–1953) – ein deutscher Historiker im „Zeitalter der Extreme".** 2007. 528 S. m. 8 Abb. u. 3 Tab., geb. 8653-0

24. **Rainer A. Müller**, Hrsg.: **Bilder – Daten – Promotionen**. Studien zum Promotionswesen an deutschen Universitäten der frühen Neuzeit. Bearb. v. **Hans-Christoph Liess** u. **Rüdiger vom Bruch**. 2007. 390 S. m. 56 Abb., geb. 9039-1

25. **Holger Stoecker: Afrikawissenschaften in Berlin von 1919 bis 1945.** Zur Geschichte und Topographie eines wissenschaftlichen Netzwerkes. 2008. 359 S. m. 28 Abb., geb. 9161-9

26. **Thomas Bach / Jonas Maatsch / Ulrich Rasche**, Hg.: **‚Gelehrte' Wissenschaft**. Das Vorlesungsprogramm der Universität Jena um 1800. 2008. 325 S. m. 27 Abb., geb. 8994-4

27. **Christian Saehrendt: Kunst als Botschafter einer künstlichen Nation.** Studien zur Rolle der bildenden Kunst in der Auswärtigen Kulturpolitik der DDR. 2008. 197 S. m. 14 Abb., geb. 9227-2

28. **Thomas Adam: Stipendienstiftungen und der Zugang zu höherer Bildung in Deutschland von 1800 bis 1960.** 2008. 263 S. m. 4 Abb., geb 9187

FRANZ STEINER VERLAG STUTTGART

ISSN 1439 - 9857

Marion Deshmukh